超低空探测与制导系列

# 防空导弹
# 布儒斯特弹道设计方法

童创明　龚小鹏　张　迪　张春艳

孙华龙　蔡飞超　张佳梁　任　伟　编著

李　波　彭　鹏　吴　达　王　童

U0195382

西北工业大学出版社

西安

【内容简介】 本书系统介绍了探测与制导领域防空导弹超低空布儒斯特弹道优化设计方法,主要内容包括防空导弹雷达导引头超低空探测与制导主要问题及解决思路、超低空目标与导弹运动特性、防空导弹布儒斯特效应、基于最佳发射角装订的超低空弹道优化设计方法、基于导引律修正的超低空优化弹道设计方法、布儒斯特弹道抗超低空镜像效果评估等。

本书可供高等院校雷达目标探测与识别、制导与控制等专业高年级本科生和研究生,以及相关科研院所的工程技术人员阅读、参考。

**图书在版编目(CIP)数据**

防空导弹布儒斯特弹道设计方法 / 童创明等编著
.—西安:西北工业大学出版社,2023.8
ISBN 978 - 7 - 5612 - 8979 - 2

Ⅰ.①防⋯　Ⅱ.①童⋯　Ⅲ.①防空导弹-布儒斯特角
-弹道-设计　Ⅳ.①TJ761.1

中国国家版本馆 CIP 数据核字(2023)第 165431 号

FANGKONG DAODAN BURUSITE DANDAO SHEJI FANGFA
**防 空 导 弹 布 儒 斯 特 弹 道 设 计 方 法**

童创明　龚小鹏　张迪　张春艳　孙华龙　蔡飞超
张佳梁　任伟　李波　彭鹏　吴达　王童　　编著

| | |
|---|---|
| **责任编辑:**朱辰浩　刘 婧 | **策划编辑:**杨 睿 |
| **责任校对:**张 潼 | **装帧设计:**李 飞 |

**出版发行:**西北工业大学出版社
**通信地址:**西安市友谊西路 127 号　　　**邮编:**710072
**电　话:**(029)88493844,88491757
**网　址:**www.nwpup.com
**印 刷 者:**广东虎彩云印刷有限公司
**开　本:**787 mm×1 092 mm　　　1/16
**印　张:**14
**字　数:**349 千字
**版　次:**2023 年 8 月第 1 版　　2023 年 8 月第 1 次印刷
**书　号:**ISBN 978 - 7 - 5612 - 8979 - 2
**定　价:**78.00 元

# 前　言

防空导弹超低空探测与制导的根本问题是雷达导引头受到了环境杂波和镜像回波的干扰。对抗环境杂波和镜像回波的信号后处理传统方法，难以彻底解决这个问题。针对环境杂波和镜像回波对抗问题，提出一种变被动信号处理为主动抑制的新思路，底层逻辑是通过控制雷达导引头的探测信号和防空导弹的飞行弹道来改善环境杂波和镜像回波的特性，特点是从源头上控制环境杂波和镜像回波，净化目标回波信号背景，从而将雷达导引头目标与环境特性的研究着眼点，从"目标-环境"的输出端进一步拓展到输入端。因此，与传统"最佳能量弹道"和"窄带探测信号"的目标探测方法不同，超低空探测的有效技术途径是"布儒斯特弹道"和"宽带探测信号"。对于布儒斯特弹道，核心是要寻找一个最佳的擦地角（即布儒斯特角）来对抗镜像回波，使雷达导引头受到的镜像干扰最小；对于宽带探测信号，核心是要找到一个最佳的信号带宽来对抗环境杂波，使雷达导引头的信杂比最优。防空导弹超低空探测与制导领域涉及研究内容很多，需要出版系列专著进行介绍。虽然有资料表明，国外对于布儒斯特弹道技术已有应用，但国内针对其可行性及规律还没有进行过系统研究，因此，本书主要是研究防空导弹超低空布儒斯特弹道优化设计方法，以实现雷达导引头抗超低空镜像干扰的目的。本书分为6章，主要内容如下：

第1章为概论：介绍了超低空突防技术及其对防空网的现实威胁；介绍了防空导弹武器系统基本组成、典型作战过程和超低空拦截作战的关键环路；归纳总结了雷达导引头超低空下视探测时遇到的主要难题、防空导弹超低空拦截的共性难题等超低空探测与制导的性能短板；提出了解决超低空探测与制导难题的新思路，主要是目标-环境复合动态散射快速计算与雷达导引头超低空回波建模、杂波和镜像抑制新的技术途径与有效措施。

第2章为超低空目标与导弹运动特性：介绍了地面坐标系、弹体坐标系、弹道坐标系和速度坐标系等导弹运动常用坐标系及其坐标之间的转换关系；建立了飞机、直升机、无人机、导弹、巡航导弹和反舰导弹等典型超低空目标的运动方程；分析了导弹机动性与过载问题。

第3章为防空导弹布儒斯特效应：研究了环境的布儒斯特效应，计算了典型条件下的布儒斯特角并进行了试验验证，探究了布儒斯特角随环境参数和工作频率的变化规律；研究了防空导弹的布儒斯特效应，明晰了布儒斯特角随目标参数、环境参数和天线参数的变化规律；研究了目标仰角、目标参数、环境参数和雷达参数对信干比的影响。

第4章为基于最佳发射角装订的超低空弹道优化设计方法：介绍了防空导弹导引方法，建立了弹道优化与最优控制问题的模型，分析了弹道及制导优化流程；基于建立的弹道设计方法和优化设计准则，开展满足最佳发射角约束的建模与参数优化设计，针对不同的弹道特点建立了参数装订的响应面模型，介绍了高斯伪谱法、序列二次规划法、遗传算法、粒子群算法、蚁群算法等响应面模型优化求解方法，为弹道与制导优化设计提供方法参考并开展典型工况弹道仿真与验证。

第5章为基于导引律修正的超低空优化弹道设计方法：基于建立的弹道设计方法和优化设计准则，开展了满足布儒斯特角约束的建模与参数优化设计，针对不同的弹道特点分别建立了导引律修正的响应面模型，并开展了典型工况弹道仿真与验证。

第6章为布儒斯特弹道抗超低空镜像效果评估：通过典型算例，比较了不同目标参数（包括目标速度、发射距离、目标高度、目标类型）、环境参数（包括环境介电常数、大起伏均方根高度、小起伏均方根高度）下，对布儒斯特弹道与传统弹道的导弹探测特性和脱靶量的影响。

本书由空军工程大学、西北工业大学、中国航天科工集团第十研究院和中国航天科技集团第八研究院等单位长期从事探测与制导研究领域的专家教授共同编著完成，其中第1章由童创明、龚小鹏、张迪和张春艳等人撰写，第2章由李波、吴达、童创明和王童等人撰写，第3章由童创明、孙华龙、彭鹏、吴达和王童等人撰写，第4章由龚小鹏、张迪、张春艳、蔡飞超、任伟和张佳梁等人撰写，第5

章由蔡飞超、龚小鹏、张迪、吴达、张佳梁和任伟等人撰写,第6章由孙华龙、童创明、彭鹏、吴达和王童等人撰写。全书由童创明统稿。

本书的出版得到了中国博士后基金面上项目(项目编号:2021M693943)的资助。

在编写本书的过程中,曾参阅了相关文献和资料,在此,谨向其作者表示诚挚的谢意。

由于水平有限,书中难免存在缺点和不足之处,敬请广大读者批评指正。

编著者

2023 年 5 月

# 目录

# 第1章 概　论

现代局部战争表明,大批量、高密度、多梯次的超低空突防已成为空袭兵器的首选攻击手段之一,防空导弹武器系统是超低空目标拦截的主要装备。防空导弹武器系统超低空目标拦截作战过程就是两者对抗交互的过程,其基本过程包括目标探测、判断决策、导弹制导和导弹杀伤等环节。超低空目标突防与防空导弹拦截作战示意图如图1.1所示。

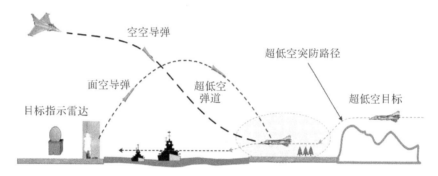

图 1.1　超低空目标突防与防空导弹拦截作战示意图

## 1.1　超低空突防是现代空袭作战首选的突防手段

20世纪60年代以前,防空武器主要是高炮和防空截击机,为突破敌方防御和争夺制空权,主要依靠提高作战飞机的飞行速度和高度,后来随着防空导弹和高性能防空截击机以及雷达技术的发展,防空体系日趋完善,给突防兵器构成了严重威胁,使得中、高空突防成功的概率越来越低。为了有效地利用地形的起伏和防御系统的盲区,提高空袭兵器的生存能力,现代空袭作战从中、高空向低空和超低空发展,因此低空和超低空作战形式普遍受到世界主要空军国家的重视。

### 1.1.1　超低空是现代局部战争的重要战场

**1.超低空及超低空战场**

现代战争是全方位、多层次的立体化战争,现代联合作战是陆、海、空、天、电等高度一体化的"高立体""全领域"战场,战场空间层次更为丰富,包括超高空(15 000 m以上,北大西洋公约组织 NATO 的定义,下同)、高空(>7 500～15 000 m)、中空(>600～7 500 m)、低空(>150～600 m)、超低空(150 m 以下)、地海面直至水下等,且超低空和超高空这"两极"层次空间,已被开辟为联合作战的重要战场。超低空战场是防空导弹武器系统与超低空突防目标双方作战活动的空间。

**2.超低空战场环境**

超低空战场环境是在超低空战场空间中,防空导弹武器系统与超低空突防目标双方对作战活动构成影响的各种要素的组合,主要包括超低空大气环境、电磁环境、地理环境、气象环境和水文环境等。超低空战场环境不仅影响着防空导弹武器系统自身的超低空性能发挥,同时也影响着超低空突防目标的特性发挥。

(1)超低空大气环境。超低空大气环境既影响目标的运动特性,也影响导弹的运动特性,同时也间接地影响目标的易损性。超低空大气层属于对流层,该层是紧贴地球表面的大气层,其大气密度随海拔高度的增加近似以指数规律单调下降,大气质量几乎占整个大气质量的 3/4,气温随高度升高而降低,风速、风向经常变化,空气上、下对流激烈;超低空大气层大气成分基本均一,其大气遵从流体静态方程和理想气体状态方程。

(2)超低空气象环境。气象环境也会不同程度地影响防空导弹武器系统和超低空突防目标的作战使用性能。气象环境包括大气折射与大气衰减:

1)大气折射是在电磁波传播过程中,由于大气的不均匀分布,导致传播路径弯曲、速度减慢的现象,大气折射会造成距离和高低角的测量误差。

2)大气衰减是指电磁波传播衰减是由传播媒质的吸收和散射引起的,如大气中的水蒸气、二氧化碳、氧气和臭氧等会吸收电磁能,大气中的云、雾、雨、雪,特别是尘埃、烟粒、细菌及水汽凝聚成的水滴,不仅吸收电磁能而且还散射。实验结果表明,常见的传播较好的大气窗口的频率为 35 GHz、94 GHz、140 GHz 等,以及 18 GHz 以下的连续频段。

(3)超低空电磁环境。超低空电磁环境直接影响防空导弹武器系统的超低空探测性能。复杂电磁环境包括背景杂波与各种人为干扰:

1)背景杂波包括背景散射杂波和背景辐射杂波。背景散射杂波是指超低空域内的云、雨等对电磁波漫反射造成的杂乱回波,背景辐射杂波是指地物、阳光、云层、大气等的热辐射,是形成红外背景的主要来源。

2)人为干扰是指进攻方为了隐蔽自己,采用各种技术和战术措施对防御方进行人为的干扰和欺骗,破坏防空网的探测。

A.人为干扰按照干扰能量的来源分为有源干扰和无源干扰。有源干扰是指干扰能量由雷达发射信号以外的其他辐射源产生。按照干扰信号作用原理,有源干扰分为遮盖性干扰和欺骗性干扰。遮盖性干扰主要包括射频噪声干扰、噪声调幅干扰、噪声调频干扰、噪声调相干扰和脉冲干扰等,欺骗性干扰主要包括距离欺骗干扰(距离假目标干扰、距离波门拖引干扰)、速度欺骗干扰(速度波门拖引干扰、假多普勒频率干扰、多普勒频率闪烁干扰、距离-速度同步干扰)、角度欺骗干扰(双点源闪烁干扰、双点源非相干干扰、双点源相干干扰)。遮盖性干扰是指进入雷达接收机的强干扰信号对目标回波信号有压制、遮盖作用而使雷达难于从中检测到目标,欺骗性干扰是指与目标回波信号特征相同或相似的假信号使雷达不能正确检测目标。无源干扰能量是由非目标的物体对雷达照射信号的散射产生的。按照干扰信号作用,无源干扰也可分为遮盖性干扰和欺骗性干扰。遮盖性干扰中常见的有箔条走廊干扰和箔条云团干扰等,欺骗性干扰中常见的有无源假目标和雷达诱饵等。

B.人为干扰按照战术使用方式分为远距离支援干扰、随队支援干扰、自卫式干扰和近距离干扰。远距离支援干扰通常是将干扰机配置在攻击机编队以外而距被干扰雷达较远的一定区域实施干扰,随队支援干扰是将干扰机伴随攻击机编队飞行而通过辐射强干扰信号掩护攻击机,自卫式干扰是由攻击机自行施放的遮盖性干扰和欺骗性干扰,近距离干扰是干扰机到雷达的距离领先于目标而通过辐射干扰信号掩护后续目标的投掷式干扰。

(4)超低空地理环境。超低空地理环境严重影响防空导弹武器系统和超低空突防目标的作战使用性能。超低空地理环境主要指地海面环境,是本书的分析研究重点。

## 1.1.2 现代空袭兵器及超低空突防技术

### 1.超低空目标

超低空目标是飞行高度在超低空域内的空气动力空袭兵器。空气动力目标是依靠空气动力提供飞行所需的升力和机动控制力,在大气层内飞行的目标。其特点是飞行速度较慢,机动难以预测。超低空空袭兵器的主要类型包括巡航导弹、反舰导弹等进攻武器,以及战斗机、无人机、武装直升机等作战平台。超低空目标通常具有飞行高度低、飞行速度慢、反射面积小的特点,也就是通常所说的"低慢小"目标。低、慢、小的综合使用,可以进一步提高超低空目标突防成功率,因此是需要首先考虑的重点威胁。典型目标特性包括探测特性(包括目标的电磁特性、光学辐射特性等)、运动特性(包括目标飞行速度、机动性能等)和易损性(包括几何形体、易损舱段等)。高性能的超低空空袭兵器的发展趋势如下:①巡航方式多样,可全程等高度巡航、阶梯式高度巡航、多变机动巡航和绕飞巡航;②命中率高;③超低空攻击方式灵活多变,可实施擦地和掠海式攻击、高俯冲攻击、跃升攻击等;④具有"发射后不管"和对付多种目标的能力,导弹发射后,整个过程完全自主寻的。就技术层面而言,为增加各种空袭兵器的超低空突防性能,各军事强国广泛采用适于超低空飞行的气动布局和先进的导航/制导技术;就战术层面而言,要求空袭兵器具有速度范围大、机动性好等特点,既要满足在中、高空巡航的高速要求,也要满足在超低空突防时的低速要求,同时还具备在复杂超低空环境中高机动性飞行性能,为此广泛把高精度导航定位设备、地形跟随/地形回避/威胁回避/机动飞行等先进技术和设备应用于超低空突防兵器。

(1)巡航导弹或反舰导弹。巡航导弹或反舰导弹具有突防能力强、命中精度高、技术上易于实现和造价低等优点。以亚声速飞行的对地攻击的战斧巡航导弹为例,其优点如下:①射程远,最大射程可达 2 000 km;②飞行高度低,在海上或平原上的飞行高度为 4.30 m,丘陵/山地地区为120 m;③发动机火焰温度低,红外特征不明显,RCS 仅为 $0.1 \sim 1 \ m^2$,不易被雷达发现,即使被发现,留给防空系统的反应时间也很短,难以实施有效拦截。在伊拉克、波黑等战场的大量实战应用表明,巡航导弹的特有优势使其成为现代化战场上实现超低空突防的佼佼者,已成为现代战争和突发事件中的一种首选进攻性武器。

(2)武装直升机。武装直升机凭借其低空、低速和目标小而不易探测的优势,实施超低空突防时灵活性更强,在近距对地支援作战中发挥着重要作用。目前,以美国的 AH-64

"阿帕奇"、RAH-66"科曼奇"和俄罗斯的卡-50为杰出代表,突防高度均可在100 m以下。

(3)固定翼飞机。战斗机/轰炸机/无人机凭借其先进的超低空性能,已经成为各国超低空突防实施的主要空袭兵器。固定翼作战飞机有其独特的优势,与直升机相比,其飞行距离更远、速度更快、载弹量更大,更适用于对敌实施远距离、大规模的打击;与巡航导弹相比,其在实际的超低空战术实施中灵活性更强,由于是有人驾驶,所以在规避对方雷达探测和防空火力打击方面能力更强,也有利于根据实际情况更改作战计划,应对战场实时变化,更重要的是可以实现多次重复使用。目前,在各国超低空突防性能出色的战机中,以美国F-16、F-18和俄罗斯苏-30为主要代表,如F-16战斗机可对任何地形保持60 m或更低的高度飞行,F-18能以低至30 m的高度突袭小目标,俄罗斯苏-30等都有出色的低空超低空突防性能。可见,多用途战斗机可以适应多种作战条件,在适合高空、高速巡航的同时也适合超低空突防。

**2.超低空对空袭兵器突防的影响**

(1)超低空空气密度高、速压大,飞行器受到很大的气动载荷。因此,各型飞行器都规定有低空最大允许速压的限制,如果超过规定值,飞行器结构就会出现永久变形甚至撕裂。

(2)超低空飞行与地面及建筑物相撞的概率增大。防空武器对飞行器的杀伤概率随高度的降低而减小,而飞行器与地海面障碍物相撞的概率却随高度的降低而增大。根据中、外空军超低空飞行训练统计,总事故中的70%是由与地海面相撞引起的。产生相撞概率增大的原因有如下几点:①视觉误差增大。超低空飞行时,飞行员视角范围减小,对地面障碍物(特别是电线、桅杆等)来不及发现。②地形、地貌的影响。如地势有每300 m升高12 m的坡度,飞机以900 km/h速度飞行,就相当于每秒下降10 m,这样以30 m高度飞行,3 s飞机就将触地。③保持飞行状态困难。超低空飞行最容易犯的一个错误,就是觉察不到微小的下滑角变化,如果飞机在30 m高度,以900 km/h平飞,只要有0.5°的下滑角,经过14 s就将触地。

(3)大气扰动强烈,飞机颠簸增强。地海面情况(主要指地形、温度、风浪等)不同,会引起低空大气紊流,或称颠簸气流。这种紊流多发生在地形复杂的局部地区,地面气象站和机载气象探测设备都难以准确预测,因此对超低空飞行威胁很大。相比之下,垂直突风对超低空飞行安全影响最大,这是引起飞机颠簸的主要原因。

(4)耗油量增大,续航性能降低。喷气发动机的燃油耗油量随高度升高而减小,在超低空耗油量很大。

(5)能见度低,目视判断困难。在超低空,无风时存在水汽、烟雾,有风时尘土飞扬、浪花飞溅。在海上超低空飞行,风挡上容易集结盐分,影响视线。海面衬托物少,海天连成一片,颜色相近,尤其早、晚海面阳光反射,能见度很差,容易产生错觉,对高度、速度、距离和姿态判断不准。超低空突防高度低、表速大、迎角小,易产生下俯错觉,好像飞机向海里钻。视线的阻碍和错觉就成为事故发生的主要原因之一。此外,超低空飞行对地海面目标的辨认时间,在同样条件下与中空比较,平均延长约0.3 s,对故障判断时间平均延长0.6~0.69倍,飞行员对外界的感觉变得比较迟钝。

(6)座舱温度高,海上飞行高度50 m,速度700~800 km/h,10 min后舱内温度上升到45℃,若速度再高,温度会超过50℃,这样就很容易产生"热疲劳",使飞行员的工作能力和抗过载能力降低。在座舱温度过高未解决前,势必影响超低空突防能力的提高。

(7)由于地海面杂波的干扰,超低空飞行时的空地、空空通信联系极为困难,出现了"耳聋""眼瞎";飞机贴近地海面飞行,水汽盐雾(甚至飞溅的海水)和城市工业区的污染大气会加剧飞机和发动机附件的腐蚀等,这些都是超低空飞行的特殊问题。

**3.超低空突防技术**

为了更好地达到超低空突防的目的,人们综合利用了各种可能利用的技术和战术。如飞行任务规划技术、隐身技术、机动飞行技术和超声速飞行技术等,近年来在超低空突防中得到了越来越多的应用,可以令飞行器多次逃脱地面雷达的搜索和跟踪,闯入世界上一些发达国家(包括超级大国)严密设防的飞行禁区。

(1)突防任务规划技术。突防任务规划技术指运动体的航迹(或路径)的选择问题。一些常用的说法是(飞行)任务规划、飞行规划、航迹规划、弹道任务分析。这种技术早已应用在战术飞机、民用飞机、航天器、各种机器人和无人自主战车上,但用在远程的巡航导弹和无人飞行器上却是一项较新的技术,如"战斧"巡航导弹之所以取得较好的作战效果,除去导弹本身的良好性能以外,最主要的是得益于它的飞行任务规划系统,从而避实击虚、安全、准确地命中防御方纵深的目标。该系统主要由图像分析子系统、航迹规划子系统、任务分配子系统等三部分组成,被视为巡航导弹的大脑,其主要任务是在给定导弹发射点、目标和约束条件的前提下,在作战使用之前,为导弹设计出一条物理上可实现的、满意的航迹。这里所谓的约束条件包括导弹的飞行性能约束(如升限、机动性、航程等)、导航性约束(包括选择导航点、地形匹配区、景像匹配区)、安全性约束(包括地形回避、地形跟踪、威胁回避等)、其他约束(如政治上的禁飞区、人口稠密区等)、战术使用环境(如发射条件、水文、气象条件等)。

(2)超低空+隐身技术。隐身技术是当代另外一项非常重要的高技术。与 20 年前比较,当前的隐身技术和反隐身技术都有了很大的发展,并已广泛地应用于飞机、远程巡航导弹、无人飞行器、军舰和坦克等目标设计。目前的问题是,在应用此种技术的情况下,怎样使目标获得最好的飞行性能和作战效能。如果仅从突防的角度来看,当然希望目标的 RCS 愈小愈好,但在实际设计中须综合考虑目标的空气动力外形、发射质量、材料和结构强度等因素。例如,欲使导弹的 RCS 从 5 m² 降低到 0.5 m²,目前的技术条件下也许可以做到,但是进一步从 0.5 m² 降低到 0.005 m² 就须付出十分可观的代价,因此并不一定总是合算的。隐身技术包括射频隐身技术和红外隐身技术,有关的论述目前已有大量的文献可供参考,此处不再赘述。应当指出,在超低空飞行的巡航导弹和其他飞行器,如果充分利用隐形技术,就如虎添翼,必定能够进一步提高导弹的作战效能,这是毫无疑问的。

(3)超低空+超声速飞行。20 世纪 60—70 年代以来,飞航导弹就一直朝着降低飞行高度或提高飞行速度两个方向发展:①超低空+(高)亚声速飞行器,这是飞航导弹发展的主流,无论是型号改进,还是新型号研制,大都采用这种途径,并取得了极大的成功。大约到 20 世纪 80 年代中期,出现了一大批超低空掠海飞行或擦树梢飞行的飞航式反舰导弹或远程巡航导弹和无人机飞行器,并成功地投入了实战应用。事实表明,这是一条多、快、好、省的型号发展途径。一般认为,这类导弹在今后 10～15 年内仍然会具有很强的战斗力。②超低空+超声速飞航导弹,"双超"飞行的主要优点有:增加突然性,减少敌方的反应时间;加重敌方防空系统的跟踪负担,提高导弹的突防能力;利用导弹的动能,增加导弹对目标的毁伤效果。

### 1.1.3 超低空突防对防空网的严重威胁

超低空突防是指空袭兵器利用地/海面掩蔽效应,采用贴地和掠海飞行,躲避防御雷达监视、规避防空导弹拦截,最终成功深入防御腹地的一种作战方法。超低空突防主要针对防御方防空阵地、导弹发射阵地、指挥中心等重要目标及大型水面舰艇、核基地等核心军事目标进行攻击。现代作战普遍采用超低空突防战术,不断提升超低空突防能力,超低空突防已成为空袭首选的突防手段之一。这从各军事强国对其重视程度及其在实战中的广泛应用和良好的作战效果就足以看出:目前国外先进巡航导弹已可在 15 m 高度贴地飞行,反舰导弹则可在 5 m 高度掠海飞行;超低空突防与隐身、干扰手段综合使用,使突防效果进一步提高。在长期制约雷达技术的"超低空突防、隐身技术、电子干扰和反辐射导弹"四大威胁中,超低空突防在实战中对空袭兵器的技术门槛要求低、突防成功率高、灵活性强、威胁性大、对抗难度高。

**1.超低空突防缩短了防空雷达的探测距离**

超低空突防利用雷达盲区,避开敌方雷达监视。地球的曲率、山峦和地面高大建筑物在低空形成了不同程度的盲区。理论和实践证明:在陆地,飞机高度在 1 000 m 时地面雷达发现的概率为 100%,高度下降到 100 m 时,雷达发现概率仅为 30%;在海上,超低空突防的飞机被舰上对空雷达发现的距离为中空的 1/6、低空的 1/3,发现的概率均比中、低空约低 35.7%。

**2.超低空突防压缩了防空武器作战反应时间、降低了防空武器的杀伤概率**

典型超低空突防事例表明,超低空突防会减轻或避免防空导弹武器系统的杀伤,同时受最低射高、最近射距和最低射角的限制,防空导弹对低高度、近距和低攻击角突防目标难以发挥作用,据统计,防空导弹对超低空突防目标的杀伤概率比对中空击中目标要降低 20%~30%。根据运动学定律,地海面防空武器跟踪空中目标的角速度与目标飞行高度成反比、与飞行速度成正比,因此随着目标高度的降低和速度的增大,探测系统为防空武器提供的反应时间可能缩短,杀伤空中目标的概率大大下降。西方国家在军事演习中发现:飞机高度为 200~250 m 时,防空导弹杀伤概率为 14%;高度降为 60 m 时,杀伤概率下降为 5%。

## 1.2 防空导弹是空袭兵器拦截作战的主战装备

防空导弹包括地空、舰空导弹,按照射高,可将其分为高空、中空和低空武器系统。超低空突防技术的发展,给防空导弹的发展提出了新的挑战,具有反超低空突防能力的防空导弹等成为新一代导弹型号发展的重点。美国、俄罗斯以及欧洲的一些其他国家都在研制各自的新一代空空导弹武器系统,主要战术技术特征如下:①拦截高机动目标的能力,将巡航导弹和武装直升机列为拦截对象。除了能拦截 RCS 为 0.1 m² 、俯冲角为 60° 的高速目标,同时还具备探测超低空悬停直升机特殊能力。②超低空拦截能力,尽量低的拦截高度和尽量小的拦截近界、足够的远界,以构成有效的保卫区域。随着各种掠地、掠海导弹技术的发展和武装直升机的广泛应用,突防兵器的最低飞行高度已显著下降,因此防空作战对防空导弹武器系统拦截低界的指标提出了更高要求。③作战空域覆盖已接近中、低空系列的水平。最大拦截距离达 14.17 km、拦截高界达 4.8 km,使超低空防空导弹武器系统与中、低空防空导弹武器系统的空域差距大大缩小,两系列出现融合趋势。

## 1.2.1　防空导弹武器系统的基本组成

如图 1.2 所示,防空导弹武器系统主要构成装备包括目标搜索雷达、目标指示雷达、制导雷达、指挥控制系统、导弹发射系统、导弹等,但实际武器系统组成有不同的组合形式,如:①"C-300",目标搜索(指示)雷达+制导雷达(含指控设备、导弹发控设备)+数个发射架等;②"爱国者",制导雷达(多功能相控阵雷达,同时具备目标搜索雷达和制导雷达功能)+指挥控制车+数个发射架等;③"响尾蛇",搜索指挥车(含目标搜索雷达、指控设备)+制导雷达+数个发射架等;④"霍克",目标搜索雷达+指挥控制车+制导雷达+数个发射架等。

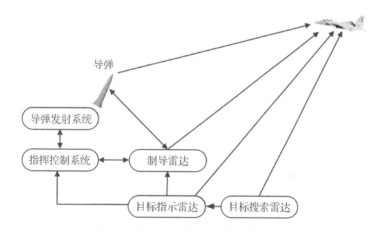

图 1.2　防空导弹武器系统的基本组成

各组成部分的功能分别简要介绍如下。

**1.目标搜索雷达**

目标搜索雷达是早期预警系统,如地面/舰载大型搜索雷达、预警机雷达、高空气球雷达和星载雷达等,用于不断通报敌情并指示武器系统拦截的目标信息,包括目标的类型、编号、位置和运动参数及其他有关信息。

**2.目标指示雷达**

目标指示雷达用于提供中、高空目标或超低空目标信息,一方面送指挥控制系统用于武器系统指挥控制,另一方面送制导雷达用于目标指示,也可用于干扰下导弹发射决策,还可用于导弹中制导和雷达导引头交接班。目标指示雷达的基本特点如下:①作用距离远,通常工作在较低频段,测角精度低;②搜索能力强,方位上通常采用圆周扫描,高低上采用扇形波束或相扫的方式覆盖较大的高低角范围。

**3.制导雷达**

制导雷达主要用于目标的跟踪、导弹的截获/跟踪和制导;对于半主动雷达导引头或引信,制导雷达还起到对超低空目标进行照射的作用,同时还接收导弹的下传信息。制导雷达的特点如下:①高精度跟踪雷达,通常工作在 S、C、X 等较高频段的相控阵体制,天线是针状波束,可实现高精度的目标测量和跟踪;②多通道雷达,可同时对多批目标和多发导弹进行跟踪;③多功能雷达,可完成目标搜索跟踪、导弹截获跟踪与制导、目标照射、干扰侦察等不同任务,但其目标搜索能力弱,要求外部目标指示雷达或目标搜索雷达为其提供目标指示。

**4.指挥控制系统**

防空作战是大空域的非接触作战,其面临两大矛盾问题:一是作战行动的高度统一性与作战装备与部队众多之间的矛盾;二是作战空域的广阔性和多样性与参与作战单元个体能力局限性之间的矛盾。这就需要通过一体化的指挥控制实现作战任务。指挥是指挥员及其指挥机关对部队作战或其他行动进行掌握和制约的活动;控制通常是指对装备的控制,使其工作状态按预定的规律运行,控制过程可以人工或自动进行,自动控制时也可进行人工实时干预。指挥和控制虽然有不同的含义,但指挥控制必须将两者作为一个整体。

**5.导弹发射系统**

导弹发射系统完成对导弹的发射与发射控制,是在导弹进行发射准备时,检查导弹在发射装置上的安装状态,对发射系统和导弹的主要设备的功能进行射前检查,装订导弹射击诸元,以及按导弹的发射程序和发射条件控制导弹发动机点火起飞的系统。其主要用于完成导弹发射前各种安全机构和电路的解锁、性能和参数的检测、导弹诸元的装订、发射前弹上设备和组合的地面供电,以及导弹与指控系统间的数据和信息传输,并根据发射指令实施导弹发动机或助推器点火,最终完成导弹的发射。

**6.导弹**

导弹是整个武器系统最重要的分系统之一,导弹与普通武器的根本区别在于导弹可以制导控制,将战斗部高精度地投送到目标附近,实现对目标进行毁伤。导弹具有飞行速度快、机动能力强的特点,导弹速度和过载能力优于目标。导弹由弹体、动力装置、弹上制导设备、引信与战斗部与辅助设备组成。

## 1.2.2 防空导弹武器系统的典型作战过程

防空导弹武器系统作战行动是典型的观察—判断—决策—执行(OODA)的循环过程。

**1.战斗准备和目标指示**

战斗准备分为一、二、三等战备状态,一般由上级指挥所规定。为了做好战斗准备,上级指挥所不断通报敌情并指示防空导弹武器系统拦截的目标信息,包括目标类型、编号、位置和运动参数及其他有关信息。

此阶段,主要有上级指挥所和本级指挥所的目标搜索(指示)雷达、指控设备参与工作。

战术技术指标如下:①战斗准备时间是指防空导弹武器系统处于关机待命状态下,转入全面战备状态所需要的时间,包括启动电源、制导站和发射装置以及导弹接电、加温、完成自检和所需作战参数装订等各项作战准备活动的时间;②作战使用环境条件对武器系统的射击和使用具有很大影响,一般应遵循国家军用标准的规定,如环境温度、最大湿度、作战阵地的最大海拔高度、能正常工作的最大风速、能适应的自然环境(雨、雪、冰、雹、雷电、沙尘、烟雾和霉菌等)、"三防"(防核、防化学、防生物战)、运输条件、电磁兼容条件等。

**2.目标搜索和跟踪**

当无外部目标指示信息时,制导雷达进行大范围自主搜索;当有外部目标指示信息时,制导雷达在小范围内进行补充搜索;制导雷达发现目标后,要对目标进行确认,引导跟踪系统对目标进行跟踪,完成目标的截获,对目标坐标进行准确的跟踪测量。

此阶段,主要有制导雷达参与工作。

战术技术指标如下:电子对抗能力是防空导弹武器系统一个十分重要的性能指标,它是指典型电磁环境下的抗干扰能力。电子对抗形式多且实际中往往是多种手段综合应用,因此如何定量地衡量系统的电子对抗能力是一个复杂的问题,它不仅反映雷达等电子设备的抗杂波干扰、消极干扰、欺骗式干扰能力,还反映从系统对抗的角度对电磁干扰环境下的自适应侦察、分析、应变决策系统的能力,以及反隐身目标、抗反辐射导弹和光电技术对抗等方面的措施,或者是对付典型干扰机的类型及其技术指标等。

**3.导弹准备与发射**

制导雷达不断对目标进行跟踪,指挥控制设备根据制导雷达送来的目标数据,不断计算射击诸元(如目标高度、目标航路捷径、目标在发射区内的停留时间、瞬时遭遇点位置等)。指挥控制设备还控制导弹发射装置给导弹加电,调整导弹工作频率使其与照射频率一致等。当指控设备计算的射击诸元满足射击条件时,便可控制导弹发射。导弹的主要发射方式有倾斜发射、垂直发射、随动发射。对每个目标的发射导弹数量通常为 2 枚,发射间隔(连续发射的 2 枚导弹之间的时间间隔)为 2~6 s。

此阶段,主要有制导雷达、指控设备、导弹发射设备、导弹参与工作。

战术技术指标如下:①发射方式是影响防空导弹武器系统作战使用性能的重要指标,主要有垂直发射、定角倾斜发射、随动发射,另外还有裸弹、箱(筒)式发射和多联装发射等。②发射间隔是指连续发射的 2 枚导弹之间的时间间隔。导弹发射间隔与防空导弹武器系统导弹截获能力(即截获导弹的数量、截获时间)、发射方式、导弹的导引规律、目标机动等因素有关。③系统反应时间指探测雷达首次发现目标到发射第一枚导弹的时间间隔。反应时间限制了防空导弹武器系统对超低空或暴露时间短的目标做出反应的能力,以及在战斗中首先击毁目标的能力。反应时间是一个服从指数分布的随机变量,它与武器系统的组成、自动化程度,指控系统,操作人员决策的延迟有关。

**4.导弹飞行控制**

任何导弹的飞行控制,都按发出发射指令—导弹出筒—引导—发出引爆指令(杀伤目标)这一过程进行。如全程半主动雷达寻的导弹:在发射准备阶段,指控系统应预置弹上导引头将工作频率调谐到照射频率上、导引头天线在角度上对准目标,在导引头捕捉到目标后,才能发射导弹;在引导阶段,地面照射装置不断照射目标,弹上导引头接收目标散射的照射能量,并一般按比例导引法形成导引指令,送到控制系统(自动驾驶仪),控制系统控制弹上飞行操作机构,使导弹沿预设弹道飞向目标。

此阶段,主要有指控设备、导弹发射设备、导弹及雷达导引头参与工作。

战术技术指标如下：①制导体制是指导弹制导采用的技术方法，包括指令制导、寻的制导、复合制导等。②制导规律是指使导弹按预定的运动学关系飞向目标的规律，如经典制导规律（三点法、前置法、比例导引法等）、新型制导规律（准最佳弹道法、滑模变结构法等）。③制导精度是表征导弹制导系统性能的一个综合指标，可反映制导系统制导导弹到目标周围时的脱靶量的大小。制导精度与目标特性、制导体制、雷达与导引头精度、导弹的控制能力等因素有关。制导误差在整个作战空域内是一个随机变量，通常在垂直遭遇点处导弹速度矢量的平面内，取目标为中心、战斗部的有效威力半径值定义一个圆，以导弹落入此圆的概率来表示制导精度。

**5.导弹引爆与射击效果评估**

当导弹飞至距离目标一定距离或至遭遇时刻前一定时间（可根据弹目相对速度计算）时，由制导雷达或导引头发出待发指令，弹上引信开始工作，当引信接收的目标信号强度等达到一定大小时，引信形成引爆指令，引爆战斗部。导弹战斗部引爆后，由制导雷达根据目标跟踪数据的变化、制导雷达与导弹的通信变化等情况，评估是否杀伤了目标。

此阶段，主要有制导雷达、指控设备、导弹及引信和战斗部参与工作。

战术技术指标如下：①杀伤概率是武器系统对典型目标射击时毁伤目标的概率，影响杀伤概率的因素包括制导精度、引战配合性能、战斗部威力和目标易损性等。②杀伤空域也称杀伤区，是防空导弹武器系统顶层指标，是在规定条件下以不低于规定概率杀伤空中目标的区域。杀伤区一般可用对典型目标作战的远界、近界、高界、低界等定量参数来表示。③火力转移时间是指一个目标通道，从射击一个目标的程序结束而快速转移到射击另一个目标程序开始所需的时间。④作战持续时间是武器系统连续处于作战待射和射击状态的时间，它在对付多批次目标连续作战时，对系统的火力强度和反应速度性能都有影响。

## 1.2.3 目标探测与导弹制导是防空导弹武器系统的关键环路

按照防空导弹武器系统作战过程，将其分为指挥控制、目标探测、导弹制导、目标杀伤等四大环路。下面简单介绍各环路的基本工作原理。

**1.指挥控制环路**

指挥控制系统是保障指挥员或指挥机关对作战人员和武器系统实施指挥和控制的信息系统，由战术单位指挥控制和火力单元的指挥控制两级构成，具有指挥、控制和通信三个基本功能。

（1）战术单位指控系统。战术单位一般是由多个同一型号导弹火力单元构成的火力整体，在复杂空情条件下也可以是多种不同型号武器系统混编而成的火力整体。战术单位指控系统是对战术单位所属部队和武器系统进行统一管理和协调的软件和硬件的总称，对作战实施起着承上启下的关键作用，工作核心是通过协调指挥，达到整个武器系统的作战效率最高、效果最优。该系统要求具有高速处理数据能力、与火力单元间的实时数据传输能力和复杂的动态相互作用能力，可以完成情报相关综合融合，监视管理火力单元装备。战术单位指控系统是战术使用单位的指挥协调中心，通过战术指控系统可把外部情报网、多个火力单元以及配属的其他防空武器联成一体，提供组网作战能力，实现从目标发现到导弹拦截的一体化。

1)系统组成。战术单位指控系统的作用对象是战术单位内的装备和火力单元内的装备,主要组成包括以下几方面:①信息处理系统,是指控系统的核心,主要组成包括专用计算机、专用交换机、作战指控软件等,用于对外部情报信息(预警雷达、目标指示雷达、制导雷达)进行融合处理,获取友邻部队信息,并根据上级赋予的作战任务和下属火力单元的状态,解算作战控制数据,形成统一的防区综合空情态势;②决策系统,用于目标威胁判断、拦截实时性计算、导弹发射等判断和决策;③显控系统,是指挥员或操作员实施与计算机对话以及发射控制、下达指令的所在,一般由显示处理器、显示屏、人机接口(键盘、操纵杆、光笔、魔球、数字化仪等输入控制)以及相应的显控软件组成,用于显示战斗所需的信息、辅助做出决策、完成目标分配控制和导弹发射动作,监视武器系统工作状态和指控指令执行情况;④通信设备,由设在指挥所和各指控车上的通信终端设备和相互沟通的有线和无线信道组成,用于系统内部设备间安全可靠、不间断传递指挥命令和控制指令,同时与友邻部队、上级指控中心的沟通和联络,包括数据传递和语音通信,典型通信方式包括短波通信、微波通信、散射通信和战术军用数据链等。

2)系统功能。战术单位指控系统具有作战、值班和训练等多种工作模式,其主要功能包括:①态势情报获取与处理;②情报判断评定;③决策分配和指挥协同;④显示与控制;⑤通信;⑥其他,如作战过程记录与复现、作战值班和训练、检查与维修等。

3)工作流程。战术单位指挥控制作战过程是战术指挥员组织火力单元射击空中目标所进行的战斗指挥活动,从接收到有关敌情通报或空情开始,到战斗结束为止,是一个循环过程。战术单位指挥控制流程如下:①受领任务和战斗等级转进,受领任务包括上级指挥系统确定给战术单位指控系统的拦截目标、负责保卫的区域、协同单位的情况通报等作战任务信息,战斗等级转进是根据等级状态及转进时机适时组织火力单元武器与指挥所进入相应的战斗值班等级状态。②态势分析判断、生成空情图,完成收集处理作战区域和火力单元射击区内传感器采集的各种情报、所属和友邻火力单元战斗准备和战斗情况,明晰从上级指挥所受领的战斗任务,判断情况和为定下决心准备数据。③目标识别,在形成统一的空中态势后,进行目标属性(即敌、我、友、不明性质)识别和类型(即种类)识别。④威胁判断与拦截排序,目标威胁判断是依据上级作战决心、作战预案、被掩护对象性质和信息场传感器送来的空袭目标信息,评估空袭目标价值或威胁大小的过程,拦截排序也叫优先级排队,基于目标到达的先后顺序、目标的重要程度、目标的威胁等级,进行可拦截计算,为火力单元指定拦截目标的顺序,并将目标的空间位置信息发送给指定的火力单元,以便制导雷达在指示的目标空域准确截获和跟踪该目标。⑤目标分配并下达射击任务是根据目标信息和火力单元的特点,按照一定的分配原则,向火力单元区分射击目标的决策过程,目标分配的基本准则是射击条件最有利、击毁目标数量最多、保卫目标损伤最小、平均耗弹最少、火力使用合理均衡。⑥杀伤效果评估,是指预测遭遇点附近,判断目标实际上是否达到足够的破坏程度而进行的一个过程。杀伤效果评估方法有以下三种:一是目视评估法,这是最理想的评估射击效果的方法,采用光学或成像系统,根据目标杀伤后冒烟尾迹或翻滚等,能最可靠地证实目标被杀伤;二是跟踪雷达状态数据评估法,目标遭到杀伤后其速度、加速度将发生明显变化,雷达将会观察到目标信号抖动、目标信号的高度(高低角)逐渐减小等;三是其他评估方法,判断解除导弹无线电引信最后一级保险指令是否发出,地面制导站与导弹的通信是否中断,对施放干扰飞机或干扰掩护下的飞机射击时,可用干扰消失或干扰电平减小等来判断目标是否被杀伤。

(2)火力单元指控系统。火力单元是防空导弹武器系统作战中完成对空袭目标射击杀伤的基本实体,典型的导弹火力单元由截获跟踪设备、制导控制设备、导弹发射设备、导弹及指挥控制设备等构成。火力单元指控系统的主要目标是实现杀伤环内各环节闭合效能效率的最佳、杀伤范围最大、杀伤效果最优,形成武器系统与目标的对抗优势。该系统通过命令和情报、信息交互,将火力单元各分系统连成一个整体,协调一致地完成作战任务。

1)系统组成。火力单元指控系统的作用对象是火力单元杀伤环内的各个装备,主要组成包括:①指挥与火力控制系统,通常由主控计算机及作战决策软件(作战软件、功能模型、工作逻辑和算法)等组成,进行火力单元指控信息的采集、存储、处理和传达,把武器系统的所有功能部件链接为一个有机整体,主要完成目标选择、敌我识别、目标威胁评估、火力分配、导弹发射决策、导弹发射控制和射击效果判断等功能。②雷达信息处理部分,是指安放在指控车内的雷达信息处理设备,用于处理探测系统及其他传感器(红外、激光、电视跟踪器等)提供的目标数据,以及完成各种传感器和雷达信息的进一步处理、综合和融合,最终形成统一的信息态势。③火力单元显控系统,通过图形、表格、活动图像、波形、音响、发光、硬拷贝等形式,给指挥员和操纵员提供视觉和听觉的指示信息,是进行作战判断的决策的基础。这些信息要素包括空情信息、系统状态、工作或故障状态、射击指挥决策辅助信息,与此同时,必须通过各种人机接口装置,将指挥人员的决心和对武器系统或设备的操作,转化为战斗行动的指令和各种控制指令。④通信设备,是用于传输话音、数据、指令和图像等信息的有线和无线数据传输设备,如电话、电台、数据链路和通信中继设备等。⑤互联接口设备,用于本级指控设备与上级指控设备、友邻指控设备、武器分系统本身子系统互连互通接口,完成数据格式转换、数据传输时间编排和传输内容安排等。⑥其他设备,如模拟检查训练设备、供电设备、运输和辅助设备等。

2)系统功能。火力单元指控系统主要承担值班、射击指挥和训练任务,其主要功能包括:①情报获取与处理;②情报判断评定;③决策与火力分配;④显示与控制;⑤通信;⑥其他,如作战过程记录与复现、作战值班和训练、检查与维修等。

火力单元指控系统的功能关系如下:①通过通信设备接收远方情报,接受上级指挥所指挥和控制,与其他火力单元进行协同作战或组网作战;②控制目标搜索(指示)雷达的工作状态,获取目标情报信息,为制导雷达进行目标指示,控制制导雷达进行补充搜索或自主搜索,对目标跟踪、导弹发射、导弹截获跟踪与制导过程进行干预与控制;③通过发控系统与发射车及发射车上的导弹进行信息交互,控制导弹发射车的工作状态,完成导弹发射前的检测、发射准备,控制完成导弹的发射;④显示通过语音或数据与其他作战装备进行交互,使武器系统协调一致地完成作战任务。

3)工作过程。火力单元指挥控制接受战术单位指挥控制系统的指挥,是战术单位指控命令的执行者。

A.火力单元指挥控制战斗循环,通常将探测、发现、锁定(选择)、跟踪、引导、杀伤、杀伤评估等一串事件链称为武器杀伤链中的指挥控制过程,也就是火力单元的火控过程或射击指挥过程。

B.火力单元射击指挥控制过程,包括:①作战准备,主要完成火力单元准备和作战初始化,完成部署及指挥控制数据库的建立,即火力单元拦截覆盖区、武器的控制区域、安全走廊、被掩护对象数量及级别和参数、目标识别判据、雷达扫描扇区方位中心线角度、雷达遮蔽地形测绘(即搜索低界)、主要目标线方位、次要目标线方位、各雷达间坐标转换。②射击指挥控制循环,这是一个战斗实施和控制循环,包括信息获取、态势判断、指挥控制决策和执行四个过程,可以进一步分成互相紧密联系的搜索、跟踪、识别、拦截适宜性、威胁平定和排队、发射决策、火力分配、发射、杀伤效果评定等九个步骤,其中,搜索和跟踪是信息场内的关键事件,识别、拦截适宜性、威胁平定和排队、发射决策、火力分配则属于判断决策的关键事件,发射和杀伤效果评定是具体执行事件。

**2.目标探测环路**

掌握空情、截获目标信息是防空作战的先决条件,搜索、截获、跟踪目标是防空导弹拦截作战的第一步。任何防空导弹武器系统组成中都必须有目标探测系统,为导弹提供高精度的目标飞行轨迹及其他信息。探测系统是武器系统的主要组成部分,与武器系统有着以下紧密的联系:

(1)探测系统的作用距离直接影响武器的杀伤区远界,其最小跟踪距离也将影响武器系统杀伤区近界,其低空精度将直接影响全程指令制导的武器系统的低界。

(2)对于全程指令制导的武器系统,探测系统的测量精度直接影响导弹的制导精度,从而影响杀伤概率;对于复合制导的武器系统,探测系统的测量精度将影响中制导的精度,间接地影响末制导的精度。

(3)探测系统的搜索跟踪能力直接影响武器系统的目标容量。

(4)探测系统受制导体制约束,同时天线波束的控制方式还将影响制导规律的应用,如相控阵天线的应用为弹道高抛提供了必要条件,从而影响杀伤区远界和导弹发射方式。

(5)探测系统的反应时间直接影响武器系统的反应时间。

(6)探测系统复杂,是影响武器系统机动能力的主要因素。

(1)系统种类、探测信号波形、主要战技指标。探测系统包括地海面(机载)目标搜索(指示)雷达、制导雷达等装备。探测信号波形一般有简单脉冲信号($B\tau \approx 1$)、脉冲多普勒信号($B\tau > 1$)、脉冲压缩信号($B\tau \gg 1$)(线性调频 LFM,相位编码 PCM)、步进频率信号 SFW(步进频率脉冲、调频步进脉冲)。主要战技指标如下:

1)目标类型,设计上考虑适应多种目标,目标特性影响因素有 RCS、飞行高度、机动能力等。

2)工作频段,一般工作在 L、S、C、X 等频段。

3)作用距离,是一个与武器系统杀伤区范围相匹配的指标,包括发现距离、稳跟距离、保精度跟踪距离,在指定目标 RCS、高度、速度等条件下,目标发现距离能够保证武器系统在杀伤区远界杀伤目标,目标稳跟距离应保证导弹发射时稳定跟踪目标,保精度跟踪距离应保证导弹有足够的调整时间。

4)目标容量,是指武器系统能够同时搜索、跟踪目标的数量,制导体制不同影响目标容量不同,目标速度越快、探测精度越高、数据率越大时目标容量越低等。

5)测量精度,包括测距精度、测角精度、测速精度。影响测量精度的因素有跟踪误差、目标角闪烁、电磁波传播等。对指令制导的武器系统来说,测量精度需要保证制导精度;对末制导寻的的武器系统来说,测量精度应能保证中末交班,中末交班时雷达导引头对制导雷达测量精度要求较高。

6)分辨率,包括距离分辨率、速度分辨率和角度分辨率。距离分辨率对于简单脉冲信号为发射脉冲宽度,对于脉内调相或调频的信号为脉压后的接收脉冲宽度(即信号带宽的倒数),速度分辨率为接收信号频谱峰值宽度 F3 dB,角度分辨率为天线波束宽度。

7)反应时间,定义为收到目标指示到构成发射条件所需的时间,典型反应时间一般在10 s 以内,受天线调转、补充搜索、截获引导、稳定跟踪、目标识别和拦截计算等因素的影响。

(2)系统组成与工作过程。以制导雷达为例,其组成通常包括以下部分:

1)天线及随动系统,大多数雷达采用相控阵天线,随动系统用来控制天线的角度。

2)发射机及频综(本振),发射机工作在状态控制系统的控制下产生一定频率、波形的辐射信号,频综产生复杂、纯净的基准信号。

3)接收机,首先对天线输出的高频回波信号进行低噪放大、滤波,并将高频信号转化为中频信号,然后对中频信号进行主放大和匹配滤波处理。

4)信号与信息处理系统,信号处理通常是指数字信号处理,其输入为接收机中频的A/D采样信号,它主要是采用数字运算的方式完成信号的匹配接收运算,如脉压运算、FFT 运算、CFAR 运算等,将包含在回波信号中的目标特征信息、导弹信息提取出来,变为数字信息,再进一步进行信息处理,将目标的特征信息转化为诸如目标(导弹)航迹、坐标等直观信息。

5)状态控制与同步系统,在指挥控制系统控制下,完成整部雷达的工作控制和协调,它输出状态信息字控制设备的工作状态,通过频综形成全站频率和同步信号以便各设备协调工作。其中:雷达基带波形经混频、放大后形成大功率辐射信号,经天线对空辐射;当需要改变天线波束指向时,可通过随动系统转动天线阵面或通过波控机改变相控阵天线阵元的移相量来实现;回波信号通过逆向路径被天线接收,接收机对回波进行下变频和放大变换处理;目标(导弹)截获和跟踪通常由信号与信息处理单元完成并形成目标(导弹)点迹;目标(导弹)航迹滤波算法一般集成于指挥控制系统的计算机中。

(3)系统功能及工作原理。探测系统主要完成目标搜索、截获和跟踪功能,其中搜索和截获是从噪声、干扰背景中获得接收信号在空域、时域、频域特征信号的匹配接收的过程,并将其中最接近于目标的特征信号分离出来,获得目标的坐标位置,同时由于目标是运动的,需要连续测出目标的坐标位置,这就是跟踪。

1)目标搜索。探测系统通过接收信道获取包含目标坐标诸元信息的回波信号,采用一定搜索方式,对责任空域进行角度、距离和速度搜索。

A.角度搜索。利用单个波束,探测系统通常采用串行顺序扫描来覆盖整个搜索空域,但有源相控阵雷达对近距目标也可采用并行空间搜索方法。目标搜索方式包括以下三种:

a.自主搜索,当没有外部超低空目标时,进行全空域或重点空域的大范围搜索。当探测系统兼有警戒任务时,进行主空域搜索,即在俯仰方向上覆盖雷达最大作用距离上的来袭目标最大飞行高度以下的整个仰角范围,在方位方向上覆盖雷达方位工作范围;当探测系统兼有搜索任务时,进行全空域的初始搜索,以便检查整个工作空域内的目标情况;指控系统根据所掌握的目标信息模糊程度,给定探测系统进行部分空域搜索。除了以上三种自主搜索方式外,根据武器系统的不同,探测系统还具有低空补盲、精确跟踪、烧穿、抗饱和等搜索方式。

b.补充搜索,当有外部目标指示信息时,对目标指示点位置进行小范围搜索。在距离、方位二维目标指示信息时方位采用小范围、俯仰采用大范围的搜索方式;在距离、方位、俯仰三维目标指示信息时方位、俯仰均采用小范围的搜索方式,其方位(俯仰)搜索范围可根据目标指示数据的测量精度、数据处理等因素事先设定。

c.目标监视,对已跟踪的高威胁目标(如集群目标、上级指定的重点目标)周围,进行适当角度范围的监视性搜索,以便发现目标分批、目标群其他目标。

B.距离和速度搜索。目标搜索方式包括三种:①串行搜索,通过连续改变距离波门的时间延迟或速度滤波器的中心频率,来改变距离(或速度)的搜索位置;②并行搜索,将覆盖整个目标距离和速度范围的各滤波器分别调整在不同的距离和频率上,这样只需一次探测,目标信号总会通过其中某一组距离-速度滤波器。现代信号处理中,距离并行搜索可通过时域卷积运算来实现,速度并行搜索可通过 FFT 运算来完成;③串并行搜索,采用多个滤波器覆盖一定的距离和速度范围,同时又通过改变延迟时间和中心频率进行串行搜索。

2)目标截获。雷达要完成对目标坐标的跟踪测量,首先需要完成目标截获。目标在角度上落入波束或波束扫描范围,且回波超过检测门限时,称为目标(被)截获。目标截获的目的是为了对目标进行准确的跟踪测量,包括信号检测、坐标测量与引导等过程。

A.信号检测。信号检测是对经过匹配处理的后的目标回波进行判别,将目标从自然/噪声/人为干扰背景中分离出来。当雷达信号检测时,通常以每次雷达波束驻留的回波信号作为信号检测的输入,对这一输入将探测区域按距离、速度坐标进行分块,将整个测量距离和速度段分为若干个距离-速度单元。因此,每个距离-速度单元内含有一个信号序列,它代表在一次波束驻留(即一次探测接收)时间内,接收信号在特定距离或速度位置,经过匹配接收处理后的信号序列,信号序列的幅度越大,说明在该位置存在目标的可能性也就越大,信号检测的任务就是从这些二维信号序列中,确定哪些单元存在目标。

信号检测事实上是一个"某一单元有目标"还是"某一单元无目标"的二元假设检验问题,相应地有四个概率,即虚警概率($P_f$,单元内无目标被判为有目标的概率)、无目标正确检测概率($1-P_f$,单元内无目标被判为无目标的概率)、有目标正确检测概率($P_d$,发现概率,单元内有目标被判为有目标的概率)、漏警概率($1-P_d$,单元内有目标被判为无目标的概率),因此只需要两个独立的概率 $P_d$、$P_f$ 就可以完整反映信号检测的质量。如何在保证合适虚警概率前提下,最大概率地检测出目标信息是目标截获环节要解决的关键问题。在雷达中,通常采用恒虚警检测方法(CFAR,$P_f$ 保持恒定),通过检测门限判决电平 $U_0$ 求出 $P_f$,反之亦然。设匹配滤波输出后检测单元内无目标时背景信号包络的幅度分布函数为 $f(x)$,则有

$$P_f = \int_{U_0}^{\infty} f(x) \mathrm{d}x \tag{1.1}$$

B.坐标测量与引导。目标跟踪波门通常较窄,目标截获后需要测量目标的角度、距离和

速度,对跟踪系统跟踪波门的位置进行引导。

a.角度上,可以根据目标超出门限值的波位的波束指向确定目标的角度,如果采用单脉冲接收机进行搜索,也可以通过波束指向和角误差对角度进行估值。

b.距离和速度,可直接由距离、速度选通波门换算得到,但由于一个目标回波信号常常同时出现在多个距离波门或速度波门位置上,所以对于同一目标,这种方法将会测出多个坐标值而导致较大的测量误差,为此在信号检测中,通常采用二次积分的方法来解决这种目标回波信号跨波门的问题。二次积分的原理是,对于具有一定包络形状的信号,当对其分别进行一次积分和二次积分时,两个积分曲线必然有一个交点,且该交点的位置与信号包络的质心之间的距离等于一个常数,因此利用这一特征,可以准确测定各种包络信号的质心位置,也就是目标的距离、速度坐标的准确位置。

c.将信号检测测量出来的每一个目标的角度、距离、速度坐标,送到雷达系统的中央计算机,由中央计算机对各坐标跟踪系统进行自动引导。

3)目标跟踪。当目标探测系统进行目标跟踪时,通常采用边扫描边跟踪(TWS)方式、连续跟踪(TAS)方式。

A. TWS方式。基于周期性空域扫描,由信号检测结果直接形成目标航迹,且跟踪周期较长(秒级以上),因此目标跟踪数据率和跟踪精度都较低,用于目标搜索(指示)雷达进行目标粗跟踪和空域监视。雷达是在较短时间间隔内对同一目标的多个连续回波进行信号处理,提高了回波的信杂噪比,实现了目标的有效检测或判决,并给出距离、速度、角度等目标坐标估计值(即目标点迹数据),由于噪声和干扰,雷达测得的目标点迹数据含有随机误差,因此,即使清楚地知道目标的运动规律,也不可能准确求得目标当前的坐标和下一时刻的预测坐标值,只能根据目标点迹数据进行统计意义上的估计。这里的"目标点迹数据"是指每帧扫描(即雷达一个扫描周期)所检测到的一个符合目标回波特征的数据集合;在多目标情况下,雷达在相对较长的时间内对同一目标的多个点迹数据再进行关联、平滑滤波等数据处理,可进一步提高目标坐标值的估计精度。这种数据处理,可以有效减小雷达测量过程中引入的随机误差,提高目标坐标值的估计精度,更准确地预测目标下一时刻的状态。

TWS方式的数据处理过程如下:

a.点迹坐标测量,即对每帧的每个点迹进行角度、距离、速度坐标测量。

b.航迹关联。在每个扫描帧,根据点迹坐标参数,判断本帧每一个回波点迹与上一帧点迹及航迹的关联关系。在多目标情况下,由于目标机动、交叉、分批、合批以及干扰、测量误差的影响,航迹关联问题非常复杂,这方面的理论研究也是雷达信息处理领域的一个重要方向。

c.航迹滤波。对判断为属于同一目标的点迹按时间序列进行平滑、外推处理,即使航迹平稳、减小总体误差、提高目标信息的连续性。航迹滤波的输入是一系列在时间上排列的离散点迹,通过 $\alpha - \beta$ 滤波算法(目标匀速运动)、$\alpha - \beta - \gamma$ 滤波算法(目标匀加速运动)、Kalman滤波算法(目标线性时变飞平稳运动)、扩展 Kalman 滤波算法及粒子滤波算法(目标非线性运动),输出一条平稳、连续的航迹曲线。

B.TAS方式。基于周期性波束驻留,由坐标误差测量方式形成目标点迹和航迹,且跟踪周期较短(秒级以下),因此目标跟踪数据率和跟踪精度都较高,目标跟踪结果可进入导弹制导回路,用于制导雷达、雷达导引头进行目标精跟踪和导弹制导,支持目标拦截。

TAS方式跟踪系统是一个闭环负反馈控制系统,目的是使跟踪波门始终压住所测坐标维度物理量的中心。数据处理过程如下:①误差鉴别。在坐标跟踪脉冲的作用下,形成坐标部分重叠的双跟踪波门,且坐标误差鉴别特性均为 S 形曲线。②检测后的目标特征信号经过误差鉴别后,输出目标的坐标测量误差电压信号,该误差电压信号与坐标误差成正比,且当坐标误差为零时,该误差电压信号为零。

误差鉴别原理如下:

a.角误差鉴别。采用等信号法,即两个彼此部分重叠的波束,对目标角度误差进行测量,当目标处于两波束的交叠轴方向时,两波束收到的信号强度相等,否则一个波束收到的信号强度高于另一个,因此,将两个波束接收到的信号相减,即为角误差信号,差信号的正负(与和信号的相位相比)对应的是目标偏离等信号轴的方向,差信号的大小对应的是目标偏离等信号轴的程度。

b.距离误差鉴别。在距离域采用两个等幅时域双波门 $R_1$、$R_2$,对目标距离误差进行测量,其中波门 $R_1$ 与目标回波信号同相,波门 $R_2$ 与目标回波信号反相,目标回波信号通过波门 $R_1$、$R_2$ 时分别进行正向、反向积分,当距离跟踪波门处于目标回波正中间时,正向积分和反向积分时间相等,距离误差信号输出为零,当距离跟踪波门超前或滞后目标回波信号时,出现正的或负的积分误差电压,误差电压的正负反映距离跟踪波门偏离目标回波信号中心的方向,误差电压的大小反映距离跟踪波门偏离目标回波信号中心的程度。

c.速度误差鉴别。在速度域采用两个等幅窄带滤波器构成双波门 $V_1$、$V_2$,对目标速度误差进行测量,当目标回波多普勒频率处于 $V_1$、$V_2$ 波门中心时,$V_1$、$V_2$ 滤波器输出的信号幅度相等,否则当目标多普勒频率超前或滞后速度跟踪波门时,$V_1$、$V_2$ 滤波器输出的信号出现幅度差,对 $V_1$、$V_2$ 信号做差,可得速度误差;坐标估计:将目标跟踪误差信号进行积分处理,求取被测信号的坐标诸元,并形成坐标引导信号;跟踪控制:在坐标引导信号作用下,形成坐标跟踪脉冲,通过负反馈控制,使之向误差减小的方向调整,直至达到坐标误差为零或其他稳定的工作状态。以上三个过程每个跟踪周期内循环一次,保持对目标各个坐标的连续不间断跟踪测量。

4)目标识别。探测系统发现目标后,首先要进行敌我识别,一旦选择跟踪目标,还要进行类型识别。目标识别为选择精跟目标、判断目标威胁和发射决策提供依据。

A.敌我识别。敌我识别是指在指控系统-探测系统-敌我识别器(地面询问机-目标机载应答器)的基础上,由指控系统中的计算机启动敌我识别工作,自动判别目标的敌我属性,并用属性中断方式将目标的敌我属性信息提供给计算机。典型敌我识别器由地面询问机、时间同步系统、密码同步系统、询问天线波控机、天馈系统、显控设备等组成,其中,时间同步系统负责接收卫星或陆基授时系统的时间基准信号和天文时间信息字,由密码同步系统控制密码机单元(我方统一密钥、统一密码算法),完成地、空密码的同步产生和按时间同步跳变。敌我识别系统属于合作目标二次雷达工作方式,波控机根据空中目标位置使询问天线指向目标,加密后的询问编码信息经地面询问机调制后,由询问机发射信道向目标发射询问信号,目标机载应答机用宽带接收机检测询问信号、译码判决处理、发回应答编码信号,再由地面询问机天线接收、敌我属性识别、显示识别结果。

敌我识别器的使用原则如下:对稳跟的新目标要进行自动识别;指挥员可在目标跟踪期间手动复查目标的敌我属性;当向目标发射导弹拦截时,系统还须最后对目标进行自动识别,以免误伤我方或友方目标。

B.类型识别。类型识别是指目标的机型判别,如歼击机、轰炸机、直升机、无人机、空地导弹等。现代防空作战环境复杂,空地对抗激烈,需要充分利用传感器获取目标参数,通过情报综合、目标特性测量、目标行为和目标航路信息等,才能较准确地得到识别结果。

### 3.导弹制导环路

导弹制导是指根据导弹的飞行状态和目标信息,按照预定的导引规律,控制导弹的飞行轨迹,其实质是对导弹质心运动进行控制,使导弹飞向目标。导弹制导环路是以弹体为控制对象的,由导引系统、控制系统、弹体及运动环节构成的自动控制闭合回路,是导引和控制导弹飞向目标的设备总称,控制系统全部装在弹上,导引系统可能全部放在弹上,或全部放在制导站,或部分放在弹上部分放在制导站。制导环路品质用来描述其调整特性,调整过程刻画了导弹实际弹道相对于理论弹道的运动过程。制导环路的输入是目标和导弹的运动参数,输出是导弹的运动。

(1)组成与功能。

1)导引系统:提供对导弹实施控制的信息,通过测量导弹和目标的相对运动参数,并根据所选定的导引规律形成控制导弹运动的指令送给控制系统,此即"导引"功能。导引系统主要组成包括以下几部分:

A.测量装置,用来测量目标和导弹的运动状态参数(包括位置、速度和加速度等),如惯性制导中的加速度表和陀螺仪、无线电指令制导中的地面雷达、寻的制导中的导引头等,不断测量导弹和目标的相对位置,确定导弹的实际弹道相对于理想弹道的偏差,并根据运动偏差依据一定的制导规律形成适当的操纵指令;

B.导引指令形成装置,包括对目标和导弹信息的处理,形成控制导弹的指令;

C.程序装置,用来预先装订导弹的运动方案(即预装弹道);

D.指令变换和发送装置,将控制指令变换后传输给导弹的自动驾驶仪。

2)控制系统:按照导引系统提供的操纵指令,产生一定的控制力,控制导弹改变运动状态,消除运动偏差,使导弹的实际弹道尽可能与理论弹道相符,此即"控制"功能,终极目标是同时控制导弹质心与姿态(即俯仰、偏航和滚转),使导弹命中目标时以相当的弹着角,让质心与目标足够接近,实现装置为自动驾驶仪。自动驾驶仪与弹体构成闭合回路,前者是控制器,后者是控制对象。自动驾驶仪的作用是稳定导弹绕质心的角运动,并根据制导指令正确而快速地操纵导弹的飞行,其主要组成包括以下几部分:

A.敏感元件,当导弹受到干扰使姿态角发生改变时,用来测量导弹的姿态角运动信息,送给综合装置。

B.综合装置,将引导指令、敏感元件给出的信号进行综合处理和计算,输出操纵导弹的信号,送给变换放大装置。

C.变换放大装置,将综合装置送来的信号进行校正、变换和功率放大,使其成为推动执行机构工作的控制信号。

D.执行机构,通过控制信号驱动导弹操作面偏转机构,改变垂直于速度矢量的控制力和导弹的飞行方向,使导弹回到预定的弹道上来。改变控制力的方法包括:一是空气动力控制,与导弹纵向气动布局密切相关,如控制尾翼、旋转弹翼、鸭翼;二是推力矢量控制,通过控制主推力相对弹轴的偏移产生改变导弹方向所需的力矩;三是直接力控制,又称横向喷流控制,利用弹上火箭发动机在横向上直接喷射燃气流,以燃气流的反作用力作为控制力来改变导弹弹道。

导弹控制系统是误差控制系统,当导弹的实际运动与导引关系所要求的运动参数有误差时,控制系统就会产生控制信号,执行机构根据控制信号使操纵面产生相应的偏转角度。在飞行过程中,控制系统总是力图做出消除误差信号的反应。

(2)制导方式。制导环路的任务是控制导弹沿着预定的弹道运动,以尽可能高的精度接近目标。制导系统导引导弹飞向目标所依据的技术原理称为制导方式。

1)自主制导。制导系统不需要从目标或制导站获取引导信息,导引信号完全由弹上制导设备产生,控制导弹沿预定弹道飞向目标。主要分为:①惯性制导,以牛顿力学定律为基础,通过测量载体在惯性参考系中的加速度、角加速度等,将其进行时间积分,并把它变换到导航坐标系中,就能够得到导弹在导航坐标系中的速度、偏转角和位置等信息。惯性导航系统利用弹上的惯性元件(如陀螺仪和加速度计),测量导弹相对于惯性空间的运动参数(如加速度、角加速度或角度等),在给定运动的初始条件下,在完全自主的基础上,由制导计算机计算出导弹的速度、距离、位置及姿态等参数,依据预定的弹道形成控制信号,导引导弹按预定弹道飞行。惯性制导方式由于不依赖外部的任何信息,不受外界干扰,也不向外界发射任何能量,故具有很强的抗干扰能力和隐蔽性。②程序制导,又称方案制导,即利用预先给定的弹道程序,控制导弹飞向目标。制导系统是一种无反馈的开环控制系统,无法根据目标的运动对控制方案进行调整。程序制导方式的优点是设备简单,制导系统与外界没有关系,抗干扰性好,但导引误差会随飞行时间增加而增大。程序制导一般用于有翼导弹的初始段(如C‐300序列、"爱国者"防空导弹)和中段制导以及无人侦察机和靶机的全程制导。

2)遥控制导。常用于拦截活动目标,可分为:①指令制导,又称无线电指令制导,是由制导站发送无线电指令信号,控制导弹飞向目标的制导方式。它分为单、双波束无线电指令制导两种。单波束无线电指令制导由同一波束跟踪目标和导弹,双波束无线电指令制导由两个波束分别跟踪目标和导弹。指令制导的优点是距离近时制导精度高、弹上设备简单、受天气条件影响小、指令经过编码后抗干扰性较强,缺点是制导精度随距离增加而降低,且要求同时测量目标和导弹的参数,还要给导弹发送指令,因此抗干扰性能较差。指令制导广泛用于各种防空导弹的中制导段(如C‐300序列、"爱国者")或全程(如SA‐2、"响尾蛇"等)。②波束制导,又称驾束制导,导弹依靠弹上装置接收制导站或光波束调制信号,当导弹偏离波束中心时,弹上制导装置产生误差信号控制导弹沿波束中心飞行直至命中目标,制导站同时发射波束照射目标,因此波束制导也分为单波束波束制导和双波束波束制导。波束制导与指令制导的主要差别是信号形成装置的位置不同:对于指令制导,指令形成装置位于制导站,制导信号在制导站形成,通过无线电遥控装置传送到导弹上;对于波束制导,指令形成装置位于弹上,误差信号直接在弹上产生,它描述了导弹相对于波束轴的角偏差(或线偏差)。③TVM制导,又称指令-寻的制导,是一种变形的半主动寻的和指令制导结合的制导方式,实质是将半主动寻的的导引头分置,探测部分放在弹上,数据处理部分放在地面制导站。

TVM制导通过制导站测量目标和导弹的坐标,当导弹接近目标时,弹上测向仪接收目标散射回波以测量目标相对于导弹的精确坐标,并将测量到的坐标数据通过下行通道发回地面,由制导站进行处理,得出相应的导弹控制指令,由地面指令发射机通过上行通道传送给导弹,控制导弹飞行。TVM制导常用于防空导弹末制导段(如 C - 300 序列,"爱国者"PAC - 1、PAC - 2 等)。TVM制导的特点是弹上设备简单、制导精度高,对目标参数测量的可靠性增加(因导弹与制导站同时都测量目标的参数),具有与半主动寻的制导的隐蔽性,且抗干扰性能高于指令制导。

3)寻的制导。在导弹飞向目标的过程中,由弹上设备接收目标辐射或散射的能量,不断测量导弹与目标的相对运动参数(位置标量、速度矢量和加速度矢量等),建立起导弹与目标之间探测的动态闭合回路,确定导弹的实际运动相对于理想运动的偏差,并根据所测得的运动偏差依据一定的制导规律形成控制指令,使导弹按一定的制导规律飞向目标。在寻的制导系统中,地面雷达的作用是发现、监视、选择目标,测量目标的实时坐标(测量精度要求较低),确定初始装订参数,在半主动寻的制导时还给导引头提供照射能量。寻的制导用于近距寻的制导或复合制导系统中,一般分为以下三种制导方式:

A.主动寻的制导。由弹上导引头主动向目标发射无线电波、激光等(以雷达电磁波应用最多),并接收目标散射回来的回波,按一定制导规律形成导引信号,控制导弹飞向目标。该制导的优点是发射后导弹能独立工作(即发射后不管),缺点是导弹尺寸有限、发射功率小、作用距离受到限制、易受干扰和导弹受到拦截的可能性大。该制导常用作复合制导体制中的末制导段。该制导的典型型号如"爱国者"PAC - 3。

B.半主动寻的制导。由地海面照射站向目标发射电磁波,雷达导引头接收目标散射回来的回波,按一定制导规律形成导引信号,控制导弹飞向目标。该制导中照射站连续不断地跟踪和照射目标,并通过天线副瓣将同一照射信号直接发送到导弹作为基准(即直波信号),雷达导引头一方面接收目标散射的照射能量,另一方面通过直波天线接收照射站发送的直波信号,通过比较两个信号获得多普勒频移。该制导的优点是地海面照射功率大、天线增益高、作用距离远,且弹上设备简单、体积小、质量轻,缺点是需要制导站配合、同时对付多目标的能力受限。该制导的典型型号如"霍克"。

C.被动寻的制导。由弹上导引头接收目标辐射的能量(无线电波、红外线等),按一定制导规律形成导引信号,控制导弹飞向目标。被动寻的制导的作用距离取决于目标的辐射特征和雷达导引头的接收性能,一般可达几千米或几十千米。该制导的优点是不辐射能量、保密性好、抗干扰性较强,缺点是受环境影响大。目标反辐射导弹、现役和在研的大多数便携式防空导弹均采用被动寻的制导方式。

4)复合制导。由于没有一种制导方式能完全满足根据战术要求确定的导弹飞行各阶段所需的弹道特性,所以可在导弹的不同飞行阶段采用不同的制导方式,即复合制导方式是指由几种制导方式依次或协同参与工作实现对导弹的制导,采用复合制导方式可充分发挥各种制导体制的优点,取长补短满足较高的战术技术指标要求。复合制导的首要问题是复合方式的选择,主要考虑因素有武器系统的战术技术指标要求、目标及环境特性、各种制导方式的特点及相应的技术基础。另一个问题是不同制导方式的转换,它包含两方面的内容:一是不同制导段弹道的衔接,二是不同制导段转换时目标的交班(指从一种制导方式转到另一种制导方式)。在交班过程中,各种制导设备的工作必须协调过渡,使导弹的弹道能够平滑地衔接起来。复合制导方式的优点是作用距离远、制导精度高、抗干扰性好,缺点是系统设备复杂和技术难度较高。复合制导方式在新型防空导弹中得到广泛应用(如 C - 300 序列、C - 400、"爱国者"等)。

(3)导引规律。制导环路导引导弹飞向目标所依据的运动学关系称为制导规律,也称为导引规律或导引方法。导引规律是描述导弹接近目标的整个过程中所应遵循的运动规律,决定了导弹的弹道特性及其相应的弹道参数,对导弹的速度、过载、制导精度和单发杀伤概率有直接影响,与目标的运动规律共同决定着导弹质心在空间的理想运动轨迹。目前,防空导弹实际采用的几乎都是经典的导引规律。

1)按位置导引的导引规律:就是由制导站、导弹和目标三者位置间关系,对导弹在空间的运动位置直接给出约束准则的引导方程,主要用于遥控制导。主要包括:

A.三点法导引,又称目标覆盖法或重合法,就是导弹在拦截目标的过程中,始终位于目标和制导站的连线上,即从制导站看,目标和导弹的影像是彼此重合的。三点法的优点是技术实施简单、抗干扰性强。其缺点有两个:一是迎击目标时,命中点的法向加速度最大,越是接近目标,弹道越弯曲,这对拦截高空目标不利。二是导弹不可能严格沿理想弹道飞行,一方面,导弹和控制系统由于惯性,不可能瞬时地执行控制指令,由此将引起所谓动态误差,理想弹道越弯曲,引起的动态误差就越大。另一方面,目标机动、目标回波起伏、接收机被干扰、制导站测量的坐标误差等,都会引起指令信号本身不准确,即存在所谓起伏误差。改进的三点法,是在三点法导引规律上加入一项前置偏差量,其目的是提高导弹初始弹道的高度,防止导弹在飞行过程中,在超调量较大时触地,而前置偏差量随弹目接近逐渐减小,当导弹接近目标时趋于零。

B.前置量导引法,也称角度法,在导弹整个飞行过程中,导弹-制导站的连线始终提前于目标-制导站连线,而两条线之间的夹角则按某种规律变化。前置法的弹道末段较为平直,但在命中点的过载仍受目标机动的影响。

2)按速度导引的导引规律:亦称自动瞄准,又叫自动寻的导引,是一种仅涉及导弹与目标相对运动的导引方法,导引规律就是约束弹目相对运动的准则,多用于寻的制导。主要包括:

A.追踪法,是指导弹在拦截目标的过程中,导弹的速度矢量始终指向目标的一种导引方法。追踪法最大的优点是技术实现简单,缺点是当导弹迎击目标或拦截近距高速目标时,弹道弯曲程度严重,所需法向加速度很大,目前应用很少。

B.平行接近法,是指在整个导引过程中,目标线在空间保持平行移动的一种导引方法。平行接近法导引时,不管目标如何机动,导弹速度矢量和目标速度矢量在垂直于目标线上的分量相等,即导弹的相对速度始终指向目标,从而保证了在整个导引过程中相对弹道是直线弹道。平行接近法既可用于自导引制导,也可用于遥控制导。在自导引方法中,平行接近法导引的弹道最平直,需用法向过载比较小;当目标保持等速直线运动、导弹速度保持常值时,弹道将成为直线;当目标机动、导弹变速飞行时,弹道曲率比其他自导引方法小。因此,平行接近法是最好的一种自导引制导规律,但这种方法在技术上很难实现。

C.比例导引法,是指导弹在拦截目标的导引过程中,导弹速度矢量的旋转角速度与目标线的旋转角速度成比例的一种导引方法,追踪法、前置点法、平行接近法都可看成其特殊情况,它能敏感地反映目标的运动情况,响应快速机动目标和低空目标,且引导精度高,因此在寻的制导体制的导弹中,一般都采用比例导引法,它也可用于遥控制导的导弹。比例导引法的优点是在满足一定条件下,弹道前段较弯曲,能充分利用导弹的机动能力;弹道后段较平直,使导弹具有较富裕的机动能力。因此,它的技术实现较容易,能实现全向攻击。它的缺点是当导弹接近目标时,因导弹和目标相对距离趋于零,视线旋转速率无限增大,从而使弹道法向过载急剧增大而产生较大的脱靶量。

D.改进的比例导引法,是指在经典比例导引法的基础上,对导弹加速度、重力的影响及目标机动性的影响进行补偿,使导弹接近目标时弹道平直,需用过载接近于零,从而减小脱靶量。

(4)制导方式与导引规律的关系。制导方式与导引规律是决定防空导弹武器系统硬件结构的主要软件因素。制导方式决定了制导系统的物理结构,导引规律决定制导指令产生所依据的数学方程。指令制导中采用三点法或前置点法,波束制导中采用三点法,TVM、主动寻的、半主动寻的和被动寻的等制导方式中采用比例导引法。

(5)导弹的弹道。导弹的飞行轨迹称为弹道。导弹在真实飞行中的飞行轨迹称为"实际弹道"。

1)常见弹道类型。

A.理想弹道,就是把导弹视为一个可操纵的质点,认为控制系统是理想工作的,且不考虑弹体绕重心的转动以及外界的各种干扰所求得的飞行轨迹。导弹控制系统形成控制指令所需的误差,通常为某时刻实际弹道与对应时刻理想弹道之间的偏差。

B.理论弹道,又称控制弹道,是指将导弹视为某一力学模型(可控质点系或刚体),作为控制系统的一个环节,将控制系统方程、动力学方程、运动学方程等综合在一起,通过计算机数值求解而得到。计算条件是,弹体结构参数和外形参数、发动机特性参数等均取设计值,大气参数为标准值,控制系统参数取额定值,方程组初始条件符合规定值。

C.准最佳弹道,又称能量最省弹道,是指导弹飞行能量最省的垂直发射、高抛弹道。采用高抛弹道可使导弹大部分时间在高空低空气阻力区飞行,并位于目标上方,从空中目标上方向下进行拦截,因此,在相同条件下,导弹所受的气动阻力比目标小,能够大幅提高导弹射程,从而在相同射程下导弹发射质量大幅降低,导弹空中机动能力大幅提高。采用高抛弹道的条件是制导雷达波束扫描范围能够同时覆盖目标和导弹,因此大扫描扇面的相控阵雷达是实现高抛弹道的基本保证。

2)导引规律选择的基本要求:弹道特性与所采用的导引规律有很大关系,如果导引规律选择得当,就能改善导弹的飞行特性,充分发挥防空导弹武器系统的作战性能。在选择导引规律时,需要从导弹的飞行性能、作战空域、技术实施、导引精度、制导设备、战斗使用等方面的要求综合考虑。导引规律选择的基本要求包括:

A.弹道上需用法向过载要小。过载是弹道特性的重要指标,在导引过程中,需用法向过载不应超过可用法向过载,特别是在弹道末段或命中点附近。需用法向过载小,一方面可以提高导引精度、缩短导弹命中目标所需的航程和时间,进而扩大导弹作战空域,另一方面可用法向过载也可相应减小,这样导弹升力面积可以缩小,导弹结构质量可以减轻。

B.具有在尽可能大的作战空域内摧毁目标的可能性。空中目标的高度和速度可在相当大的范围内变化,尤其在目标机动情况下。选择导引规律时,应考虑目标参数的可能变化范围,尽量使导弹能在较大的作战空域内拦截目标,不仅能迎击,而且还能侧击和尾追。

C.应保证目标机动对弹道的影响最小。机动是目标摆脱导弹拦截常用的方法,保证目标机动对弹道(特别是末段弹道)的影响最小,将有利于提高导弹导向目标的精度。

D.抗干扰性能好。空中目标为逃避导弹拦截,常施放干扰来破坏制导站或导弹对目标的跟踪,因此所选择的导引规律应能够在目标施放干扰的情况下对目标进行拦截。

E.在技术实施上应是简单可行的。所选择的导引规律需测量的参数应尽可能少,且测量简单、可靠,技术上易于实现,计算机和算法不能过于复杂。

3)导弹的制导阶段:导弹的制导过程按照飞行阶段可分为无控制导、初制导、导弹截获、中制导、中末交班、末制导,如图 1.3 所示,导弹从发射筒弹射后,发动机点火,燃气舵产生操纵力使导弹按要求边滚边转,在规定时间内完成弹道转弯,达到预定的方位与弹道倾角的要求后进入初制导段,按照一定的弹道倾角飞行,飞行高度增加;再经过一段时间后进入中制导段,按照比例导引律进行制导飞行;当满足雷达导引头开机条件时,进入末制导段,而目标按照一定的航迹倾角飞行。

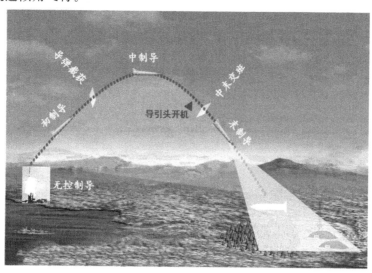

图 1.3  防空导弹超低空制导阶段

A.无控制导:无控制导段的作用是使导弹上升到一定高度,从而避免防空导弹在初制导段滚转拐弯过程中损坏地/舰面建筑。因此,在无控制导段,控制回路不参与工作,弹上计算机给舵面的指令为"零"。

B.初制导:初制导段的作用是完成全方位快速拐弯,从而为初制导向中制导(或直接向末制导)交班创造良好条件,保证导弹在中制导时的初始基准偏差满足给定的要求。初制导段对初始基准偏差要求不同,其具体结构也有所不同。有些导弹的初制导段,弹上控制系统不工作;有些导弹的初始制导段,探测系统不参加制导控制系统的工作,仅由导弹控制系统对导弹进行稳定控制,制导系统处于不闭合的飞行过程;有些导弹的初制导段,靠程序控制进行制导,还有一些采用红外预制导等。

初制导段的制导控制过程如下:在导弹发射前,地面指挥控制系统向弹上计算机发送目标信息及到位角指令,导弹发射后,由弹上计算机根据到位角指令,按一定的控制规律形成滚转拐弯控制指令,通过弹上姿态稳定控制回路操纵燃气舵和空气舵偏转,从而控制导弹的滚动和转弯。

初制导的制导方式随发射方式而不同,倾斜发射时较容易,甚至可以不用制导,仅靠发射装置赋予的初始方向射入预定空域,使雷达截获导弹或导引头截获目标,但当雷达或导引头截获波束较窄,不能保证导弹可靠落入截获空域时,则必须进行制导,如"响尾蛇"导弹;对垂直发射的导弹,为实现导弹全方位攻击的能力,导弹发射后需要快速地进行方位360°任意方向对准和俯仰不小于80°内滚转拐弯,使导弹指向目标,终端条件要求导弹的速度矢量在规定时间内转到预定的拦截方向,此时初制导通常采用程序制导或惯性制导。程序制导按照设定的程序,通过导弹舵面偏转或推力倾斜,控制导弹完成方位对准和俯仰转弯,它是一种开环控制;惯性制导是根据惯性测量设备测得导弹的位置和姿态,与设计的理想弹道和导弹姿态进行比较,形成控制指令,控制导弹完成方位对准和俯仰转弯。

C.导弹截获:是指导弹发射后,回波信号或应答信号为地面跟踪测量设备捕获导弹并转入稳定跟踪的过程。制导站测量的导弹坐标包括角度(俯仰角、方位角)、距离和径向速度,因此,导弹截获包括角度截获、距离截获和多普勒截获,但大多数导弹只进行距离和角度截获。只有在制导站截获导弹成功后,才有可能对导弹进行制导,因此,截获是导弹受控制导的关键问题。

不同武器系统对导弹截获的要求不同,采取的截获方式也不同。导弹角度截获方式包括宽波束机电扫描(如"SAM-2")、光学宽视场截获转窄波束雷达跟踪(如"响尾蛇")、辅助阵截获(大多数相控阵制导雷达)、主阵宽波束搜索截获(宽波束搜索和窄波束跟踪)、主阵窄波束搜索截获(相控阵制导雷达);导弹距离截获方式包括等待波门(如"SAM-2")、波门运动(如"响尾蛇")。

武器系统对导弹截获的要求如下:截获概率高、截获时间短、同时截获导弹数、防止假截获。

D.中制导:主要是针对复合制导而言的,中制导段的作用是按确定的导引律引导导弹飞向目标,并保证雷达导引头截获目标,实现中末制导可靠交班。

中制导主要采用指令制导、捷联惯导/指令修正的制导方式,导引规律选择具有重力修正项的修正比例导引律,根据目标类型及预估命中斜距、高度对导航比和重力修正系数自适应调参,控制导弹飞行在能量最省弹道上,从而实现最小阻力飞行,并确保中末制导交班时弹道平稳。

中制导段的制导系统工作过程如下:地面雷达实时测量目标位置和速度等运动信息,通过修正指令给弹上信息处理系统实时更新目标运动信息,为制导回路计算使用;根据弹上计算机计算的目标信息和捷联惯导系统给出的导弹运动参数,按照修正比例导引律形成制导指令;当导弹与目标相对距离达到雷达导引头作用距离时,保证中末制导交班和雷达导引头可靠截获目标,此时需满足两个主要条件,其一是按雷达导引头天线波束宽度的要求,控制天线指向角误差满足指标要求,其二是弹目相对运动的多普勒频率精度,控制导引头接收机处于等待波门的频率搜索范围内。

E.中末交班:在复合制导过程中,导弹不同制导阶段采用的制导设备、制导指令产生方式等都完全不一样,为保证导弹顺利完成制导过程,对不同制导阶段之间的制导过程的转换提出了严格的要求,相应的转换过程称为交接班阶段。导弹中制导向末制导转换的过渡阶段称为导弹中末交班。为保证顺利、可靠地实现中末交班,导弹必须满足两个条件:一是目标信息获取方式由地面制导雷达获取转交由导引头获取,即导引头交班要求;二是导弹速度矢量满足末制导所需初始状态要求,即弹道交班要求,也即导弹导引指令生成方式由中制导方式平滑稳定过渡为末制导方式的过程。

导引头交班:是指弹上导引头根据地面制导雷达所提供的目标信息,指向目标所在方向,在相应坐标上等待或搜索,发现和截获目标并转入跟踪的整个过程。导弹交班分为:①直接交班,是指导引头利用地面雷达对目标的实时测量信息进行交接班;②间接交班,是指利用地面雷达对目标实时外推位置作为目标指示信息,使导引头对目标进行截获和跟踪。交班过程中,导引头对目标的截获和跟踪由导引头信号处理系统与伺服跟踪系统共同完成。其中:导引头信号处理系统获取目标的精确运动信息;伺服跟踪系统按照地面制导雷达给定的信息对导引头进行角度预置,确保目标始终处于导引头视场范围。

中末交班策略:为保证中末制导交班,雷达导引头必须在其作用距离范围内和视场之内截获并稳定跟踪目标,当弹目相对距离小于雷达导引头作用距离时,弹上综合控制计算机向雷达导引头发送"允许截获"指令,雷达导引头开始搜索目标;当目标信噪比大于一定值时,截获目标。当弹目相对距离小于雷达导引头作用距离时,主杂波功率很强,目标返回功率最弱,此时信杂比达不到雷达导引头检测范围,为避免飞行试验过程中导引头错锁目标,在保证末制导刚度的前提下,推迟雷达导引头实际工作距离;在主杂波及相位噪声功率均较小、信杂比较高时,导引头真正开始跟踪目标。

中末交班的弹道衔接:中制导段和末制导段由于采用的引导方法不同,要求的前置角不同,必然带来弹道的折损,为了使弹道能平滑过渡,就必须通过合理地设计足够的末制导作用距离来保证。

F.末制导:末制导段制导系统的任务是根据雷达导引头给出的信息形成制导指令,控制导弹稳定飞行,并将导弹制导到目标附近区域,使其导引精度达到战术技术指标要求。具体要求如下:保证雷达导引头能稳定跟踪目标;保证制导回路稳定,具有良好的动态品质;按修正比例导引律,控制导弹稳定飞向目标。

末制导段的制导系统工作过程如下:末制导段,制导控制系统通过弹上探测系统实现闭合。在弹上计算机给出允许雷达导引头截获指令后,雷达导引头从预定状态进入稳定状态,并以预定的多普勒频率进行扫描、截获目标;雷达导引头接收机根据目标反射回来的信号,测得目标相对其天线波束中心的角偏差和回波的多普勒频率,对目标进行精确的角跟踪和速度跟踪,并输出弹目视线角速度信号(两个通道)和导弹目标相对速度等信息;这些信号经滤波、校正后,送给弹上计算机,弹上计算机根据选定的比例导引律,经过进一步的滤波、校正后形成制导指令,并将制导指令输出给稳定控制系统,稳定控制系统按指令要求控制相应的舵面偏转或直接力发动机点火,使导弹稳定飞向目标。

防空导弹的末制导通常采用寻的制导方式(大多为主动寻的和半主动寻的)和 TVM 制导方式。各种制导方式比较如下:

从作用距离来讲,主动寻的本身作用距离通常在 20 km 左右,但不受拦截距离的影响;半主动寻的和 TVM 都采用半主动方式探测跟踪目标,地面照射功率大,作用距离远。

从多目标能力来讲,主动寻的的末端同时拦截目标能力不受限制,整个系统的多目标拦截能力主要受限于制导雷达最大精跟目标数的限制;半主动寻的和 TVM 需要地面主天线或专门的照射器进行照射,其末制导的多目标能力受到限制。

从多目标分辨能力来讲,当寻的制导的导弹拦截群目标时,虽然制导雷达可以选出一个目标并向导引头进行交班,但导引头由于采用连续波或高重复频率脉冲多普勒体制,一般波束宽、角分辨率低、不测距,主要靠多普勒分辨率分辨目标;TVM 制导的导弹,弹上跟踪仪一般采用脉冲工作体制,可以通过距离分辨群目标。因此 TVM 制导具有更好的分辨率。

在抗干扰方面,半主动寻制导的弹上导引头不发射信号,不易受干扰,其接收的目标反射信号与地面直波信号进行相干处理,可以获得目标与导弹的相对距离信息,从而提高了武器系统的抗干扰能力;TVM 制导实质上利用了弹上和雷达的测量融合信息,因此具有较好的抗干扰能力,特别是将弹上接收信号传到地面进行处理时,具有干扰下仍可测量目标距离的能力,但下行线受干扰的可能性不容忽视;主动寻的制导由于发射辐射信号,所以容易受干扰,其抗干扰特性不如半主动寻的制导和 TVM 制导。

**4.目标杀伤环路**

目标杀伤是防空导弹武器系统作战的最后环节,也是最关键的环节,目标特性不同,对目标的杀伤机理也有所不同。防空导弹的目标杀伤是依托引战系统实现的。

(1)战斗部。战斗部是导弹的有效载荷,是直接完成预定战斗任务的分系统。主要威力参数如下:①无条件杀伤半径,在该半径内,超压能确定地摧毁目标,即只要战斗部被引爆,不管破片是否击中目标,目标总能被摧毁;②条件杀伤概率,对给定的引信引爆条件下,战斗部对目标的杀伤概率;③威力半径,对给定目标而言,条件杀伤概率达到规定值时,战斗部破片的飞散距离。

1)典型战斗部类型。

A.预制破片杀伤式战斗部,具体可分为以下两种:①半预制破片杀伤式战斗部,破片在战斗部爆炸过程中形成,最常见的为刻槽式,应用应力集中的原理,在战斗部壳体内壁或外壁上刻有许多交错的沟槽,将壳体壁分成许多预设的小块,当炸药爆炸时,由于刻槽处存在应力集中,所以壳体沿刻槽处破裂,形成有规则的破片,破片的大小、形状和数量由沟槽的多少和位置来控制。②全预制破片杀伤式战斗部,破片预先加工成形,破片形状有瓦片形、立方形、球形等。这类战斗部的特点是杀伤破片大小和形状规则,而且炸药的爆破能量不用于分裂形成破片,能量利用率高,杀伤效果好。

B.破片聚焦式战斗部,具体可分为以下两种:①单聚焦战斗部,根据倾角要求,母线由对数螺旋曲线的一部分旋转而成,起爆时将起爆爆轰波通过波形控制器转化为环形平面波,从一端起爆具有对数螺旋曲面的主装药,在汇聚爆轰产物的推动下,破片向空间一定区域汇集,形成高密度破片分布的聚焦带,对目标产生切割式毁伤。这类战斗部的特点是杀伤威力大,适宜对各种导弹类、飞机类目标的毁伤。②多聚焦战斗部,采用多束破片聚焦,既能满足战斗部对目标产生切割式毁伤效果,又能满足引战配合对大飞散角的要求,能更好地兼顾打击速度变化较大的多种目标。这种战斗部兼有大飞散角战斗部覆盖范围大和聚焦式战斗部密集破片切割毁伤两者的优点。

C.杆式战斗部,具体可分为以下两种:①离散杆战斗部,多用于空空导弹。②连续杆战斗部,是破片式战斗部的变异,当以一定的速度与飞机等目标碰撞时,可以切割机翼或机身,对飞机造成严重的结构损伤,对目标的破坏属于线切割型杀伤。

D.定向战斗部,具体可分为以下三种:①偏心起爆式战斗部,偏心起爆结构在壳体内表面每个象限都沿母线排列着起爆点,通过选择起爆点来改变爆轰波传播路径,从而调整爆轰波形状,使对应目标方向上的破片增速 20%～50%,并使速度方向得到调整,造成破片分散密度的改变,从而提高打击目标的能量。②破片芯式战斗部,杀伤元素放置在战斗部中心,在主装药推动碎片飞向目标之前,首先通过辅助装药将正对目标的那部分战斗部壳体炸开,并推动临近装药向外翻转,有的甚至将正对目标的一部分弧形部炸开。③爆炸变形式战斗部,在起爆主装药前,通过起爆辅助装药,改变战斗部的几何形状,使战斗部的碎片尽可能多地对准目标,达到破片在目标方向上的高密度,从而实现定向杀伤。

2)战斗部杀伤机理。战斗部的杀伤机理是如下几种效应联合作用于目标的结果:

A.超压(冲击波)杀伤。依靠战斗部爆炸时产生的推力,以空气为媒介,由外向里挤压,使目标遭到破坏,不管哪种类型的战斗部,都存在一个以超压形式杀伤目标的范围,将能破坏所有类型的目标。

B.洞穿杀伤。通过高速运动的破片与目标撞击,靠破片的打击动能使目标蒙皮被击穿,使目标因失去密封或机械构件受损、折断、失灵。

C.切割杀伤。当战斗部的杀伤物被炸药抛出后与目标相遇时,立即将目标构件(机身、机翼等)切断。

D.引燃与引爆杀伤。当战斗部洞穿目标要害部位是油箱或弹舱时,可能引起油箱或弹舱内的弹药爆炸,使目标摧毁。

3)战斗部与武器系统的关系。

A.战斗部的威力直接影响武器系统的单发杀伤概率。

B.战斗部的威力影响武器系统对制导精度的要求,从而影响导弹制导系统的设计。

C.战斗部的质量、尺寸将影响导弹的结构质量和尺寸,可影响发射车的联装数量、武器系统车辆数、单车质量和配弹数量,从而影响武器系统的机动性和持续作战能力。

D.战斗部的安全性能影响武器系统的使用维修性能和维修体制。

E.在杀伤远界一定的条件下,战斗部质量影响导弹动力系统的设计。

(2)引信。引信是利用目标和环境信息,在预定条件下引爆或引爆战斗部装药的控制系统。

1)组成、功能、工作过程与特点。

A.组成与功能:引信一般由目标检测系统和安全执行机构组成,其中,目标检测系统包括目标探测器(通常是 PD 近程雷达)、信号处理电路和启动指令产生器等。引信的主要功能如下:在引信接收的目标回波后,进行信号处理,综合导弹制导系统的信息,形成战斗部的启动指令,安全执行机构可以根据导弹的运动过载和延时解除引信的保险,启动指令通过安全执行机构起爆战斗部。

B.工作过程:在弹目遭遇段,引信工作按时序描述为开机、反应、启动及引爆等环节。①

开机,是指探测雷达开始工作,通过发射天线向空间辐射电磁信号,开机一般以弹目距离为约束条件。②反应,是指目标进入引信天线波束,目标表面产生的感应电磁流形成散射信号,由引信接收天线接收,当接收信号达到规定的强度(如接收机灵敏度)时,信号处理电路开始正常工作,即认为引信可靠探测到目标,从而给出报警信号。引信反应区是引信能对目标做出反应的区域,其形状与引信天线方向图类似,但区域范围要小于引信天线方向图覆盖范围,大小主要受目标散射特性、弹目速度、引信灵敏度等因素影响。③启动及引爆,是指在报警信号的作用下,经过一定的延时,给出引爆战斗部信号的动作。引信启动是指引信在可靠探测到目标后,给出起爆战斗部的信号,战斗部破片飞出,当目标与战斗部破片相遇时,目标在弹体坐标系内的空间分布构成引信启动区。引信启动区可理解为引信反应区经过一定延时后的区域,也与引信天线方向图类似。

C.特点:①系统性,引信是在武器系统创造的若干条件下工作的,如脱靶量范围、开机条件、指令条件、脱靶方位等。②瞬时性,引信一般在导弹与目标遭遇的瞬间才开始工作,工作时间非常短,通常在数十到数百毫秒之间。引信开机时间的长短,取决于弹目距离、弹目相对速度测量的准确性等近场性,引信工作在目标散射特性的近场、局部照射区,因此必须考虑近场的体目标特性。

D.主要指标为引战配合效率、抗干扰能力、杂波抑制能力、作用距离与距离截止特性、可靠性与安全性等。

2)工作原理。防空导弹通常采用无线电引信。按照定角原理分为波束定角引信和频率定角引信。

A.波束定角引信:是指以天线波束(或视场)倾角为基准确定启动角的引信,启动角主要是依据窄波束天线方向图确定的。当战斗部接近目标时,引信接收目标回波,通过信号处理器对接收机输出的信号进行分离、变换、运算和选择处理后,输出激励信号,启动执行级,适时起爆战斗部,以获得最佳引战配合效率。其优点为:启动区参数较简单,为引战配合设计提供了便利条件;功率小、天线增益高,有利于提高引信作用距离;探测波束或视场窄,空间选择性好,有利于提高引信抗干扰性。其缺点为主要适用于最大弹目相对速度低于2 000 m/s 的情况。

B.频率定角引信:是指以测量多普勒频率为基准启动角的引信,能对付飞行速度高(400~4 000 m/s以上)、散射截面小的目标,视线角测频范围基本覆盖 $\beta = 0° \sim 90°$,具有启动角小、探测小目标能力强、引战配合精度高和破片杀伤动能大的特点。设引战配合所需的启动角为 $\beta_0$,则只要当引信测得的多普勒频率 $f_d = 2v_r\cos\beta_0/\lambda$ 时,就给出启动信号。

(3)引战配合。引战配合主要是针对弹目遭遇段进行设计,为了对目标进行有效毁伤,须设计合理的引信启动区,使其最大程度地被战斗部杀伤物动态飞散区覆盖。其中,战斗部动态飞散区是指在遭遇点爆炸时破片相对运动的飞散区域,破片相对运动速度是破片本身的静态飞散速度和导弹与目标相对运动速度的合成速度,战斗部爆炸时产生的破片飞散方向与弹轴的夹角和相对速度矢量相关,通常动态飞散区相对弹轴是不对称的。

1)影响引战配合效率的主要因素。

A.弹目交会参数:是指导弹、目标在弹道遭遇段的相对弹道参数。遭遇段是引战配合中弹目相互接近过程时,引信能接收到目标信号的一段相对运动轨迹。由于遭遇段时间很短,导弹与目标机动所造成的轨迹弯曲很小,所以在引战配合分析时常将遭遇段视为等速直线运动的轨迹,而交会参数在遭遇段也视为常数,包括导弹相对目标的运动速度矢量、导弹与目标交会角、目标相对导弹的接近角、导弹相对目标的接近角,它们主要由目标飞行特性和导弹在杀伤区内的空域点位置所决定。

B.引信特征参数:①引信天线方向图,主瓣倾角主要决定了引信启动区的中心位置,主瓣宽度影响引信启动区散布的大小,波瓣越窄或光学视场越窄,引信启动区的散布就越小;②引信灵敏度和引信动作门限,指引信输出电压超过动作门限的最小输入功率,引信灵敏度决定了引信的作用距离及启动概率;③引信距离截止特性,为提高引信抗地海杂波和人为干扰,通常采用启动距离限止措施,使引信接收信号功率在远大于灵敏度的距离上进行距离截止,引信实际距离截止特性可用启动概率达到 10% 时的距离和启动概率达到 99% 时的距离所包括的距离范围来衡量;④引信信号动作积累时间和延迟时间,在对引信接收信号进行一定能量积累和信号处理时,要求信号有一定幅度、持续时间或脉冲个数,这种使引信能启动的信号最小宽度称为动作信号积累时间或引信固有延迟时间,而为了调节启动区的位置引入的额外延迟时间调整值称为可调延迟时间。

C.战斗部特征参数:①战斗部破片飞散参数,包括破片静态密度分布、初速分布,它决定了破片在空中爆炸后的飞散区域;②单枚破片的杀伤参数,包括破片质量、材料密度、杀伤物质形状特征参数、飞散速度、速度衰减系数等,它决定了破片命中目标后的杀伤效果;③战斗部的轰爆性能,包括爆轰超压随距离的变化、超压持续时间等,它决定了战斗部爆炸产生的冲击波对目标的毁伤能力。

D.目标特性:包括目标飞行性能、散射特性、红外辐射特性和易损性等。

E.脱靶参数:包括脱靶量和脱靶方位,通常是服从一定规律分布的随机变量,它影响引战配合效率。

2)提高引战配合效率的方法。

A.弹目交会状态控制:①脱靶方位的控制,对于高速小目标,当交会角较大时,引信天线波束扫过目标的面积大且持续时间长,有利于引信启动;如果交会角较小,就不利于引信启动,甚至可能造成引信"瞎火"。②末端导弹姿态控制,目标接近角过大是造成战斗部破片动态飞散角相对于弹轴不对称的主要原因,采用燃气舵等技术,在弹目交会时修正目标接近角,使弹轴与相对速度矢量基本重合,这样破片动态飞散角相对弹轴就近似"衡对称",则可对各脱靶方位的延迟时间进行精确调整。

B.制导信息的综合利用:①制导雷达的测量信息,包括遥控解锁指令(可使引信尽量晚开机,大大降低早炸概率)、目标识别指令(可使延迟时间设计更精确,有利于提高对付多目标时的引战配合效率)、低空攻击指令(有利于低空攻击时引信高度支路设计)、无源干扰指令(有利于引信在无源干扰环境下,调整灵敏度,提高抗干扰能力)、延迟时间装订指令(指令容量的大小与精度,直接影响延迟时间装订的精度和效率)、最大脱靶量(保障引信要求的启动概率)、目标速度与相对速度的测量(为延迟时间的设计提供依据);②末制导测量信息,包括相对速度矢量的测量(是最佳起爆角、脱靶方位识别、记忆延迟计算的主要依据)、弹目遭遇距离的测量、目标接近角的测量(主动导引头,为引战配合设计提供依据);③惯导测量信息,可以提供导弹姿态信息。

C.引信与战斗部参数控制:在制导系统给出相对运动速度、导引头天线指向、脱靶量、到脱靶点的时间,以及引信测得多普勒频率及距离与脱靶方位的条件下,①加大战斗部破片飞散角,但在不增加战斗部质量或破片总数条件下,会减小破片密度,使战斗部威力半径减小,因此需要综合考虑,进行优化设计;②战斗部破片定向控制,可改变破片飞散方向;③引信参数自适应调整,包括引信自适应延时调整(按目标接近角、相对速度及其弹轴夹角、脱靶方位等进行调整)、引信天线主波瓣倾角调整(以改变启动区)。

# 1.3 防空导弹拦截作战失利的主要原因

防空导弹超低空目标拦截性能与目标特性、战场环境等密切相关,超低空探测与制导是防空导弹武器系统超低空拦截作战过程的主要环节,超低空探测与制导系统是防空导弹武器的关键回路,其性能决定了防空导弹武器系统超低空目标拦截的成败。

## 1.3.1 超低空探测与制导特点

掌握空情、获取超低空目标信息是防空作战的先决条件,搜索、截获、跟踪超低空目标是防空导弹拦截作战的第一步。如前所述,在防空导弹武器系统中获取目标信息的关键设备是雷达。其中:在目标探测环路中,目标信息获取设备是目标搜索雷达、目标指示雷达和制导雷达;在导弹制导环路中,目标信息获取设备是雷达导引头和雷达引信。如图1.4所示,上述雷达在超低空工作的共同之处是其天线斜下视探测(即所谓"波束打地或打海"),因此与雷达在中高空工作时其天线波束视场内只有目标不同,雷达在超低空工作时在其天线波束视场中不仅有目标还有地海面环境,但不同雷达平台相对超低空目标的运动特性而言存在如下差别:

(1)地面雷达为静止状态,相对目标的距离远,运动目标处于动态电磁波照射或接收的远场区。

(2)舰载雷达为缓慢运动状态,相对目标距离远,运动目标处于动态电磁波照射或接收的远场区。

(3)机载雷达运动较快,相对目标距离远,运动目标处于快动态电磁波照射或接收的远场区。

(4)引信为高速运动状态,相对目标距离近,运动目标处于高动态电磁波照射或接收的近场区。

(5)雷达导引头为高速运动状态(相对速度可达1 000 m/s以上),相对目标距离(一般在20 km左右)由远到近,运动目标处于高动态电磁波照射或接收的远场区到近场区的变化。

总之,当研究超低空雷达下视探测时,雷达平台的运动特性决定了问题分析的难度,相比地面雷达、舰载雷达、机载雷达和雷达引信而言,雷达导引头、目标、环境相对处于"三动"状态,从散射机理和回波信号建模理论方法的复杂性和难度来讲,其超低空探测研究无疑是最困难的。

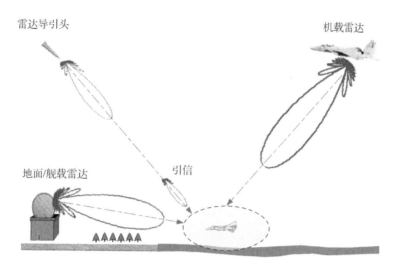

**图** 1.4　超低空探测的目标-环境

## 1.3.2　超低空雷达回波形成机理

从数学-物理的角度来讲,超低空雷达回波是雷达探测信号作用于超低空目标及其周边地海面环境散射的结果,或者说超低空雷达回波是探测信号与目标与环境散射场的时域卷积或频域乘积。由于雷达探测信号是已知的,所以目标与环境散射特性决定了超低空雷达回波的物理建模,也就是说,要搞清超低空雷达回波形成机理,就必须先研究目标与环境散射特性。而目标与环境特性是目标与环境所具有的、能够反映其典型特征和独特属性的集合,与其自身物理组成及使用有关。目标与环境特性主要包括几何结构特性、材料特性、电磁散射特性、红外辐射特性、运动特性等。上述各特性之间相互影响,几何结构特性、材料特性、运动特性等影响雷达散射截面,运动特性影响红外辐射特性,目标几何结构特性、目标材料特性、目标运动特性等又决定着目标易损性。影响防空导弹武器系统超低空目标拦截作战的目标与环境特性,主要包括目标类型、目标散射特性、环境散射特性、目标运动特性、目标易损性等,如目标运动特性对雷达性能影响很大,目标高度越低、速度越小,雷达受环境的影响越大,检测发现目标的概率就越小,对目标跟踪也越困难;此外,防空导弹武器系统是通过导弹将战斗部投射到目标附近来杀伤目标的,目标运动特性不同将直接影响武器系统的拦截机理,同时,目标运动特性也必然影响雷达探测精度和导弹制导精度。

与中高空探测只有目标散射不同,雷达导引头超低空探测时,探测信号作用于超低空目标及其下视周边地/海面环境,散射效应是目标与环境复合散射,如图 1.5 所示。

(1)超低空目标远近场反射。与中高空探测的散射效应相同。值得注意的是,对于雷达导引头探测,照射波由远场到近场地动态照射到目标,目标从点目标扩展为体目标,出现近场目标扩展效应,目标上存在多个强散射点,由于目标各散射点对电磁波反射的相位中心不同,使合成的目标反射的视在中心与几何中心不重合,造成目标回波的角闪烁。近距离时的角闪烁噪声,使雷达导引头测角误差急剧增加,制导跟踪精度变坏,成为雷达导引头测角误差的主要误差源。角闪烁作用于雷达导引头所引起的测角误差与目标角闪烁本身的零频谱功率密度值成比例,因此,需要建立目标的角闪烁频谱和零频谱功率密度模型与数据。计算目标散射场时,需要建立目标近远场散射模型。

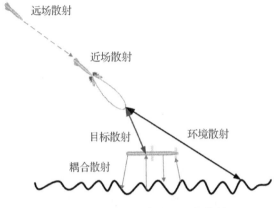

图 1.5　目标-环境复合近远场散射

(2)地/海面环境远近场散射。中高空探测没有此散射效应,超低空探测时主要是地形面散射、地貌体散射或海浪时变散射等效应,各种散射效应叠加,在空域、时域、频域呈现随机起伏特性。值得指出的是,强地物散射会导致巨大 RCS 并形成地物假目标,如地理环境的空间变化(水陆交界、城乡结合部、植被)、高大物体(如山峰)及其遮蔽(雷达波束被高大物体遮挡形成的区域)、人造的固定建筑(如桥梁、市中心、铁塔等)。计算地/海环境散射场时,需要建立环境近远场散射模型。

(3)超低空目标-地/海面环境耦合远近场散射。中高空探测没有此散射效应,超低空探测时目标与环境同在一个雷达波束内,目标与环境之间有很强的电磁耦合效应,该效应可视为目标以环境面为镜像形成的散射。计算耦合散射场时,需要建立目标-环境复合近远场散射模型。

## 1.3.3　超低空雷达回波特性规律

与中高空探测只有目标回波不同,如图 1.6 所示,超低空探测时,雷达天线接收的信号来源于探测信号波形与超低空目标反射场、地/海面环境散射场、目标与环境耦合散射场进行时域、频域动态卷积叠加的结果。

因此,超低空雷达回波信号为目标回波、环境杂波和镜像回波"三信号"的叠加。由于弹目高速接近,雷达导引头回波多普勒谱分布呈现高动态、宽谱、非均匀特性,如图 1.7 所示。

(1)超低空目标回波。与中高空探测的回波相同,它是有用信号,来源于探测信号与超低空目标的相互作用,在目标上产生感应电磁流并辐射形成目标反射场,部分能量回到导弹方向,由雷达导引头天线接收。

(2)环境杂波。中高空探测没有此回波,它是背景干扰,来源于探测信号与地/海面环境的相互作用,在地/海面上产生感应电磁流并辐射形成环境散射场,部分能量回到导弹方向,由雷达导引头天线接收。因为地/海面环境位置相对固定,所以环境杂波的多普勒谱与防空导弹运动速度有关,在空域、时域、频域呈现随机起伏特性。杂波特征主要由地/海面散射系数、统计特性、相关性与空域、时域、频域谱分布(简称空时频)等表征。

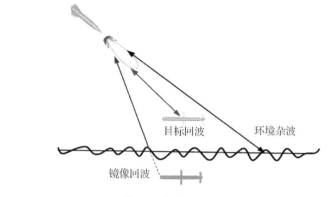

图 1.6　超低空雷达回波

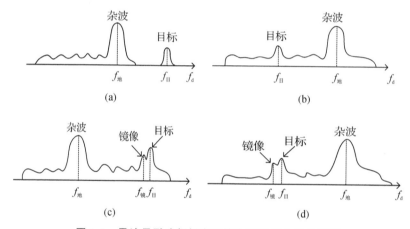

图 1.7　雷达导引头超低空环境杂波频谱分布示意图
(a)目标-环境无复合(迎头);(b)目标-环境无复合(尾追);
(c)目标-环境复合(迎头);(d)目标-环境复合(尾追)

环境杂波频谱分布出现以下效应:①由于弹目高速接近,主瓣杂波谱展宽,并随照射角变化;②出现了范围很宽的旁瓣杂波区;③低速目标频谱与主副瓣杂波重叠,并被杂波淹没。由于雷达导引头速度快,所以杂波在距离和多普勒上存在严重的模糊:当存在距离模糊时,近、远程杂波混在一起,在对近程杂波补偿同时,会影响远程杂波的空时分布;同样,当存在多普勒模糊时,将影响空时结构,模糊数据无法分开。

总的来讲,杂波的功率及其频谱分布是限制防空导弹雷达导引头性能的关键因素之一,此外,强地物散射会导致地物假目标,如地理环境的空间变化(水陆交界、城乡结合部、植被)、高大物体(如山峰)及其遮蔽(雷达波束被高大物体遮挡形成的区域)、人造的固定建筑(如桥梁、市中心、铁塔等)。

值得注意的是,雷达导引头超低空环境杂波特性,相比其他雷达平台的杂波特性更加复杂,例如:机载雷达远离地/海面作平动且工作于正侧视模式下,天线波束与地/海面交会区域面积很大且不变,环境杂波很强,形态为缓变,统计特性满足独立同分布约束条件,协方差矩阵估计收敛速度快,传统信号处理方法可以实现有效的杂波抑制和动目标检测;雷达导引头的散射环境随导弹、目标接近而快速变化,天线波束与地/海面交会区域面积快速变小,环境杂波距离地/海面高度越低时杂波强度越弱,形态为高动态,由于杂波在空频二维域分布特性复杂,造成传统空时处理性能的严重下降,且雷达导引头通常工作于前视模式,杂波统计特性具有严重的距离依赖性,传统方法进行协方差矩阵估计时存在收敛速度慢、统计特性估计不准确的缺陷,运动目标检测性能严重下降。该问题的突破关键在于,基于雷达导引头超低空回波模型,研究高动态环境杂波在空时频多维域的分布特性及随环境、雷达导引头等系统参数的变化规律。

(3)镜像回波。中高空探测没有此回波,它也是背景干扰,来源于目标与环境耦合散射效应,耦合散射场中的部分能量回到导弹方向,由雷达导引头天线接收,形成位置、强度相对稳定的非直达目标回波。由于受到目标和地海面的双重调制,所以镜像具有类目标特性。雷达导引头超低空探测时,目标越低,与地海面耦合越强,镜像越强;镜像回波的多普勒谱与导弹和目标运动速度有关,且始终跟随目标回波多普勒谱。

## 1.3.4　超低空杂波和镜像干扰

对中高空目标,雷达距离地海面很远,回波信号比较干净,目标发现、捕获、跟踪相对容易,但对超低空目标,雷达处于下视探测状态,且离地海面很近,在目标信号周围,出现了以下两种很强的杂波和镜像干扰:①环境杂波。强杂波进入其接收机通道内,导致目标回波淹没在杂波背景中,且目标飞行速度慢(径向速度)、反射面小,由杂波引起的遮盖与干扰效应会更强,使雷达导引头无法对目标信号进行检测而产生"漏检",影响雷达导引头对目标的截获和跟踪性能,导致无法发现目标、目标捕获困难或目标跟踪丢失。②镜像回波。在雷达接收机内,目标回波与镜像回波叠加,在匹配滤波后出现多个分离或时间混叠的信号,且目标高度越低,镜像影响也越大,在某些距离段的目标回波衰减或增强,使目标回波信号剧烈起伏,有时甚至出现对消,使雷达错误跟踪到镜像或目标与镜像的连线上,从而产生仰角跟踪超差,影响雷达的测量精度和跟踪性能,导致目标跟踪丢失。

因此,超低空杂波和镜像主要是干扰了目标探测环路中的目标信息获取设备(目标搜索雷达、目标指示雷达和制导雷达)、导弹制导环路中目标信息获取设备(雷达导引头和引信)的正常工作。目标探测回路的品质直接决定了导弹控制精度,杂波和镜像干扰都会导致最终的防空导弹超低空制导性能变坏。因此,防空导弹超低空拦截时遇到的难题,主要是由雷达下视探测时的环境杂波、镜像回波以及近距角闪烁效应对目标回波的干扰引起的。

雷达导引头是目标探测环路与导弹制导环路两个回路紧闭合的关键,在末制导段导引头开机后,由于受到环境杂波和镜像回波的干扰,雷达导引头超低空探测时出现了以下问题:①无法发现目标,主要是雷达导引头受强杂波干扰,目标信号几乎全部被强杂波和镜像回波淹没,而使雷达导引头无法发现目标;②目标捕获困难,主要是受杂波影响,雷达导引头开机时,出现目标无法捕捉的现象;③目标跟踪丢失,主要是目标回波与环境杂波、镜像回波混叠,致使雷达导引头跟踪目标丢失。

防空导弹超低空制导时,主要出现了三个问题:①中、末制导交接班延迟或目标锁定错误。地/海环境杂波干扰,导致雷达导引头检测门限提高,使防空导弹中、末制导交接班延迟或目标锁定错误。因此,仅仅依靠时域信息远远不能满足超低空目标探测需要,传统机械扫描雷达导引头检测超低空目标更加困难,需要采用相控阵体制增加空域自由度。②导弹脱靶。镜像干扰对雷达导引头的最终影响是无法有效辨识目标,造成跟踪错误或跟踪真实目标与镜像的合成相位中心,造成角跟踪误差,引起防空导弹脱靶。③脱靶量增大。当雷达导引头逐渐接近超低空目标时,目标或环境会经历雷达照射波的远场到近场的动态变化过程,目标从点目标扩展为体目标,出现近场目标扩展效应,目标上存在多个强散射点,由于目标各散射点对电磁波反射的相位中心不同,使合成的目标反射的视在中心与几何中心不重合,造成目标回波的近距角闪烁效应。因此角闪烁是复杂目标固有的一种物理现象,是目标引起的,属于目标噪声的范畴,而不是雷达导引头本身的故障。

# 1.4　防空导弹超低空拦截的技术瓶颈

大量资料、研究表明,不论美、俄、欧洲的一些其他国家的军事力量如何强大,对于超低空飞行目标,防空导弹出现了雷达导引头延迟交班、错误锁定、末制导误差增大等普遍存在的共性问题,对超低空突防目标的杀伤概率比对中高空目标要降低 20%～30%;随着各种擦地和掠海导弹技术的发展、武装直升机的广泛应用,突防兵器的最低飞行高度已显著下降,因此为构成有效的防空作战保卫区域,新一代防空导弹武器系统指标要求具有尽量低的拦截高度、尽可能小的拦截近界、足够的远界。因此,防空导弹超低空探测与制导还是一个尚未完全解决的国际性难题。

如 1.3 节内容所述,防空导弹超低空拦截失利的原因,主要是地/海面形成的杂波和镜像这两个有害的关键影响因素。从超低空雷达探测的全过程来看,防空导弹面临的主要性能影响因素,从根源上来讲,是由于目标-环境复合散射效应所引起的信号环境恶化;从技术环节上来讲,需要着重解决前端的导弹弹道与信号波形优化设计和后端的目标检测跟踪处理方法问题。总的来说,超低空雷达探测基础研究应围绕杂波和镜像特性及对抗方法进行。

**1. 超低空杂波和镜像特性研究**

(1)超低空杂波和镜像形成机理。在超低空领域,散射建模时要将目标与环境作为一个复合体进行研究。当探测雷达距离目标较远时,目标与环境处于探测波远场,此时需考虑目标-环境远场复合散射;当探测雷达距离目标较近时,目标与环境处于探测波近场,此时需考虑目标-环境近场复合散射。目标-环境复合散射,与目标的特性、环境的特性、照射波方向以及目标高度等因素密切相关;防空导弹雷达导引头回波信号包含四种类型,即目标回波、环境杂波、镜像回波与杂散杂波,其中,目标回波由目标反射产生,环境杂波由地海面散射产生,镜像回波和杂散杂波由目标-环境耦合散射产生。

目标-环境特性研究,属于先进国家的高度机密,严禁公开。目标与环境复合散射研究,最大的问题在于巨大的计算量和存储量,尤其针对大范围粗糙面上电大尺寸复杂目标的散射问题,研究快速有效的新型算法势在必行。在经典粗糙面与目标复合电磁散射的研究中,粗糙面和目标的散射往往是分开且孤立进行的,目标和粗糙面的近场作用考虑不多;针对静态或准静态条件下的成果多,对地/海环境下的高速机动目标,采用外场实测的方式难以实现高精度测试,且代价巨大;在实验室条件下开展全尺寸模拟测试,需要的试验场地巨大,特别是全尺寸高海情海面的模拟等关键技术尚未完全突破;同时,随着导弹雷达工作频段提升毫米波,目标与环境复合电磁散射问题的电尺寸急剧增加,现有建模计算方法难以满足要求。

研究目标-环境远近场复合散射的意义在于,考虑实际防空导弹超低空拦截作战过程的"导弹-目标-环境"三位一体下耦合散射机理分析,解决由远至近的高动态变化高频复合散射导致的海量计算困难,实现基于散射机理的雷达信号回波建模及特征分析。研究实现导弹微波雷达工作全频段的地/海杂波背景下超低空目标复合散射特性研究能力,提高抗地/海杂波和目标特征提取能力,满足新一代防空导弹武器系统研制过程中对超低空目标散射特性的需求,可为解决雷达超低空目标探测跟踪重大难题提供散射模型和可靠的数据。

(2)超低空杂波和镜像特性规律。由于雷达导引头与机、星载雷达的运动特性不同,它们在超低空目标探测时雷达回波信号存在很大差别,如图1.8所示。

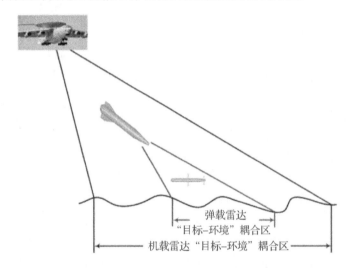

弹载雷达<br/>"目标-环境"耦合区<br/>机载雷达"目标-环境"耦合区

图1.8 雷达导引头与机、星载雷达下视状态下目标-环境复合的区别

机、星载雷达相距目标与环境很远且作平动,其波束与地/海面交会区域面积很大且保持不变,即环境杂波很强且不变,此时,目标回波、环境杂波与镜像回波相比,环境杂波的强度很小;防空导弹雷达导引头相距目标与环境由远到近高速接近,因此,在相同波束宽度条件下,波束与地/海面交会区域面积变小,即环境杂波强度减弱,此时,杂散杂波与镜像回波相比,环境杂波的强度增强。总之,机、星载雷达超低空目标探测时,环境杂波相对目标、镜像来说很大;雷达导引头超低空目标探测时,随弹目接近,环境杂波相对目标、镜像来说逐渐减小,复合效应不断增强。

杂波统计特性建模方法已日趋成熟,针对不同场景、不同背景以及不同特性条件下的地/海杂波建模,其对应的统计特性建模方法已成体系,并基于已有的建模方法进行了改进和融合。但杂波和镜像基本上是近似建模,而非精确物理建模,且单纯研究地/海杂波或镜像干扰下机、星载雷达检测性能较多,而同时考虑地/海杂波和镜像干扰对探测性能的影响所进行的分析并不多见。

雷达下视工作时,来自不同空间方向的地/海杂波的多普勒频率各不相同,杂波多普勒谱大大扩展,导致严重的多普勒模糊,且近场杂波非平稳特性非常严重。空时复合特性研究是基于杂波模型的建立所进行的杂波特性分析,针对杂波的非均匀特性,进行了一系列的深入探索,对非均匀环境下的机载雷达杂波特性进行了研究。初步应用典型环境下的模型与数据并取得一定效果,但实战环境下模型与数据缺乏且效果不理想。特别是防空导弹由于速度快,杂波在距离和多普勒存在严重模糊。当存在距离模糊时,近、远程杂波混在一起,上述方法在对近程杂波补偿的同时,会影响远程杂波的空时分布;同样,当存在多普勒模糊时,将影响空时结构,模糊数据无法分开,导致这些方法不能应用。因此,需要新的杂波空时频多维域方法,研究杂波分布特性。

**2.超低空杂波对抗方法**

雷达回波通过匹配滤波、信号检测等自适应信号处理,调整波形、滤波特性、检测门限与杂波特性匹配,才能有效抑制杂波,获取最大输出信杂比,解决超低空雷达探测问题。防空导弹超低空目标定位跟踪,面临积累时间短、目标积累困难等问题,需要对超低空目标形成航迹,进行跟踪检测,提高目标检测概率;需要开展针对高动态强杂波背景下雷达平台复杂运动状态下的超低空运动目标检测,充分利用雷达"空时频"及多维联合域有效自由度,提高超低空目标探测、定位与跟踪能力。雷达回波信号中的有用目标回波淹没在环境杂波干扰背景中,雷达超低空目标探测的关键技术之一是抑制杂波。

(1)杂波对抗传统方法。传统抗杂波技术采用"窄带信号+多普勒滤波"信号处理与检测技术。回波信号接收的关键是匹配滤波,它直接影响雷达的目标检测概率,雷达一般采用全相参发射与接收体制,在其接收机前端和中频部分,在一定波形条件下,通过调整滤波特性与杂波特性匹配,实现对目标信号的最佳接收,而自适应匹配滤波则是根据杂波特性,自适应调制波形、滤波器特性与杂波匹配。信号处理的关键是信号检测,雷达回波信号经过匹配滤波处理后,通过采用一定信号检测方法,确定检测门限,抑制超低空杂波。但这种采用窄带探测信号和多普勒滤波的抗杂波技术,由于超低空的杂波很强,而且随防空导弹的运动剧烈变化,抗杂波的效果非常有限。

从杂波背景下的动目标检测来说,雷达导引头探测面临地/海杂波,相比传统机载雷达,杂波特性更加复杂。

1)机/星载雷达远离地/海面且工作于正侧视模式下,主要杂波形态是缓变杂波,杂波统计特性满足独立同分布约束条件,协方差矩阵估计收敛速度快,传统空频处理方法可以实现有效的杂波抑制和动目标检测。机载雷达空时自适应处理利用杂波谱在方位角-多普勒频率坐标平面上沿对角方向的呈窄带山脊状这一事实,在该对角线方向形成具有窄带凹口的空频滤波器,图1.9中示出了该空时杂波滤波器的传输响应,还示出了一个快速目标和一个慢速目标。可以看出,空频杂波滤波器能保证无论快速目标或是慢速目标均在其通带内,从而使其能顺利通过。单纯的频域自适应滤波等效于对投影到频率轴上的杂波及目标进行处理,这种处理在于采用传输特性为杂波谱倒数的对消滤波器进行滤波,响应示于图1.9的正面,该响应在杂波谱主瓣处形成了相应的凹口(阻带),从而将杂波大大降低。快速目标的多普勒频率与杂波中心偏移大,因此可以通过对消滤波器而不会被抑制。但是,由于慢速目标的多普勒频率低,可能在滤波器凹口内而被削弱。单纯的空域自适应滤波,等效于对投影到空间频率轴上的杂波和目标进行处理。若仍然采用空域传输特性为杂波空间谱倒数的空域滤波器抑制杂波,则无论快速目标还是慢速目标均在滤波器凹口内,因此都要被抑制或是削弱。

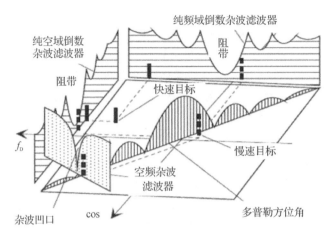

图1.9　机载雷达空-频自适应滤波原理

2)雷达导引头的散射环境随导弹、目标运动快速变化,其主要杂波形态是高动态杂波,且导弹距离地/海面高度越低,杂波强度越弱。由于杂波在空频二维域分布特性复杂,造成传统空时处理性能的严重下降,且防空导弹雷达导引头通常工作于前视模式,其杂波统计特性具有严重的距离依赖性,传统方法进行协方差矩阵估计时存在收敛速度慢、统计特性估计不准确的缺陷,运动目标检测性能严重下降。

因此,只在空时二维联合域不能有效描述雷达导引头超低空杂波环境杂波特性,需要借鉴传统机载雷达空时处理的先进思想,进一步探索地/海杂波在空时频多维域的分布特性和描述方法,研究有效的统计特性估计以及距离依赖性补偿技术,在目标-环境复合散射机理研究的基础上,研究基于先验知识的空时频信号自适应处理新方法,形成防空导弹雷达导引头超低空背景下的目标探测信号处理系统理论。研究的重点和难点是不同波形条件下目标回波、杂波的空时频分布的统计规律,基于环境快速感知的波形自适应,以及杂波、目标回波的空时频联合关联检测算法。

(2)杂波对抗新思路。如何在复杂地/海背景中准确识别对方超低空目标,并对防空导弹进行精确制导,使其精确打击目标是信息化战争中提高立体防空作战能力的关键途径。超低空目标检测与跟踪是雷达界的四大难题之一,第二次世界大战以来,雷达界一直都在进行着探索和研究,发明了很多方法,该领域的研究情况各国都高度保密,相关技术参考资料较难获取,直至今天也未能解决好此问题。

大量理论研究与试验表明,与传统"窄带探测信号"不同,在"宽带探测信号"照射下,由于距离分辨率提高,杂波与目标在距离维分离、杂波谱分布离散、杂波强度明显降低,雷达导引头超低空目标检测能力明显提高。因此,通过控制雷达导引头"宽带探测信号"来改善环境杂波特性,能从源头上净化目标回波信号背景,抗杂波技术从传统被动信号处理变为主动抑制。该技术的突破在于以下几点:①在建立杂波模型的基础上,确定带宽随环境、目标、雷达导引头等系统参数的变化规律,以及确定信杂比随带宽的变化规律;②基于先验知识,研究宽带回波变换与稳健自适应空时二维处理算法以及距离依赖性补偿技术;③基于环境快速感知的宽带波形自适应,研究宽带杂波、目标回波的空时频联合关联检测算法。

总之,超低空杂波对抗最有效的办法是采用"宽带探测信号"。

**3.超低空镜像对抗方法**

由于镜像信号具有类目标特性,此外,与目标同在雷达波束内的地/海面上的假目标,也会与目标一起进入雷达接收机,所以它们经过信号处理都不能得到有效抑制。因此,需要在分析与提取超低空雷达回波信号空时频多维特征信息的基础上,研究有效的目标分离方法,有效辨识镜像与目标回波信号,实现目标正确锁定,提高目标跟踪可靠度与精度。因此,目标分离能力是雷达目标跟踪性能的决定性因素。

(1)超低空镜像对抗传统方法。传统抗镜像技术,有以下两种技术途径:①逻辑判别方法。回波信号经过宽带信号检测后,若剩余疑似目标个数大于 1 个,则对功率最大的两个进行判别,若两个目标同时满足速度差小于预设 $\Delta v$ 和功率差小于预设 $\Delta P$ 时,选择速度大的为目标,另一个则为镜像;若速度差不小于预设 $\Delta v$,但两个目标 SNR 均大于等于门限 $\Delta T$,亦选择速度大的为目标,另一个则为镜像;若速度差不小于预设 $\Delta v$ 和功率差不小于预设 $\Delta P$,则选择功率大的为目标,另一个则为镜像。②系统辨识方法。提取目标回波与镜像回波信号的空时频特征参量(强度、相对空间坐标、距离中心值、距离谱宽度、多普勒频率中心值、多普勒谱宽度、时频分布等),基于先验获取的目标参数信息(高度、速度、距离、RCS、环境类型等)和实时感知的环境信息(杂波强度、杂波谱等),通过对特征参量与特征模板的比对,得到基于单维特征参量和多维特征参量的目标辨识结果(隶属度)。

(2)超低空镜像对抗新思路。在超低空情况下,相干性很高的镜像回波与目标回波进入雷达导引头接收机时已经叠加在一起,当镜像与目标反相时,信号对消,后端的检测与测量性能就很难得到保证。在时域、频域、空域(波束域),甚至小波基构造的空间或高维子空间,传统信号变换与处理方法都很难直接将镜像与目标完全分开。因此,有效抑制镜像,解决雷达导引头超低空目标跟踪问题,有以下两种技术途径:①宽带技术。由于距离分辨率提高,镜像与目标在距离维分离,但带宽过宽将导致目标和镜像分裂,所以该技术的突破在于:找到一个最佳的信号带宽,一是使雷达导引头的信杂比最优,二是使目标与镜像在距离维有效分离。②布儒斯特效应。目标-环境耦合散射特性研究表明,存在一个耦合散射最小的入射角。因此,在超低空下视探测环境下,雷达导引头天线波束照射的擦地角为布儒斯特角时,镜像干扰强度最小。该技术的突破在于:一是在建立目标-环境耦合散射模型的基础上,确定布儒斯特角随环境、目标、雷达导引头等系统参数的变化规律;二是优化设计布儒斯特角约束的防空导弹超低空弹道;三是在建立镜像回波模型的基础上,确定信干比随擦地角的变化规律。

总之,超低空雷达镜像对抗最有效的办法是采用"布儒斯特效应"。

# 1.5  超低空雷达探测与制导主要研究内容

防空导弹超低空探测与制导问题的长期存在,导致在防空导弹的研制过程中,普遍出现在防空导弹超低空环节"验证试验—暴露问题—改进设计"的多轮次循环,造成研制进度滞后拖延、技术方案重大调整、复杂环境适应性能不见底。因此,要解决防空导弹超低空拦截作战问题,就必须全面、系统地开展超低空雷达下视探测机理与规律的研究,为装备研制和性能改进提供科学的理论指导和有力的技术支撑。

超低空雷达探测与制导的基础理论与关键技术主要研究内容包括超低空目标-地/海面环境复合散射机理特性规律、超低空回波机理特性规律、先进的信号处理方法、抗杂波与镜像方法,宽带信号优化设计技术和布儒斯特弹道优化设计技术等。

**1.超低空目标-环境复合远、近场散射理论与计算电磁学快速方法研究**

该研究旨在揭示超低空目标-地/海面环境复合机理,掌握电大尺寸、多尺度、动态电磁问题的远近场散射的快速计算方法,探索地/海面环境影响超低空目标散射特性的规律,建立目标镜像、目标角闪烁模型,为超低空雷达目标回波检测和跟踪技术应用奠定理论基础,可为抗镜像提供布儒斯特角的理论基础,为回波信号建模提供散射模型和数据库。

(1)超低空目标-环境复合远场动态散射理论。基于经验模型和数字高程模型、矢量地图、遥感图像的地/海面三维重构技术研究,快速生成满足"电磁真实"战场环境的几何模型和电磁参数模型要求的高分辨率地/海面三维模型。建立典型型号的导弹、飞机等超低空目标的几何描述模型。利用数值计算方法和解析近似方法,研究远场条件下复杂战场环境与超低空目标的动态复合电磁散射机理,建立适合于雷达频段(S、C、X、Ku、Ka)的复杂地/海面散射模型和复杂地/海面典型目标复合散射的新模型,给出远场条件下目标-环境复合散射回波。

(2)建立导弹、目标与环境动态近场几何模型,结合弹载天线的近场辐射方向图,对复合模型进行合理的区域分解,使其满足远场条件。研究基于反射模型库的环境-目标复合技术,建立依赖反射机理和测试数据的反射模型,利用高频方法考虑射线局部独立作用的假设以反射模型参与地/海面复合,研究近场条件下目标-环境复合散射回波。分析超低空目标与环境的耦合散射产生机理,研究目标姿态、地/海面的粗糙度等对电波传播的影响,建立目标与环境耦合散射模型,完成典型目标-环境远、近场目标与环境的耦合模型的仿真计算;分析目标近场体效应,研究角闪烁与 RCS 序列之间的负相关形式,建立角闪烁效应(频谱和零频谱功率密度)模型,完成典型目标-环境近场目标与环境的角闪烁效应模型的仿真计算。

(3)计算电磁学快速方法研究。通过混合已有的两种或多种计算方法,拓宽复合散射计算范围,提高计算速度;研究新的算子、新的边界条件、新型基函数、新的离散方式和矩阵填充方式,结合精确几何建模方法,开展新的高效快速复合计算方法的研究;研究并行计算中任务粒度的确定、负载平衡、数据通信的控制以及并行步骤的规划,充分利用现有计算机硬件条件,发挥并行技术的优点;借助数值分析中的优化设计方法,如迭代法、外推法等,提高实际陆海战场环境与超低空目标复合电磁散射的计算速度,降低计算复杂度。根据超低空目标与雷达载体的运动规律,结合地表上照射区域实时性变化,建立多准静态一体化模型之间的相对位置关系,给出高动态一体化模型的散射特性分布。分析考虑耦合散射效应时环境与运动目标复合模型的多普勒谱特征和回波统计分布特征参数变化,并开展地/海粗糙面超低空高速飞行物的电磁耦合回波计算。分析环境对回波特性的影响,为实际环境中超低空飞行物的识别与预警、防空武器的制导与引信提供理论依据。

**2.超低空镜像形成机理、防空导弹布儒斯特角变化规律与抗镜像方法研究**

该研究旨在研究超低空雷达下视探测布儒斯特效应,提出布儒斯特弹道约束条件,开展关于超低空雷达下视探测镜像信号形成机理和变化规律研究,研究布儒斯特角优化设计和抗镜像方法,通过镜像信号布儒斯特效应机理和规律的全面研究,为防空导弹拦截弹道设计,提供理论、方法支撑。

(1)超低空雷达镜像形成机理、空时频域分布特性研究。建立目标及地/海环境复合电磁散射计算模型,内容包括:典型目标及地/海面环境物理建模,目标与环境之间耦合电磁散射计算及散射数据获取。建立镜像回波信号模型,内容包括:分析不同参数条件下的典型地形地貌模型,研究典型地形地貌、海况的反射系数。建立典型地海环境前后向反射系数与入射角的关系,通过快速傅里叶变换生成镜像回波信号。研究超低空目标、环境对镜像回波信号特性的影响,获取镜像信号特性与超低空目标、环境参数的变化规律。

(2)防空导弹布儒斯特角随环境变化规律研究。建立典型超低空环境与入射角关系模型,内容包括:典型地/海环境散射系数与入射角变化关系,散射系数与弹目视角的变化关系。防空导弹布儒斯特角变化规律,内容包括:改变环境的类型、电磁参数及起伏参数等,研究布儒斯特角域位置及存在条件的变化,找出内在规律。研究防空导弹超低空环境特性与弹目视线角的关系,内容包括:建立防空导弹超低空环境特性与弹目视线角的关系;研究在不同环境条件下,弹目视线角的变化规律;获取典型环境下的环境反射最小的最佳弹目视线角。

(3)雷达抗镜像方法与超低空弹道优化研究。建立超低空弹道模型,内容包括:根据制导方式、弹道学规律等建立超低空典型弹道模型。在防空导弹布儒斯特效应机理与规律的基础上,研究弹道优化设计约束条件,内容包括:根据典型环境布儒斯特角和弹目视线角,设计超低空最佳弹道,并比较此时信干比、信杂比等参数。

**3.超低空杂波形成机理、最佳信号带宽变化规律与抗杂波方法研究**

该研究旨在研究高动态强杂波背景下雷达对超低空目标探测的新理论与新方法。揭示雷达宽带杂波形成机理,探究雷达宽带杂波空-时-频域分布特性及最佳信号带宽随环境的变化规律,提出宽带抗杂波的有效方法,寻找具有最佳信杂比的探测信号带宽范围和调制方式,为雷达宽带探测技术的突破,提供模型和数据支撑。

(1)雷达导引头杂波形成机理、空时频域分布特性研究。重点研究环境的动态散射理论和快速计算方法,主要是针对典型环境,研究宽带杂波的空-时-频域分布特性。基于不同体制防空雷达,分析超低空目标描述以及目标与杂波的差异性,建立典型波形(复杂调制规律的波形)情况下目标及杂波回波模型,建立适用于不同环境的波形特征库。建立复杂环境下防空雷达回波与目标-环境复合散射、波形、弹目运动、天线方向图等之间的响应关系。基于时变信号系统分析理论,研究高动态防空雷达宽带信号体制下的回波计算统一的数学模型,充分反映信号带宽、弹目相对高速运动、环境散射时变、空间波束快速扫略等因素,并将该模型在特定的工作环境下进行具体的分析,研究有效的简化和快速回波生成新技术。

(2)雷达最佳信号带宽随环境的变化规律研究。针对典型环境,探究最佳信号带宽与环境的匹配规律。在建立目标及地/海环境电磁散射计算模型的基础上,以发射信号波形、目标轨迹、导弹轨迹、防空雷达参数为参变量,研究典型目标、典型地/海环境在防空雷达接收回波中包含的时间特性、频率特性、空间特性等差异和变化规律,分析杂波(环境杂波、杂散杂波)的空间-时间-距离复合特点以及空间、多普勒、距离模糊等特性,研究复杂运动状态下非平稳性多重模糊杂波空时二维复合规律,研究地/海环境类型、分布和变化对防空雷达回波多维特性的影响规律。

(3)雷达抗杂波方法与探测信号及处理研究。研究目标-环境感知和杂波谱反演技术,得到杂波认知结果;根据杂波认知结果,估计杂波强度和分布特性,基于目标信号协方差矩阵迹与行列式,研究基于检测概率最优化、最小克拉美罗界的波形优化技术;研究面向目标-环境感知的自适应波形优化技术以及基于先验信息的波形设计方法,研究目标的模型化方法和基于模型的参数估计方法,为未知目标种类和杂波统计特性情况下的在线波形设计奠定基础。通过自适应匹配滤波与空时频联合检测,自适应调整波形、滤波特性与杂波匹配,检测出含目标、镜像、强地物的超门限信号。

研究多通道空时频多维信号处理技术,以及有效的杂波及耦合杂波抑制和目标信号分离与增强方法。采用发射和接收多通道技术,利用多通道接收的环境杂波、耦合杂波、镜像回波和目标回波信号,研究空时频综合信息提取技术,提高杂波抑制和目标检测性能;研究不同重频和阵面结构下存在距离-多普勒模糊时的杂波抑制方法;研究严重非均匀、非平稳地/海杂波空时频和波形多维域抑制方法;研究适合杂波环境下的非均匀检测器对样本进行一致性估计;研究基于很少甚至没有训练样本情况下的杂波多维域处理方法。由于各通道间存在幅相误差、频率响应误差、基线误差等非理想因素,加上环境对电磁波产生折射、反射和吸收,导致多通道雷达接收信号去相干,表现为杂波自由度大大增加、噪声门限提高和统计特性的复杂化,使得杂波抑制困难,需要研究提高杂波相关性以改善杂波抑制性能的方法。

基于空时频特征的目标跟踪算法研究。针对超低空目标跟踪特点,需要研究导弹动态空间精确配准技术;研究基于统计推断与估计的起伏目标稳定跟踪技术。研究"三跨"条件下测量及稳健跟踪技术。研究宽带信号波形体制下目标距离向分裂对防空导弹雷达导引头目标探测的影响,研究有效的目标信号辨识方法,利用检测前跟踪等信号处理手段提高目标的跟踪性能。

**4.防空导弹超低空雷达探测与制导理论与技术综合验证**

该研究旨在开展试验验证方法、超低空目标探测试验验证及防空雷达应用等研究,通过采用数字仿真、半实物仿真和外场试验相结合的方式,对超低空目标探测的技术进行试验验证,分析制约防空雷达超低空目标检测、跟踪与引信启动控制性能的因素。

(1)超低空雷达探测模拟、试验方法及一致性研究。主要开展超低空目标与地/海环境耦合回波仿真、末制导条件下目标-探测器动态仿真、探测器数字化建模研究,建立超低空目标探测的全数字与半实物仿真系统、造波池模拟试验系统,并与外场试验进行一致性校验。

(2)单基地雷达超低空目标探测试验验证。构建的超低空单基地雷达探测的全数字仿真试验系统,针对超低空目标探测新方法,开展单基地雷达全数字仿真验证研究。开展造波池试验,验证在典型海环境下超低空单基地雷达的探测性能、杂波和镜像干扰抑制能力;开展高塔试验,验证在典型陆地环境下,超低空单基地雷达的探测和跟踪性能。

(3)双基地雷达超低空目标探测试验验证。构建超低空双基地雷达探测的全数字仿真试验系统,针对超低空目标探测新方法,开展双基地雷达全数字仿真验证研究。开展高塔试验,验证在典型陆地环境下,超低空双基地雷达的探测和跟踪性能。

## 1.6 本 章 小 结

本章介绍了超低空的基本概念、超低空突防技术以及超低空突防的威胁,简要介绍了防空导弹武器系统的基本组成、典型作战过程以及四大关键环路,分析了防空导弹超低空拦截作战的主要原因是超低空雷达杂波与多径这两个有害因素,明确了防空导弹超低空拦截的主要技术瓶颈以及超低空雷达探测与制导的主要研究内容。

# 第2章　超低空目标与导弹运动特性

在研究导弹运动时,会涉及各种不同的矢量,如重力、发动机推力、加速度、速度、位置、力矩、角加速度和角速度等,为了描述这些物理量的大小和方向,比较方便和常用的方法是把这些矢量投影到某个特定的坐标系中,其中最常用的是右手直角坐标系。例如,重力分解到地面坐标系最为方便,发动机推力一般分解到弹体坐标系,空气动力往往分解到速度坐标系或弹体坐标系。为了建立标量形式的导弹运动方程,需要选择一个特定的坐标系,选取的坐标系不同,所建立的导弹运动方程组形式和复杂程度也不相同,也将会影响到求解该方程组的难易程度,因此,需要选择合适的坐标系,使得既能正确描述导弹的运动,又要使得建立的导弹运动方程形式简单,便于分析求解。

导弹运动方程组的不同组成部分,可以分别在不同的坐标系中建立,比如导弹的平动的动力学方程一般投影到弹道固连坐标系,导弹的转动的动力学方程一般投影到弹体坐标系,导弹位移方程式一般投影到地面坐标系。这样,在建立导弹运动方程等许多场合,经常需要将分别分解在各坐标系中的力或力矩变换到某个选定的动坐标系中,比如导弹平动的动力学方程一般投影到弹道固连坐标系,在建立导弹平动的动力学方程时就需要把原来分解在地面坐标系的导弹重力、分解在弹体坐标系的发动机推力投影到弹道固连坐标系。为此,就需要建立各坐标系之间的变换关系,也就是坐标系之间的坐标变换矩阵。

## 2.1　常用坐标系及相互关系

### 2.1.1　常用坐标系

理论上可以在任意位置以任意指向和运动特性来建立坐标系,但只有定义合理的坐标系才能够方便地描述相关的物理量,使建立的导弹运动方程组形式简单,便于分析研究。在对导弹的飞行性能进行分析和计算时,会用到许多不同的坐标系,常采用的坐标系有直角坐标系、圆柱坐标系、球面坐标系、极坐标系等。这里,主要介绍常用的直角坐标系,如地面坐标系、弹体固连坐标系、气流坐标系、弹道固连坐标系。为了使用方便,在对导弹弹道进行研究时,本书中对这几种坐标系分别约定如下符号:

$xyz$ —— 地面坐标系;

$x_1y_1z_1$——弹体坐标系；

$x_2y_2z_2$——弹道固连坐标系；

$x_3y_3z_3$——速度坐标系。

**1.地面坐标系**

地面坐标系和地球固连，随着地球运动而运动，当研究近程导弹运动时，可以把地球视作静止不动，也就是把地面坐标系作为惯性坐标系，同时，把地球表面当作水平面。这样做对于研究近程战术导弹，其带来的误差在可以接受的范围。地面坐标系通常作为确定导弹和目标相对地面的位置、速度、加速度以及空间姿态的基准。当研究射程较远的导弹或要求比较高时，就需要考虑地球的曲率以及采取其他的坐标系了。

地面坐标系的原点 $A$ 可以取在发射时导弹的重心上，也可以取发射时导弹重心在地表面的投影位置，本书中如无特别说明，取在发射时导弹重心上。$x$ 轴在地平面上可指向任意方向，对于地-空导弹，为研究方便，可以取为指向目标的方位，在一些研究场合，比如在模拟训练场合，常常取正东方向；$y$ 轴垂直于地面，向上为正；$z$ 轴垂直于 $xOz$ 平面，组成右手直角坐标系，如图 2.1 所示。地面坐标系确定后，就可以确定导弹重心的坐标 $(x,y,z)$ 和导弹在空间相对于地面的姿态（三个欧拉角）等。对于近程导弹来讲，当把地球表面看作平面时，重力和 $y$ 轴平行，方向相反。

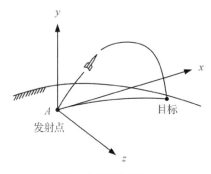

图 2.1　地面坐标系 $(xyz)$

**2.弹体坐标系**

弹体坐标系固连于弹体，又称为弹体固连坐标系或体轴系，坐标系的原点 $O$ 取在导弹的重心上，把导弹的纵轴作为 $x_1$ 轴，指向头部为正；立轴 $y_1$ 在导弹的纵向对称平面内，垂直于 $x_1$ 轴，指向上为正；横轴 $z_1$ 垂直于纵向对称平面，与 $x_1$、$y_1$ 组成右手直角坐标系，如图 2.2 所示。当导弹发动机工作时，随着推进剂的消耗，导弹重心会有移动，如果不考虑导弹重心随时间的改变，该坐标系就和导弹弹体固连，相对于弹体不动。图 2.2 为左右对称的导弹，对于轴对称导弹，$y_1$ 轴的位置可以根据导弹在正常飞行或在发射状态的位置时的纵向对称面来确定。

利用弹体坐标系和地面坐标系之间的关系，可以方便地确定导弹在空间的姿态和导弹弹体的转动角速度，有些作用在导弹上的力和力矩（如发动机推力、推力力矩、空气动力及力矩等），在弹体坐标系进行分解也比较方便。

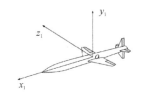

图 2.2    弹体坐标系($x_1 y_1 z_1$)

### 3.弹道坐标系

弹道坐标系又称为弹道固连坐标系,其原点取在导弹重心上,$x_2$ 轴与导弹重心运动速度向量 $v$ 重合,向前为正;$y_2$ 轴位于包含速度向量的铅垂平面内,垂直于速度方向,向上为正;$z_2$ 轴在水平面内,与 $x_2$、$y_2$ 组成右手直角坐标系(见图 2.3)。弹道固连坐标系在空间的位置和指向随导弹运动的速度 $v$ 变化,故也是一个动坐标系。

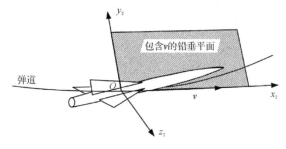

图 2.3    弹道固连坐标系($x_2 y_2 z_2$)

在研究导弹平动的动力学方程时,即研究导弹的速度大小和方向变化时,利用弹道坐标系来进行研究,能够简单明了地确定导弹相对地面的运动情况,同时,利用弹道系建立的导弹运动方程物理意义明确,其形式也比较简单。

### 4.速度坐标系

速度坐标系又称为气流坐标系,速度坐标系的原点 $O$ 选在导弹的重心上,$x_3$ 轴的取法和弹道固连坐标系的 $x_2$ 的取法相同(重合);$y_3$ 轴位于弹体的纵向对称平面内,与 $x_3$ 轴垂直,向上为正;$z_3$ 轴与 $x_3$、$y_3$ 形成右手直角坐标系(见图 2.4)。

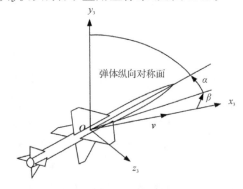

图 2.4    速度坐标系($x_3 y_3 z_3$)

习惯上常把作用在导弹上的总空气动力分成相互垂直的三个分量来进行研究,其分解是在以来流为基准的速度坐标系上进行的。

速度坐标系和弹道固连坐标系的不同之处在于：$y_2$ 轴位于包含速度向量的铅垂平面内，而 $y_3$ 轴则在导弹的纵向对称平面内。若导弹在运动中，弹体纵向对称平面在铅垂面内时，两坐标系就重合，否则就不重合。

在分析和计算作用在导弹上的空气动力时，常常把空气动力分解到气流坐标系。沿 $x_3$ 反方向的空气动力称为阻力，沿 $y_3$ 方向的空气动力称为升力，沿 $z_3$ 方向的空气动力称为侧力。

在工程上也常见把导弹空气动力分解到弹体坐标系，此时沿 $x_1$ 方向的气动力称为轴向力，沿 $y_3$、$z_3$ 方向的力称为法向力。

由各坐标系的定义可以看出，弹体坐标系、弹道固连坐标系、速度坐标系的共同的特点是，原点都在导弹的重心上，都随着导弹运动而运动，均是动坐标系。但也有区别，弹体坐标系相对弹体是不动的（如重心不变的话），而弹道固连坐标系和速度坐标系相对于弹体是转动的。

## 2.1.2 坐标系间的转换关系

在任一瞬时，上述各坐标系在空间有各自的位置，它们之间也有一定的相互关系。在研究导弹运动时，为了方便和清晰起见，运动学和动力学的诸参数习惯上是在不同坐标系中定义的。例如，空气动力用速度坐标系来描述，推力用弹体坐标系来描述，而射程则用地面坐标系来定义，等等。为了在同一个坐标系中描述由不同坐标系定义的诸参数，就必须把参数从原坐标系转换到新坐标系去。例如，当要在弹道固连坐标系上描述导弹的动力学方程时，就要把导弹相对于地面的加速度和作用在导弹上的外力，都投影到弹道固连坐标系上去。这就必须进行坐标变换。

**1.弹体坐标系与地面坐标系的转换**

如果把导弹作为刚体来看待，导弹的运动有 6 个自由度，可以用导弹弹体坐标系相对惯性坐标系的 3 个重心坐标和 3 个欧拉角表示，对于中近程的战术导弹，一般选取地面坐标系作为惯性坐标系，此时，导弹的位置和姿态可以用重心的 3 个自由度 $(x,y,z)$ 和 3 个姿态角（欧拉角）来表示。3 个姿态角的规定如图 2.5 所示。

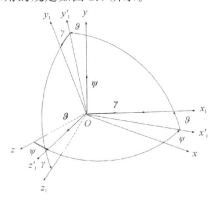

**图 2.5 地面坐标系和弹体坐标系间的角度关系**

$\vartheta$——导弹俯仰角。$\vartheta$为导弹的纵轴$x_1$与水平面的夹角。导弹纵轴在水平面之上，$\vartheta$为正，反之为负。

$\psi$——偏航角。$\psi$为导弹纵轴在水平面$xOz$内的投影$x_1'$与地面坐标系的$x$轴之间的夹角。以$x$轴逆时针转至$x_1'$时为正，反之为负。

$\gamma$——滚动角。导弹的立轴$y_1$与包含纵轴的铅垂平面之间的夹角。从尾部向前看，向右转为正。

若已知两坐标之间的欧拉角，就可以根据相互的几何关系求得它们之间的坐标转换矩阵。

$$L(\psi,\vartheta,\gamma)=\begin{bmatrix}\cos\vartheta\cos\psi & \sin\vartheta & -\cos\vartheta\sin\psi \\ -\sin\vartheta\cos\psi\cos\gamma+\sin\psi\sin\gamma & \cos\vartheta\cos\gamma & \sin\vartheta\sin\psi\cos\gamma+\cos\psi\sin\gamma \\ \sin\vartheta\cos\psi\sin\gamma+\sin\psi\cos\gamma & -\cos\vartheta\sin\gamma & -\sin\vartheta\sin\psi\sin\gamma+\cos\psi\cos\gamma\end{bmatrix}$$
(2.1)

若已知地面坐标系$xyz$中的列矢量$[x\ \ y\ \ z]^T$，求在弹体坐标系$x_1y_1z_1$各轴上的分量$[x_1\ \ y_1\ \ z_1]^T$，可利用坐标转换矩阵得

$$\begin{bmatrix}x_1\\y_1\\z_1\end{bmatrix}=L(\psi,\vartheta,\gamma)\begin{bmatrix}x\\y\\z\end{bmatrix}$$
(2.2)

坐标转换矩阵的各个元素其实就是对应两个坐标轴的方向余弦，其转置矩阵就是其逆矩阵，因此两个坐标系之间变换关系也常常用方向余弦表（见表2.1）表示，在使用时更方便。

表2.1　弹体坐标系与地面坐标系之间的方向余弦表

| | $x_1$ | $y_1$ | $z_1$ |
|---|---|---|---|
| $x$ | $\cos\vartheta\cos\psi$ | $-\sin\vartheta\cos\psi\cos\gamma+\sin\psi\sin\gamma$ | $\sin\vartheta\cos\psi\sin\gamma+\sin\psi\cos\gamma$ |
| $y$ | $\sin\vartheta$ | $\cos\vartheta\cos\gamma$ | $-\cos\vartheta\sin\gamma$ |
| $z$ | $-\cos\vartheta\sin\psi$ | $\sin\vartheta\sin\psi\cos\gamma+\cos\psi\sin\gamma$ | $-\sin\vartheta\sin\psi\sin\gamma+\cos\psi\cos\gamma$ |

**2.弹道固连坐标系与地面坐标系的转换**

地面坐标系和弹道固连坐标系之间有两个角度联系，如图2.6所示。

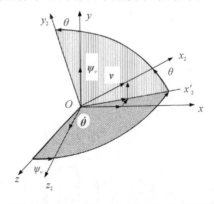

图2.6　地面坐标系与弹道固连坐标系之间的角度关系

$\theta$——弹道倾角。速度向量与水平面的夹角,速度向量向上时 $\theta$ 为正,向下为负。

$\psi_v$——弹道偏角。速度向量 $v$(沿 $x_2$)在水平面的投影(沿 $x_2{}'$)与地面坐标系的 $x$ 轴间的夹角。以 $x$ 轴逆时针转向 $x_2{}'$ 时为正,反之为负。

地面坐标系到弹道坐标系之间的转换矩阵为

$$L(\psi_v,\theta)=\begin{bmatrix} \cos\theta\cos\psi_v & \sin\theta & -\cos\theta\sin\psi_v \\ -\sin\theta\cos\psi_v & \cos\theta & \sin\theta\sin\psi_v \\ \sin\psi_v & 0 & \cos\psi_v \end{bmatrix} \tag{2.3}$$

若已知地面坐标系 $xyz$ 中的列矢量 $[x\ y\ z]^{\mathrm{T}}$,求在弹道坐标系 $x_2 y_2 z_2$ 各轴上的分量 $[x_2\ y_2\ z_2]^{\mathrm{T}}$,可利用坐标转换矩阵得

$$\begin{bmatrix} x_2 \\ y_2 \\ z_2 \end{bmatrix}=L(\psi_v,\theta)\begin{bmatrix} x \\ y \\ z \end{bmatrix} \tag{2.4}$$

将式(2.4)列成表格形式,即两坐标系之间的方向余弦表,见表2.2。

表 2.2　弹道固连系与地面坐标系之间的方向余弦表

| | $x_2$ | $y_2$ | $z_2$ |
|---|---|---|---|
| $x$ | $\cos\theta\cos\psi_v$ | $-\sin\theta\cos\psi_v$ | $\sin\psi_v$ |
| $y$ | $\sin\theta$ | $\cos\theta$ | $0$ |
| $z$ | $-\cos\theta\sin\psi_v$ | $\sin\theta\sin\psi_v$ | $\cos\psi_v$ |

利用这两个坐标系间的方向余弦关系,可以决定速度向量在空间的方向。反过来也可以说,知道了导弹的速度大小和方向,就可以通过此两坐标系之间的关系,把速度投影到地面坐标轴上去,成为地面坐标系上的三个分量,即

$$\left.\begin{array}{l} \dot{x}=v_x=v\cos\theta\cos\psi_v \\ \dot{y}=v_y=v\sin\theta \\ \dot{z}=v_z=-v\cos\theta\sin\psi_v \end{array}\right\} \tag{2.5}$$

解得此组方程式,就可以求得导弹重心移动的规律,即所谓导弹的弹道。

**3.弹道固连坐标系与速度坐标系的转换**

由两坐标系的定义可知,两坐标系间只差一个角度 $\gamma_v$,这个角度称为速度倾斜角。从尾部向前看,向右倾斜为正。两坐标系间的关系如图 2.7 所示。

弹道坐标系到速度坐标系之间的转换矩阵为

$$L(\gamma_v)=\begin{bmatrix} 1 & 0 & 0 \\ 0 & \cos\gamma_v & \sin\gamma_v \\ 0 & -\sin\gamma_v & \cos\gamma_v \end{bmatrix} \tag{2.6}$$

余弦关系列在表 2.3 中。

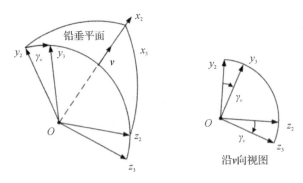

图 2.7  弹道固连坐标系和速度坐标系之间的关系

表 2.3  弹道固连系和速度坐标系之间的方向余弦表

|  | $x_2$ | $y_2$ | $z_2$ |
|---|---|---|---|
| $x_3$ | 1 | 0 | 0 |
| $y_3$ | 0 | $\cos\gamma_v$ | $\sin\gamma_v$ |
| $z_3$ | 0 | $-\sin\gamma_v$ | $\cos\gamma_v$ |

**4.弹体坐标系与速度坐标系的转换**

当弹体纵轴与速度向量不平行时,即来流不对称地流过弹体时,就形成了气流迎角 $\alpha$ 和侧滑角 $\beta$,如图 2.8 所示。

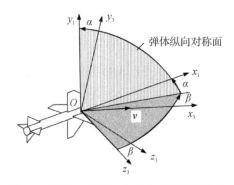

图 2.8  弹体坐标系和速度坐标系间的关系

迎角 $\alpha$ ——速度向量 $v$ 在弹体纵向对称面上的投影与弹体纵轴间的夹角。当弹体纵轴在速度向量的投影上方时,迎角为正。

侧滑角 $\beta$ ——速度向量 $v$ 与弹体纵向对称面间的夹角。当来流从右侧方向流向弹体时,侧滑角为正,如图 2.8 所示。

迎角和侧滑角确定了弹体相对于来流的姿态,是影响导弹空气动力的主要参数。速度坐标系到弹体坐标系之间的转换矩阵如下:

$$L(\beta,\alpha)=\begin{bmatrix} \cos\alpha\cos\beta & \sin\alpha & -\cos\alpha\sin\beta \\ -\sin\alpha\cos\beta & \cos\alpha & \sin\alpha\sin\beta \\ \sin\beta & 0 & \cos\beta \end{bmatrix} \qquad (2.7)$$

$x_1 y_1 z_1$ 与 $x_3 y_3 z_3$ 两坐标系之间的方向余弦见表2.4。

表 2.4　弹体坐标系与速度坐标系之间的方向余弦表

|  | $x_3$ | $y_3$ | $z_3$ |
|---|---|---|---|
| $x_1$ | $\cos\alpha\cos\beta$ | $\sin\alpha$ | $-\cos\alpha\sin\beta$ |
| $y_1$ | $-\sin\alpha\cos\beta$ | $\cos\alpha$ | $\sin\alpha\sin\beta$ |
| $z_1$ | $\sin\beta$ | $0$ | $\cos\beta$ |

**5.速度坐标系与地面坐标系的转换**

根据速度坐标系、弹道固连坐标系和地面坐标系的关系(见图2.9),以及速度坐标系到弹道坐标系的坐标变换矩阵和弹道坐标系到地面坐标系坐标变换矩阵,可以得出速度坐标系到地面坐标系的坐标变换矩阵如下:

$$L(\psi_v,\theta,\gamma_v)=\begin{bmatrix} \cos\theta\cos\psi_v & -\sin\theta\cos\psi_v\cos\gamma_v+\sin\psi_v\sin\gamma_v & \sin\theta\cos\psi_v\sin\gamma_v+\sin\psi_v\cos\gamma_v \\ \sin\theta & \cos\theta\cos\gamma_v & -\cos\theta\sin\gamma_v \\ -\cos\theta\sin\psi_v & \sin\theta\sin\psi_v\cos\gamma_v+\cos\gamma_v\sin\gamma_v & -\sin\theta\sin\psi_v\sin\gamma_v+\cos\psi_v\cos\gamma_v \end{bmatrix}$$

$$(2.8)$$

此两坐标系间的方向余弦表见表2.5。

表 2.5　速度坐标系与地面坐标系之间的方向余弦表

|  | $x_3$ | $y_3$ | $z_3$ |
|---|---|---|---|
| $x$ | $\cos\theta\cos\psi_v$ | $-\sin\theta\cos\psi_v\cos\gamma_v+\sin\psi_v\sin\gamma_v$ | $\sin\theta\cos\psi_v\sin\gamma_v+\sin\psi_v\cos\gamma_v$ |
| $y$ | $\sin\theta$ | $\cos\theta\cos\gamma_v$ | $-\cos\theta\sin\gamma_v$ |
| $z$ | $-\cos\theta\sin\psi_v$ | $\sin\theta\sin\psi_v\cos\gamma_v+\cos\psi_v\sin\gamma_v$ | $-\sin\theta\sin\psi_v\sin\gamma_v+\cos\psi_v\cos\gamma_v$ |

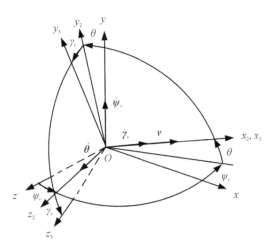

图 2.9　地面坐标系、速度坐标系和弹道固连坐标系之间的相互关系

### 6.弹体坐标系与弹道固连坐标系的转换

弹体坐标系和弹道固连坐标系之间有 3 个角度，即迎角 $\alpha$、侧滑角 $\beta$ 及速度倾斜角 $\gamma_v$。同样，可利用弹道坐标系和速度坐标系的关系及速度坐标系和弹体坐标系的关系得到它们之间的坐标变换矩阵：

$$L(\alpha,\beta,\gamma_v)=\begin{bmatrix} \cos\alpha\cos\beta & \sin\alpha\cos\gamma_v+\cos\alpha\sin\beta\sin\gamma_v & \sin\alpha\sin\gamma_v-\cos\alpha\sin\beta\cos\gamma_v \\ -\sin\alpha\cos\beta & \cos\alpha\cos\gamma_v-\sin\alpha\sin\beta\sin\gamma_v & \cos\alpha\sin\gamma_v+\sin\alpha\sin\beta\cos\gamma_v \\ \sin\beta & -\cos\beta\sin\gamma_v & \cos\beta\cos\gamma_v \end{bmatrix}$$

(2.9)

方向余弦表见表 2.6。

表 2.6　弹体坐标系和弹道固连系之间的方向余弦表

| | $x_2$ | $y_2$ | $z_2$ |
|---|---|---|---|
| $x_1$ | $\cos\alpha\cos\beta$ | $\sin\alpha\cos\gamma_v+\cos\alpha\sin\beta\sin\gamma_v$ | $\sin\alpha\sin\gamma_v-\cos\alpha\sin\beta\cos\gamma_v$ |
| $y_1$ | $-\sin\alpha\cos\beta$ | $\cos\alpha\cos\gamma_v-\sin\alpha\sin\beta\sin\gamma_v$ | $\cos\alpha\sin\gamma_v+\sin\alpha\sin\beta\cos\gamma_v$ |
| $z_1$ | $\sin\beta$ | $-\cos\beta\sin\gamma_v$ | $\cos\beta\cos\gamma_v$ |

表 2.1～表 2.6 反映了这 4 组坐标系每 2 组之间的 6 种关系，它们之间是由 8 个角度联系起来的，如图 2.10 所示。

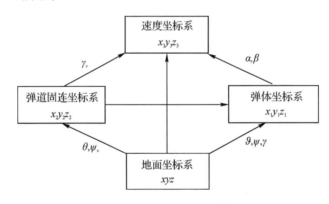

图 2.10　各坐标系之间的角度关系

4 个坐标系间的 8 个角度并不是完全独立的。例如，导弹在飞行中的姿态角（$\vartheta$、$\psi$、$\gamma$）以及导弹相对于气流的关系（$\alpha$、$\beta$）确定之后，速度向量的两个角度 $\theta$、$\psi_v$ 和倾斜角 $\gamma_v$ 也就确定了。也就是说，8 个角度中只有 5 个是独立参量，另外 3 个只是其余的函数。

8 个角度之间存在着 3 个独立的几何关系式。根据不同目的，可把这些几何关系表达成许多个不同的式子。为了同描述导弹运动的动力学方程协调一致，这里给出用 $\vartheta$、$\psi$、$\gamma$、$\theta$ 和 $\psi_v$ 等参量来求出 $\alpha$、$\beta$ 和 $\gamma_v$ 的 3 个方程，其表达式如下：

$$\sin\beta=\cos\theta[\cos\gamma\sin(\psi-\psi_v)+\sin\vartheta\sin\gamma\cos(\psi-\psi_v)]-\sin\theta\cos\vartheta\sin\gamma \tag{2.10}$$

$$\cos\gamma_v=[\cos\gamma\cos(\psi-\psi_v)-\sin\vartheta\sin\gamma\sin(\psi-\psi_v)]/\cos\beta \tag{2.11}$$

$$\cos\alpha=[\cos\vartheta\cos\theta\cos(\psi-\psi_v)-\sin\vartheta\sin\theta]/\cos\beta \tag{2.12}$$

式(2.10)～式(2.12)给出了角度 $\alpha$、$\beta$、$\gamma_v$ 与角度 $\vartheta$、$\psi$、$\gamma$、$\theta$、$\psi_v$ 之间的一组几何关系,这就可从后 5 个角度求出其余 3 个了。

在一些特殊的状态下,8 个角度之间的关系将变得简单化。例如,当导弹作既无侧滑也无滚动的飞行时(相关角度为零),有

$$\theta = \vartheta - \alpha \tag{2.13}$$

又如,当导弹处在无侧滑、零迎角情况下飞行时,它的倾斜角 $\gamma_v$ 就等于滚动角 $\gamma$,即

$$\gamma_v = \gamma \tag{2.14}$$

当导弹在水平面内作机动飞行时,若迎角很小且无滚动,则侧滑角 $\beta$ 与弹道偏角 $\psi_v$ 和偏航角 $\psi$ 之间可表示为

$$\psi_v = \psi - \beta \tag{2.15}$$

## 2.2　超低空目标运动方程

### 2.2.1 飞机运动方程组

飞机动力学方程是飞机运动规律的数学描述。考虑到飞机是一个极其复杂的动力学系统,准确地写出它的动力学方程非常困难和复杂。本节所讨论的动力学方程作了如下简化假设:①忽略地球的旋转运动和地球曲率,即所谓平板静止地球假设,从而忽略地球运动产生的离心加速度以及地球旋转和飞机运动产生的哥氏加速度;②忽略重力加速度随飞行高度的变化;③忽略飞机的弹性形变和旋转部件的影响,即把飞机看成刚体,也不考虑飞机飞行质量的变化。

**1.飞机质心运动方程**

由牛顿第二运动定律,在惯性坐标轴系中,有

$$\boldsymbol{a} = \frac{\mathrm{d}\boldsymbol{v}}{\mathrm{d}t} = \frac{\delta\boldsymbol{v}}{\delta t} + \boldsymbol{\omega} \times \boldsymbol{v} \tag{2.16}$$

式中:$\boldsymbol{v}$ 为质心的速度矢量;$\boldsymbol{\omega}$ 为坐标轴系的转动角速度矢量;$\dfrac{\delta\boldsymbol{v}}{\delta t}$ 为坐标轴系不转动时飞机速度矢量对时间的导数,也称为局部导数。

对于机体轴系,可把飞机质心加速度 $\boldsymbol{a}$ 代入质心运动方程,并写成分量形式:

$$\left.\begin{aligned} m\left(\frac{\mathrm{d}v_x}{\mathrm{d}t} + \omega_y v_z - \omega_z v_y\right) &= \sum X \\ m\left(\frac{\mathrm{d}v_y}{\mathrm{d}t} + \omega_z v_x - \omega_x v_z\right) &= \sum Y \\ m\left(\frac{\mathrm{d}v_z}{\mathrm{d}t} + \omega_x v_y - \omega_y v_x\right) &= \sum Z \end{aligned}\right\} \tag{2.17}$$

式中:$\sum X$、$\sum Y$ 和 $\sum Z$ 分别是 $\sum \boldsymbol{F}$ 沿着机体坐标轴的纵轴、立轴和横轴的投影分量。

式(2.17)即为飞机质心的运动学方程。

### 2.飞机绕质心转动方程

由理论力学可知,飞机绕着质心的转动方程为

$$\frac{\mathrm{d}\boldsymbol{H}}{\mathrm{d}t} = \sum \boldsymbol{M}$$

式中:$\sum \boldsymbol{M}$ 为作用于飞机的外力矩合矢量;$\boldsymbol{H}$ 是飞机绕质心的动量矩。

将 $\dfrac{\mathrm{d}y}{\mathrm{d}x} = \dfrac{\delta y}{\delta x} + \boldsymbol{\omega} \times \boldsymbol{H}$ 代入动量矩方程,并写成分量形式,有

$$\left.\begin{aligned}
\frac{\mathrm{d}H_x}{\mathrm{d}t} + \omega_y H_z - \omega_z H_y &= \sum M_x \\
\frac{\mathrm{d}H_y}{\mathrm{d}t} + \omega_z H_x - \omega_x H_z &= \sum M_y \\
\frac{\mathrm{d}H_z}{\mathrm{d}t} + \omega_x H_y - \omega_y H_x &= \sum M_z
\end{aligned}\right\} \tag{2.18}$$

式中:$\sum M_x$、$\sum M_y$ 和 $\sum M_z$ 为 $\sum \boldsymbol{M}$ 在机体纵轴、立轴和横轴上的投影分量;$H_x$、$H_y$、$H_z$ 为动量矩 $\boldsymbol{H}$ 在机体纵轴、立轴和横轴上的投影分量。

又根据

$$\left.\begin{aligned}
H_x &= I_x \omega_x - I_{xy} \omega_y \\
H_y &= I_y \omega_y - I_{xy} \omega_x \\
H_z &= I_z \omega_z
\end{aligned}\right\} \tag{2.19}$$

式中:$I_x$、$I_y$、$I_z$ 及 $I_{xy}$ 分别是飞机绕着机体纵轴、立轴、横轴的转动惯量以及飞机对机体纵轴和立轴的惯性积。

将式(2.19)代入式(2.18)中,可得 6 自由度飞机刚体动力学方程为

$$\left.\begin{aligned}
I_x \frac{\mathrm{d}\omega_x}{\mathrm{d}x} - (I_y - I_z)\omega_y \omega_z - I_{xy}\left(\frac{\mathrm{d}\omega_y}{\mathrm{d}t} - \omega_z \omega_x\right) &= \sum M_x \\
I_y \frac{\mathrm{d}\omega_y}{\mathrm{d}x} - (I_z - I_x)\omega_z \omega_x - I_{xy}\left(\frac{\mathrm{d}\omega_x}{\mathrm{d}t} + \omega_y \omega_z\right) &= \sum M_y \\
I_z \frac{\mathrm{d}\omega_z}{\mathrm{d}x} - (I_x - I_y)\omega_x \omega_y - I_{xy}(\omega_x^2 - \omega_y^2) &= \sum M_z
\end{aligned}\right\} \tag{2.20}$$

### 3.飞机姿态方程

飞机的姿态使用 3 个欧拉角来描述:偏航角 $\varphi$、俯仰角 $\theta$、横滚角 $\gamma$。在机体坐标轴系,角速度 $\omega_1$、$\omega_2$、$\omega_3$ 用来描述飞机的转动速度。为了计算偏航角 $\varphi$、俯仰角 $\theta$、横滚角 $\gamma$,需要求得姿态角变化率 $\dot{\varphi}$、$\dot{\theta}$、$\dot{\gamma}$ 与机体轴角速度 $\omega_1$、$\omega_2$、$\omega_3$ 的关系。将姿态角变化率 $\dot{\varphi}$、$\dot{\theta}$、$\dot{\gamma}$ 分别投影分量到机体系的坐标轴上,得

$$\left.\begin{aligned}
\omega_1 &= \dot{\gamma} - \dot{\varphi}\sin\theta \\
\omega_2 &= \dot{\theta}\cos\gamma + \dot{\varphi}\sin\gamma\cos\theta \\
\omega_3 &= -\dot{\theta}\sin\gamma + \dot{\varphi}\cos\gamma\cos\theta
\end{aligned}\right\} \tag{2.21}$$

变形式(2.21)可得姿态角变化率公式为

$$\left. \begin{array}{l} \dot{\gamma} = \omega_1 + \omega_2 \sin\gamma \tan\theta + \omega_3 \cos\gamma \tan\theta \\[2mm] \dot{\theta} = \omega_2 \cos\gamma - \omega_3 \sin\gamma \\[2mm] \dot{\varphi} = \omega_2 \sin\gamma \sec\theta + \omega_3 \cos\gamma \sec\theta \end{array} \right\} \tag{2.22}$$

由于式(2.22)积分计算姿态角时,俯仰角 $\theta$ 会在 $\pm 90°$ 附近 $\tan\theta$ 趋近无穷大,仿真会有散的情况,所以考虑用四元数法来计算飞机的姿态,通过四元数的角速度积分来代替欧拉角角速率直接积分。四元数的归一化公式为

$$p_0^2 + p_1^2 + p_2^2 + p_3^2 = 1 \tag{2.23}$$

用欧拉角来表示四元数角,得

$$\left. \begin{array}{l} p_0 = \cos\dfrac{\varphi}{2}\cos\dfrac{\theta}{2}\cos\dfrac{\gamma}{2} + \sin\dfrac{\varphi}{2}\sin\dfrac{\theta}{2}\sin\dfrac{\gamma}{2} \\[3mm] p_1 = \cos\dfrac{\varphi}{2}\cos\dfrac{\theta}{2}\sin\dfrac{\gamma}{2} - \sin\dfrac{\varphi}{2}\sin\dfrac{\theta}{2}\cos\dfrac{\gamma}{2} \\[3mm] p_2 = \cos\dfrac{\varphi}{2}\sin\dfrac{\theta}{2}\cos\dfrac{\gamma}{2} + \sin\dfrac{\varphi}{2}\cos\dfrac{\theta}{2}\sin\dfrac{\gamma}{2} \\[3mm] p_3 = -\cos\dfrac{\varphi}{2}\sin\dfrac{\theta}{2}\sin\dfrac{\gamma}{2} + \sin\dfrac{\varphi}{2}\cos\dfrac{\theta}{2}\cos\dfrac{\gamma}{2} \end{array} \right\} \tag{2.24}$$

四元数角速率用机体轴的转动角速率表示为

$$\left. \begin{array}{l} \dot{p}_0 = -\dfrac{1}{2}(p_1\omega_1 + p_2\omega_2 + p_3\omega_3) \\[3mm] \dot{p}_1 = \dfrac{1}{2}(p_0\omega_1 + p_2\omega_3 - p_3\omega_2) \\[3mm] \dot{p}_2 = \dfrac{1}{2}(p_0\omega_2 + p_3\omega_1 - p_1\omega_3) \\[3mm] \dot{p}_3 = \dfrac{1}{2}(p_0\omega_3 + p_1\omega_2 - p_2\omega_1) \end{array} \right\} \tag{2.25}$$

从而可以导出欧拉角的新的表示方法为

$$\left. \begin{array}{l} \varphi = \arccos\left(\dfrac{p_0^2 + p_1^2 - p_2^2 - p_3^2}{\cos\theta}\right)\mathrm{sgn}(2p_1p_2 + p_0p_3) \\[3mm] \theta = \arcsin(2p_0p_2 - 2p_1p_3), \quad -\dfrac{1}{2}\pi \leqslant \theta \leqslant \dfrac{1}{2}\pi \\[3mm] \gamma = \arccos\left(\dfrac{p_0^2 - p_1^2 - p_2^2 + p_3^2}{\cos\theta}\right)\mathrm{sgn}(2p_2p_3 + p_0p_1) \end{array} \right\} \tag{2.26}$$

## 2.2.2　直升机超低空机动模型

直升机是利用旋转机翼提供升力、推进力和操纵力的飞行器,在功能上属于垂直起落机,在构造形式上属于旋翼飞行器。定翼机需要平移速度来维持飞行,而直升机能垂直起落、空中悬停、向任一方向灵活飞行,能有效地完成垂直飞行是直升机旋翼的基本特性。由于直升机能够在较长的时间内作超低空飞行,并能到达任何地域的空中运载飞行平台,所以为直升机的使用发展开辟了一个宽广的新领域,特别是作为军用武装直升机,采用地形跟随

飞行方式,利用地形、地物作掩护,在贴近地面的高度上(一般称作树高)隐蔽接近攻击目标,常常能取得最佳的作战效果。技术的发展促进了军事上的变革,于是在现代战争中,出现了一支以直升机为其主要装备的新兴兵种——陆军航空兵。

**1.直升机的运动方程**

直升机在空中的一般运动,可分解为空间的平动和绕直升机质心的转动。

(1)角位移的运动学方程:

$$
\left.
\begin{aligned}
\frac{\mathrm{d}\vartheta}{\mathrm{d}t} &= \omega_z\cos\gamma + \omega_y\sin\gamma \\
\frac{\mathrm{d}\gamma}{\mathrm{d}t} &= \omega_x - \tan\vartheta(\omega_y\cos\gamma - \omega_z\sin\gamma) \\
\frac{\mathrm{d}\psi}{\mathrm{d}t} &= \frac{\omega_y\cos\gamma + \omega_z\sin\gamma}{\cos\vartheta}
\end{aligned}
\right\}
\tag{2.27}
$$

(2)线位移的运动学方程。线位移的微分方程是在机体坐标系下的速度分量与机体坐标系与地面坐标系间转换矩阵相乘得到的,如下式所示:

$$
\left.
\begin{aligned}
\frac{\mathrm{d}X}{\mathrm{d}t} &= v_x\cos\psi\cos\vartheta + v_y(\sin\gamma\sin\psi - \cos\gamma\cos\psi\sin\vartheta) + v_z(\sin\gamma\cos\psi\sin\vartheta - \cos\gamma\sin\psi) \\
\frac{\mathrm{d}Y}{\mathrm{d}t} &= v_x\sin\vartheta + v_y\cos\gamma\cos\vartheta - v_z\sin\gamma\cos\vartheta \\
\frac{\mathrm{d}Z}{\mathrm{d}t} &= -v_x\sin\psi\cos\vartheta + v_y(\sin\gamma\cos\psi + \cos\gamma\sin\psi\sin\vartheta) - v_z(\sin\gamma\sin\psi\sin\vartheta - \cos\gamma\cos\psi)
\end{aligned}
\right\}
\tag{2.28}
$$

**2.直升机的机动类型**

直升机的机动性,定性地说是通过加速来改变飞行轨迹的能力。机动性的典型量度是爬升率和转弯速率。灵活性可以说是机动性的变化率,即进入或退出某一机动状态的快慢程度。灵活性的主要量度是在机动状态下进行所需改变所耗用的时间。如果用爬升率来衡量机动性,那么从平飞到获得这一爬升率所用的时间,即是灵活性的量度。因此,机动性与灵活性密切相关,影响因素也基本相同,常在一起评价和讨论。

根据空对空、空对地、贴地飞行、地形跟踪等4种任务类型直升机机动飞行动作的统计分析,有以下6种典型机动飞行。

(1)悬停跃升:需要攻击时,直升机从隐蔽的悬停位置快速垂直爬升,高出山丘或树梢,并进行配平和悬停,然后启动探测器或发射武器,这一过程即是悬停跃升过程。

(2)平飞加速:直升机飞行速度的变化是一典型曲线,一种典型的机动飞行就是从悬停迅速加速到一定速度。

(3)定常爬升:以速度定常爬升是一典型机动飞行,衡量这种机动能力的是最大定常爬升率。

(4)定常转弯:以恒定的速度和高度飞行,完成转弯所需要的时间是这种机动能力的量度。

(5)减速转弯:减速转弯机动飞行利用在系统中积累的动能来使直升机转弯,目的是用尽可能小的转弯半径来迅速转弯,且不考虑退出速度。减速转弯的进入速度取为 140 km/h。

(6)高速拉起:在飞行中回避障碍或在空战时甩掉随机等需要迅速增加高度的情况下,高速拉起机动在战术上是重要的。通常情况下,高速拉起机动持续的时间至多 3 s。高速拉起的进入速度取为 260 km/h。

**3.机动飞行数学描述**

对直升机机动飞行的数学描述是一种运动学关系的描述,因此,轨迹、速度、姿态的描述要满足运动关系的一致性。另外,机动过程的起点和终点都是稳定飞行状态,而且在机动过程中,轨迹、速度和姿态都是一种连续的变化过程,因此,构造的描述函数及其导数在机动过程中应当是连续的,而且速度的导数在起点和终点应当为零。综合武装直升机典型机动飞行动作,主要考虑了平飞加速、跨越障碍、180°水平转弯、水平蛇形机动和盘旋机动动作。

(1)平飞加速机动。平飞加速机动是一种典型的速度变化机动飞行动作,目标速度变化是一 U 形曲线。直升机开始时处于悬停状态,经历机动时间 $t_m$ 后速率 $v(t)$ 由 0 增大至 $v_m$,在固定高度下直线飞行,数学描述为

$$v(t) = 30v_m \left[ \left( \frac{t}{t_m} \right)^4 - 2 \left( \frac{t}{t_m} \right)^3 + \left( \frac{t}{t_m} \right)^2 \right] \tag{2.29}$$

(2)跨越障碍机动。跨越障碍机动是典型的纵向机动飞行动作,直升机以恒定速率跨越障碍。直升机在垂向平面内越过高度为 $h$ 及距离为 $s$ 的障碍,完成机动飞行,其机动轨迹可由五阶多项式表示:

$$z(t) = h \left[ 6 \left( \frac{t}{t_m} \right)^5 - 15 \left( \frac{t}{t_m} \right)^4 + 10 \left( \frac{t}{t_m} \right)^3 \right] \tag{2.30}$$

式中:$t_m$ 为完成机动动作所需的时间。

(3)180°水平转弯机动。180°水平转弯机动是典型的横向机动飞行动作,直升机由悬停状态起动,绕垂直轴回转 180°,然后又回到悬停状态,整个飞行过程在恒定高度完成。如图 2.11 所示,直升机由稳定段起始点 $O$ 进入,其定常转弯半径为 $R$,经历进入段、稳定段和退出段。180°水平转弯机动的主响应状态参量为偏航角速度 $\omega$,每个阶段角速度 $\omega$ 分别为:①进入段。设定时间 $0 \leqslant t \leqslant t_1$,$\omega$ 由 0 迅速增加到一个定值 $\omega_f$。②稳定段。设定时间 $t_1 \leqslant t \leqslant t_2$,$\omega = \omega_f$ 保持不变。③退出段。设定时间 $t_2 \leqslant t \leqslant t_m$,$\omega$ 由 $\omega_f$ 迅速减小到 0。数学描述为

$$\left. \begin{array}{l} \omega(t) = \dfrac{\omega_f}{16} \left( \cos \dfrac{3\pi t}{t_1} - 9\cos \dfrac{\pi t}{t_1} + 8 \right), \ 0 \leqslant t \leqslant t_1 \\[2mm] \omega(t) = \omega_f, \ t_1 \leqslant t \leqslant t_2 \\[2mm] \omega(t) = \dfrac{\omega_f}{16} \left[ 8 - \cos \dfrac{3\pi(t-t_2)}{t_m - t_2} + 9\cos \dfrac{\pi(t-t_2)}{t_m - t_2} \right], \ t_2 \leqslant t \leqslant t_m \end{array} \right\} \tag{2.31}$$

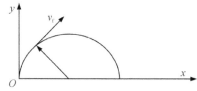

**图 2.11　直升机 180°水平转弯示意图**

（4）蛇形机动。直升机的蛇形机动是一个典型、实用的机动科目。直升机在贴地飞行中为了避开前进方向上的一系列障碍物（如树木、楼房等）或空中格斗中为了摆脱敌方的攻击，做出连续左、右转弯，类似于蛇前进的机动动作，主要描述为军用直升机实施攻击任务时，在水平无加速度飞行的情况下，操纵直升机进行快速蛇形机动，使飞机尽可能先左偏离航向中心线 $d$（最小 15.2 m，最大 30.4 m），再右转弯，同样偏离航向中心线 $d$（最小 15.2 m，最大 30.4 m），再左、右转弯重复地飞行，即为蛇形机动，如图 2.12 所示。

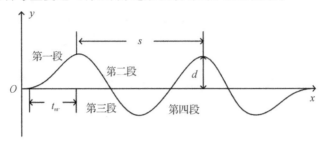

图 2.12　直升机蛇形机动飞行示意图

蛇形机动在恒定高度完成机动，在整个过程中，直升机水平飞行速率保持不变，并以 $4t_m$ 时间完成一个周期（每 $t_m$ 时间为一段）。设直升机在 $t=0$ 时进入第一段，一个周期的机动轨迹可表示为

$$
\left.\begin{array}{l}
y(t)=d\left[6\left(\dfrac{t}{t_m}\right)^5-15\left(\dfrac{t}{t_m}\right)^4+10\left(\dfrac{t}{t_m}\right)^3\right],\ 0\leqslant t\leqslant t_m \\[3mm]
y(t)=d\left[1-6\left(\dfrac{t-t_m}{t_m}\right)^5+15\left(\dfrac{t-t_m}{t_m}\right)^4-10\left(\dfrac{t-t_m}{t_m}\right)^3\right],\ t_m\leqslant t\leqslant 2t_m \\[3mm]
y(t)=d\left[-6\left(\dfrac{t-2t_m}{t_m}\right)^5+15\left(\dfrac{t-2t_m}{t_m}\right)^4-10\left(\dfrac{t-2t_m}{t_m}\right)^3\right],\ 2t_m\leqslant t\leqslant 3t_m \\[3mm]
y(t)=d\left[-1+6\left(\dfrac{t-3t_m}{t_m}\right)^5-15\left(\dfrac{t-3t_m}{t_m}\right)^4+10\left(\dfrac{t-3t_m}{t_m}\right)^3\right],\ 3t_m\leqslant t\leqslant 4t_m
\end{array}\right\}
$$

$$(2.32)$$

横坐标 $x$ 的函数式为 $x(t)=v_0 t$，其中 $v_0$ 为水平飞行速率分量，竖直位置 $z(t)=C$ 不变。将上述的一组方程进行离散化即可直接用于计算机离散模型仿真。在实际仿真时可以仿真几个周期，这时只需将 $y(t)$ 在时间上周期延拓即可。

蛇行机动的另一种较简单的模型为正弦模型，这时飞机位置的时间参数方程可建立如下：

$$
\left.\begin{array}{l}
x(t)=v_0 t \\
y(t)=A\sin(\omega t) \\
z(t)=C
\end{array}\right\}
$$

$$(2.33)$$

这个方程组也可以很容易离散化进行计算机仿真。此外，蛇行机动的弧线段也可以用圆弧或抛物线弧段等来模拟，从而得到不同的蛇行机动模型。

（5）盘旋机动。盘旋机动类似于 $180°$ 水平转弯，可以理解为 $360°$ 水平转弯，其数学模型很容易推导出，在此不再详述。

## 2.2.3 无人机超低空机动模型

随着低空空域的开放以及传感器、自动控制、计算机等技术的发展,近几年无人机得到了极速发展。无人机具备应用灵活、用途广泛、隐蔽性高等特点,低廉的造价和战斗人员零伤亡的优势使其在当前军事行动中的需求大大增加。基于不同外形与机身结构,无人机可以划分为三类:固定翼、旋翼与其他非常规无人机。从 20 世纪 80 年代初的英阿马岛战争、20 世纪 90 年代初的海湾战争和北约对南联盟的轰炸看出,利用地形遮蔽作用,在敌防御系统盲区内低空或超低空飞行,可有效突破敌方防御系统,达到突防目的。超低空突防模式在现代战争中发挥了重要作用,对未来的防空体系与武器系统的发展产生了重要影响,因此,世界各主要军事强国针对超低空突防战术和技术研究经久不衰。

**1.无人机纵向数学模型**

研究无人机超低空飞行首先需要建立合理的数学模型来描述无人机的运动特性。以某常规布局的无人靶机为例,无人机稳定飞行时纵向运动方程为

$$\left.\begin{array}{l} \dot{v} = \dfrac{1}{m}(p\cos\alpha - D + G_{xa}) \\[2mm] \dot{\alpha} = \dfrac{1}{mv}(-p\sin\alpha - L + mvq + G_{za}) \\[2mm] \dot{q} = \dfrac{M}{I_y} \\[2mm] \dot{\theta} = q \\[2mm] \dot{h} = v\sin(\theta - \alpha) \end{array}\right\} \tag{2.34}$$

式中:$p$ 为发动机推力;$D$、$L$ 和 $M$ 分别表示无人机所受气动阻力、升力以及俯仰力矩;无人机质量为 $m$;$v$ 表示飞行速度;$q$ 和 $\theta$ 分别为俯仰角速率和俯仰角;$\alpha$ 为迎角;$G_{xa}$ 和 $G_{za}$ 表示重力在机体坐标系 $x$ 轴和 $z$ 轴方向上的投影,即

$$\begin{bmatrix} G_{xa} \\ G_{za} \end{bmatrix} = mg \begin{bmatrix} \sin\alpha\cos\theta - \cos\alpha\sin\theta \\ \sin\alpha\sin\theta + \cos\alpha\cos\theta \end{bmatrix} \tag{2.35}$$

发动机的推力 $p$ 和无人机的飞行速度、高度、迎角以及油门开度等因素有关,假设发动机的推力 $p$ 在无人机掠海定高飞行过程中保持为一常数,作用在无人机上的空气阻力 $D$ 和升力 $L$ 以及俯仰力矩 $M$ 可以简单表示为升降舵偏转角度 $\delta_e$ 的函数,即

$$\left.\begin{array}{l} D = C_D\delta_e \\ L = C_L\delta_e \\ M = C_M\delta_e \end{array}\right\} \tag{2.36}$$

式中:$C_D$、$C_L$、$C_M$ 为相应的气动力/矩系数,与无人机飞行时的空气动压、空气密度、机翼面积以及无人机的气动参数等因素有关。为简化无人机运动模型,假设这些系数均为常数。

**2.无人机的机动方式**

本小节主要就无人机在超低空飞行中的具体机动方式进行阐述。无人机在超低空飞行时只能进行小机动飞行。

(1)直线航路的运动方程。空间直线航路的航迹为一条直线,在一条直线航程上,允许多次的变速飞行。假设在初始点 $A$,设定 $A$ 点坐标为$(x_A,y_A,z_A)$,速度为 $v_A$,由 $A$ 点运动到 $B$ 点的时间为 $t$,俯冲角为 $\lambda$。航迹 $AB$ 段运动方程为

$$\left.\begin{array}{l} x = x_A + v_A\cos\lambda \cdot t + \dfrac{1}{2}\dot{v}_A\cos\lambda \cdot t^2 \\[2mm] y = y_A \\[2mm] z = z_A + v_A\sin\lambda \cdot t + \dfrac{1}{2}\dot{v}_A\sin\lambda \cdot t^2 \end{array}\right\} \tag{2.37}$$

式中:$\lambda = 0$ 为水平运动;$\lambda < 0$ 为俯冲航路的直线俯冲段;$\lambda > 0$ 为直线爬升运动。

(2)水平圆弧航路的运动方程。水平圆弧航路是指它的航迹在地面的投影是圆或者是圆的一部分(圆弧),在垂直平面上可能有升降运动,如图 2.13 所示。

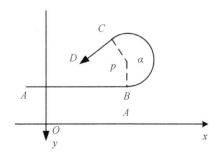

**图 2.13　水平圆弧航路平面投影图**

假设 $B$ 点坐标为$(x_B,y_B,z_B)$,$B$ 点速度为 $v_B$,$B$ 点在高度上的加速度为 $\dot{v}_{Bz}$,转弯半径为 $R$。当 $R$ 取正数时,说明圆心 $p$ 的纵坐标大于 $B$ 点的纵坐标;当 $R$ 取负数时,说明 $p$ 的纵坐标小于 $B$ 点的纵坐标。设置转角 $\alpha$。$p$ 点的坐标为$(x_p,y_p,z_p) = (x_B,y_B + R,z_B)$,角速度 $\omega = v_B/R$,负数为顺时针,正数为逆时针。设 $B$ 点在圆 $p$ 上的极坐标角度为初始角 $\gamma$。当 $R > 0$ 时,取 $\gamma = 0$;当 $R < 0$ 时,取 $\gamma = \pi$。$BC$ 段运动方程为

$$\left.\begin{array}{l} x = x_p + |R|\sin(\omega t + \gamma) \\[2mm] y = y_p + |R|\cos(\omega t + \gamma) \\[2mm] z = z_B + \dfrac{1}{2}\dot{v}_{Bz}t^2 \end{array}\right\} \tag{2.38}$$

(3)垂直平面内的圆弧航路的运动方程。垂直圆弧航路是指它的航迹在垂直平面的投影是圆弧,如图 2.14 所示。

假设目标由 $A$ 点沿直线飞行到 $B$ 点后,沿圆心于 $p$、半径为 $R$ 的圆弧等速飞行,速度与 $B$ 点速度相同,但圆 $p$ 与直线 $AB$ 相切于 $B$ 点。若此时已知下列条件:① $B$ 点坐标为$(x_B,y_B,z_B)$;② $B$ 点的速度为 $v_B$(由东向西飞 $v_B$ 为负,由西向东飞 $v_B$ 为正);③ $AB$ 航路的俯冲角为 $\lambda$;④ 垂直圆弧运动的半径为 $R$(向上拉起飞行 $R$ 为正,否则为负);⑤ 目标由 $B$ 点到 $C$ 点转过的角度为 $\alpha$。$p$ 点的坐标为$(x_p,y_p,z_p) = (x_B \pm R\sin\lambda,y_B,z_B + R\cos\lambda)$(由东向西飞为"+",由西向东飞为"−"),角速度 $\omega = v_B/R$。设 $B$ 点在圆 $p$ 上的极坐标角度为 $\gamma$。$\gamma = k \pm \lambda$,当 $R > 0$ 时,取 $k = 1.5\pi$;当 $R < 0$ 时,取 $k = 0.5\pi$。$BC$ 段运动方程为

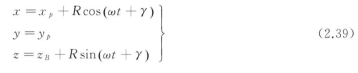

$$\left.\begin{array}{l} x = x_p + R\cos(\omega t + \gamma) \\ y = y_p \\ z = z_B + R\sin(\omega t + \gamma) \end{array}\right\} \tag{2.39}$$

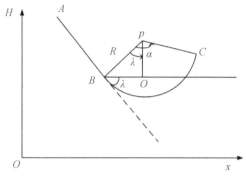

图 2.14　垂直圆弧航路的投影图

**3.无人机超低空飞行高度测量**

当无人机在海上执行各种任务时,为突防提高生存力,需进行超低空掠海飞行。在掠海飞行中,获取高精度的高度测量数据、控制飞机平稳飞行是关键。目前,无人机主要利用无线电高度表测量其与海面的相对高度。当海面上有海浪起伏时,无线电高度表的测量数据必然会受到海浪的干扰,如果这种干扰过大,就有可能使无人机的高度控制系统产生响应,导致无人机随着海浪上下起伏从而造成坠海的危险;由于受到海浪、气流的影响,无论采用无线电高度表、气压高度计,还是 GPS 进行海拔高度测量,都存在一定的不准确性。本节介绍一套适用于超低空掠海飞行高度的测量技术。

(1)组合高度原理。超低空高度信息融合技术拟采用不变性原理,按照梅森公式与线性叠加原理设计基于垂向加速度与无线电高度表的海浪滤波器,组合高度由无线电高度表、垂直加速度计和算法组成。其原理是:用两种互不相关的高度测量系统测量同一高度,比较两者的结果,并予以补偿,以实现不变性原理。也就是把惯性高度输出信息和无线电高度表输出信息进行比较,然后构成反馈补偿,以保证系统的稳定性。组合高度的基本原理如下式所示:

$$h_c = \frac{a}{s^2 + K_1 s + K_2} + \frac{K_1 s + K_2}{s^2 + K_1 s + K_2} h_w \tag{2.40}$$

式中:$h_c$ 表示组合高度输出信号;$h_w$ 表示无线电高度。因此,高度组合原理是一种互补滤波的体现,即组合高度高频段取决于加速度计积分高度,低频段取决于无线电高度表的测量。

(2)高度信息融合分析。无线电高度表的原理是通过电磁波反射测高,因此阵风、海浪、潮涌、杂波的干扰影响很大,不可忽略。如不削弱这种干扰,会使无线电高度表输出的信噪比降低,影响测高精度。噪声占据信号通路,阻塞有用信号通过,还会使信号通道提前饱和,造成系统失控。根据高度组合原理,其中无线电高度 $h_w$ 包含海浪噪声 $h_f$,即 $h_w = h + h_f$;当只考虑 $h_f$ 作用时,组合高度输出信号为

$$h_c = \frac{K_1 s + K_2}{s^2 + K_1 s + K_2} h_f \tag{2.41}$$

由于 $K_2$ 作为 $K_1$ 的微分回路存在,其量值 $K_1 \gg K_2$,所以式(2.41)可简化为

$$h_c = \frac{K_1 s + K_2}{s^2 + K_1 s + K_2} h_f \tag{2.42}$$

因此,通过选择较小的 $K_1$ 可以增强组合高度对海浪滤波的能力。

(3)姿态信息控制分析。由于姿态控制一般作为高度控制的内核,故采用陀螺仪测量出的姿态精度将直接影响高度跟踪的特性。因此,需要分析评估陀螺漂移特性,研究适应一定程度下的陀螺漂移特性的高度跟踪控制技术。可采用基于积分算法的自动配平技术来予以补偿,并考虑采用基于过载的高度跟踪控制实现超低空掠海任务,姿态角作为坐标变换量,经过三角关系转换后其影响权重相对直接控制量大幅弱化,在基于已有试飞数据中的对陀螺漂移特性进行综合研究,对抗漂移积分算子进行优化设计与综合评估,实现有限陀螺漂移状态下的抗漂移控制能力。

**4. 无人机超低空飞行航路设计**

为确保飞行安全,无人机全航程段采用三维程控飞行控制方式,当飞机进入超低空飞行阶段时,首先调整发动机油门至低速状态,根据下一目标点的要求,控制飞机分阶段、梯度式降高,逐渐降至目标点高度要求。控制飞机进入航线,开始进行超低空飞行。在任务段加大油门,使速度达到任务要求,此阶段高度的控制采用融合高度方式,保证飞机飞行高度的准确性及稳定性。在飞过任务段后,飞机首先减小油门,将速度降至巡航状态。根据下一目标点坐标及高度要求,朝下一目标点飞行。无人机飞行前须进行程控航路设定,设定飞机的航路坐标点,图2.15中的1～6点的经纬度坐标及高度值,设定航路点的任务属性。整个程控段根据航路点的任务属性,飞控分系统自动完成程控平飞段、程控下降段、任务供靶段和程控爬升段的飞行。

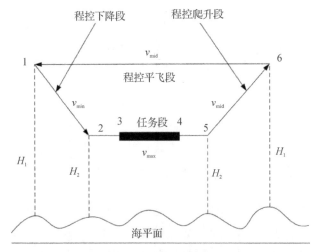

**图2.15 无人机三维程控飞行示意图**

无人机飞行控制系统程控飞行时加入纵向剖面的高度控制、油门开环控制、航向控制、

GPS 测量得到的航迹侧偏距控制,可满足低空掠海的要求,从而形成三维航路的程控飞行。三维程控方框原理图如图 2.16 所示。

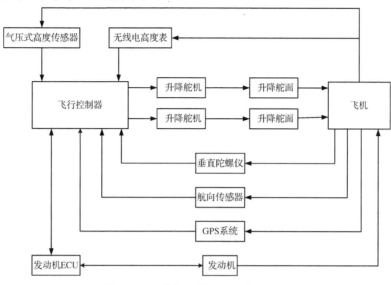

图 2.16　无人机三维程控方框原理图

## 2.2.4　有人机超低空机动模型

### 1. 有人机的机动类型

(1)战斗转弯。飞机在迅速作 180°转弯的同时,又尽可能地增加高度的飞行,称为战斗转弯,又称急上升转弯。空战中为了夺取高度优势和占据有利方位,常用这种机动飞行动作。除了采用典型的操纵滚转角的方法外,为了缩短机动时间还可采用斜筋斗方法进行战斗转弯。战斗转弯时,过载系数可达(3～4)g。

(2)俯冲。飞机沿较陡的倾斜轨迹做直线加速下降飞行。俯冲的飞行轨迹与地面的夹角叫俯冲角,通常为 30°～90°。在战斗飞行中,俯冲常用来攻击下面的敌机或地面目标。在已取得高度优势的情况下,也常用以在短时间内迅速将高度优势转变为速度优势。急俯冲拉平时,过载最大,甚至会达到(7～8)g,对飞机结构和飞行员造成严重过载。

(3)跃升。飞机沿较陡的倾斜轨迹做直线减速上升飞行。在作战过程中,飞机通过跃升将动能转化为势能、迅速增加高度,以取得高度优势。在给定初始高度和速度的情况下,飞机所能获得的高度增量越大,完成跃升所需的时间越短,跃升性能越好。跃升时通常用发动机的大推力状态(使用发动机加力装置或火箭加速器),以便最大限度地爬升并保持足够的飞行速度。飞机进入跃升时的速度越大,跃升终了时的速度越小,跃升高度就越高。但跃升终了速度不能过低,以免发生失速或失去操纵等危险。

(4)蛇形机动。飞机连续向不同方向转弯的飞行称为蛇形机动。在近距格斗空战中,飞机可采取蛇形机动连续改变机动方向,从而占据优势方位。

(5)上升转弯机动。战斗机在高速度由下向上爬升的飞行称为上升转弯,又称半筋斗反转。上升转弯机动在做完半个正高筋斗时,滚转 180°,平飞改出。它可以使飞机掉转航向并获得较大的高度增量。

**2.机动飞行数学描述**

（1）战斗转弯机动模型。飞机进行战斗转弯机动的航迹在三维空间内，采用操作滚转角的方法进行机动。飞机进行战斗转弯机动时的受力如图 2.17 所示。

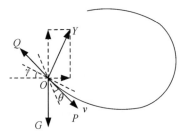

图 2.17　飞机进行战斗转弯机动受力示意图

其中：$v$ 为飞机速度；$\theta$ 为飞机俯仰角；$\gamma$ 为飞机滚转角；$G$ 为重力；$Y$ 为升力；$P$ 为推力；$Q$ 为阻力。假设飞机在水平面上做匀速圆周运动，在铅垂方向上做匀速直线运动，发动机推力等于阻力，飞机的向心力由飞机升力的水平分量提供，从而得到飞机进行战斗转弯质心的动力学方程为

$$\left.\begin{array}{c} G = Y\cos\gamma \\ m\,\dfrac{(v\cos\theta)^2}{R} = Y\sin\gamma \end{array}\right\} \tag{2.43}$$

式中：$R$ 为战斗转弯机动的转弯半径。

战斗转弯机动可以看作是水平面内转弯和铅垂面内匀速上升两种运动的组合，类似于盘旋机动。战斗转弯机动法向过载为

$$n = \frac{Y}{G} = \frac{1}{\cos\gamma} \tag{2.44}$$

从而得到飞机进行战斗转弯机动质心运动学方程为

$$v^2 = \frac{gR\tan\gamma}{\cos^2\theta} \tag{2.45}$$

通过控制参数可以得到战斗转弯机动其余参数值，从而可以确定战斗转弯机动动作的航迹。其中，垂直爬升速度为

$$v_H = v\tan\theta \tag{2.46}$$

由式（2.44）可得飞机进行转弯时的滚转角为

$$\gamma = \arccos\left(\frac{1}{n}\right) \tag{2.47}$$

由式（2.45）可得转弯半径为

$$R = \frac{v^2}{g\tan\gamma} \tag{2.48}$$

飞机进行战斗转弯机动时先绕飞机纵轴（即 $x$ 轴）转动滚转角 $\gamma$，再绕飞机横轴（即 $y$ 轴）转动俯仰角 $\theta$，最后绕飞机法线轴（即 $z$ 轴）转动方位角 $\varphi$，则转换矩阵为

$$\boldsymbol{I}_x=\begin{bmatrix}1&0&0\\0&\cos\gamma&\sin\gamma\\0&-\sin\gamma&\sin\gamma\end{bmatrix},\ \boldsymbol{I}_y=\begin{bmatrix}\cos\theta&0&-\sin\theta\\0&1&0\\\sin\theta&0&\cos\theta\end{bmatrix},\ \boldsymbol{I}_z=\begin{bmatrix}\cos\varphi&\sin\varphi&0\\-\sin\varphi&\cos\varphi&0\\0&0&1\end{bmatrix}\qquad(2.49)$$

(2)俯冲机动模型。不考虑风速等其他因素的影响,飞机进行俯冲机动时的受力如图 2.18所示。其中:$v$ 为飞机速度;$\lambda$ 为俯冲角;$G$ 为重力;$Y$ 为升力;$P$ 为推力;$Q$ 为阻力。飞机进行俯冲机动质心的动力学方程为

$$\left.\begin{array}{l}m\dfrac{\mathrm{d}v}{\mathrm{d}t}=G\sin\lambda+P-Q\\[2mm]m\dfrac{v^2}{r}=G\cos\lambda-Y\end{array}\right\}\qquad(2.50)$$

其中:$r$ 为飞机当前时刻俯冲航迹的曲率半径。由于

$$\left.\begin{array}{l}\dfrac{\mathrm{d}\lambda}{\mathrm{d}t}=\dfrac{v}{r}\\[2mm]n=\dfrac{Y}{G}\end{array}\right\}\qquad(2.51)$$

所以得到飞机进行俯冲机动质心的运动学方程为

$$\begin{array}{l}\dfrac{\mathrm{d}v}{\mathrm{d}t}=g\sin\lambda+\dfrac{P-Q}{m}\\[3mm]\dfrac{\mathrm{d}\lambda}{\mathrm{d}t}=\dfrac{g}{v}(\cos\lambda-n)\end{array}\qquad(2.52)$$

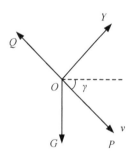

图 2.18　飞机进行俯冲机动受力示意图

为方便仿真,假设飞机进行俯冲机动时发动机推力等于阻力,无侧滑角和滚转角,初始时刻速度为 $v_0$,高度为 $H_0$,过载 $n_0=0$,俯冲角 $\lambda_0=0$。将俯冲机动分为三个阶段:进入阶段、直线俯冲阶段和改出阶段。

1)进入阶段。由于 $n_0=0$,所以飞机在此阶段中质心的运动学方程可简化为

$$\left.\begin{array}{l}\dfrac{\mathrm{d}v}{\mathrm{d}t}=g\sin\lambda\\[3mm]\dfrac{\mathrm{d}\lambda}{\mathrm{d}t}=\dfrac{g}{v}\cos\lambda\end{array}\right\}\qquad(2.53)$$

2)直线俯冲阶段。飞机在此阶段中质心的运动学方程可简化为

$$\left.\begin{array}{l}\dfrac{\mathrm{d}v}{\mathrm{d}t}=g\sin\lambda\\[2mm]\dfrac{\mathrm{d}\lambda}{\mathrm{d}t}=0\end{array}\right\}\tag{2.54}$$

3)改出阶段。设改出阶段飞机法向过载为 $n_3$，则飞机在此阶段中质心的运动学方程可简化为

$$\left.\begin{array}{l}\dfrac{\mathrm{d}v}{\mathrm{d}t}=g\sin\lambda\\[2mm]\dfrac{\mathrm{d}\lambda}{\mathrm{d}t}=\dfrac{g}{v}(\cos\lambda-n_3)\end{array}\right\}\tag{2.55}$$

俯冲机动控制参数与仿真包括控制参数、俯冲角 $\lambda$、直线俯冲高度差 $h$ 和改出阶段法向过载 $n_3$。通过控制参数可以得到俯冲机动其余参数值，从而可以确定俯冲机动动作的航迹。由式(2.53)积分可得飞机在进入阶段末的速度和高度为

$$\left.\begin{array}{l}v_1=\dfrac{v_0}{\cos\lambda}\\[2mm]H_1=H_0-\dfrac{v_0{}^2}{g}\tan^2\lambda\end{array}\right\}\tag{2.56}$$

由式(2.54)积分可得飞机在直线俯冲阶段末的速度为

$$v_2=\sqrt{v_1{}^2+2gh}\tag{2.57}$$

由式(2.55)积分可得飞机在改出阶段末的速度和高度为

$$\left.\begin{array}{l}v_3=\dfrac{v_2(\cos\lambda-n_3)}{1-n_3}\\[2mm]H_3=H_1-h-\dfrac{v_2{}^2}{2g}\left[\left(\dfrac{\cos\lambda-n_3}{1-n_3}\right)^2-1\right]\end{array}\right\}\tag{2.58}$$

飞机进行俯冲机动时绕飞机纵轴(即 $x$ 轴)转动俯冲角 $\lambda$，则转换矩阵为

$$\boldsymbol{I}_x=\begin{bmatrix}1&0&0\\0&\cos\lambda&\sin\lambda\\0&-\sin\lambda&\cos\lambda\end{bmatrix}\tag{2.59}$$

(3)跃升机动模型。不考虑风速等其他因素的影响，飞机进行跃升机动时的受力如图2.19所示。其中：$v$ 为飞机速度；$\lambda$ 为跃升角；$G$ 为重力；$Y$ 为升力；$P$ 为推力；$Q$ 为阻力。飞机进行跃升机动质心的动力学方程为

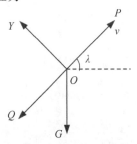

图 2.19　飞机进行跃升机动受力示意图

66

$$
\left.\begin{aligned}
m\,\frac{\mathrm{d}v}{\mathrm{d}t} &= G\sin\lambda + P - Q \\
m\,\frac{v^2}{r} &= G\cos\lambda - Y
\end{aligned}\right\}
\tag{2.60}
$$

其中:$r$ 为飞机当前时刻跃升航迹的曲率半径。由于

$$
\left.\begin{aligned}
\frac{\mathrm{d}\lambda}{\mathrm{d}t} &= \frac{v}{r} \\
n &= \frac{Y}{G}
\end{aligned}\right\}
\tag{2.61}
$$

所以得到飞机进行跃升机动质心的运动学方程为

$$
\left.\begin{aligned}
\frac{\mathrm{d}v}{\mathrm{d}t} &= g\sin\lambda + \frac{P-Q}{m} \\
\frac{\mathrm{d}\lambda}{\mathrm{d}t} &= \frac{g}{v}(\cos\lambda - n)
\end{aligned}\right\}
\tag{2.62}
$$

为方便仿真,假设飞机进行跃升机动时发动机推力等于阻力,无侧滑角和滚转角。跃升的航迹与俯冲相反,也可分为进入、直线和改出三个阶段。

1)进入阶段。设进入阶段飞机法向过载为 $n_1$,则飞机在此阶段中质心的运动学方程可简化为

$$
\left.\begin{aligned}
\frac{\mathrm{d}v}{\mathrm{d}t} &= g(1-\sin\lambda) \\
\frac{\mathrm{d}\lambda}{\mathrm{d}t} &= \frac{g}{v}(n_1-\cos\lambda)
\end{aligned}\right\}
\tag{2.63}
$$

2)直线俯冲阶段。飞机在此阶段中质心的运动学方程可简化为

$$
\left.\begin{aligned}
\frac{\mathrm{d}v}{\mathrm{d}t} &= g(1-\sin\lambda) \\
\frac{\mathrm{d}\lambda}{\mathrm{d}t} &= 0
\end{aligned}\right\}
\tag{2.64}
$$

3)改出阶段。飞机在此阶段中质心的运动学方程可简化为

$$
\left.\begin{aligned}
\frac{\mathrm{d}v}{\mathrm{d}t} &= g(1-\sin\lambda) \\
\frac{\mathrm{d}\lambda}{\mathrm{d}t} &= -\frac{g}{v}\cos\lambda
\end{aligned}\right\}
\tag{2.65}
$$

跃升机动控制参数与仿真包括控制参数、跃升角 $\lambda$、直线跃升高度差 $h$ 和进入阶段法向过载 $n_1$。通过控制参数可以得到跃升机动其余参数值,从而可以确定跃升机动动作的航迹。飞机进行跃升机动时绕飞机纵轴(即 $x$ 轴)转动跃升角 $\lambda$,则转换矩阵为

$$
\boldsymbol{I}_x = \begin{bmatrix} 1 & 0 & 0 \\ 0 & \cos\lambda & \sin\lambda \\ 0 & -\sin\lambda & \cos\lambda \end{bmatrix}
\tag{2.66}
$$

(4)蛇形机动模型。不考虑风速等其他因素的影响,飞机进行蛇形机动时的受力如图 2.20所示。其中:$v$ 为飞机速度;$\gamma$ 为飞机滚转角;$G$ 为重力;$Y$ 为升力;$P$ 为推力;$Q$ 为阻

力;$R$ 为蛇形机动转弯半径。飞机进行蛇形机动质心的动力学方程为

$$\left.\begin{array}{l} Y\sin\gamma = G \\ m\dfrac{v^2}{R} = Y\cos\gamma \end{array}\right\}$$ (2.67)

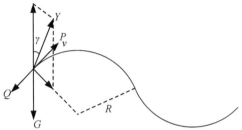

**图 2.20  飞机进行蛇形机动受力示意图**

由式(2.67)可得过载为

$$n = \frac{Y}{G} = \frac{1}{\sin\gamma}$$ (2.68)

从而得到飞机进行蛇形机动质心的运动学方程为

$$\left.\begin{array}{l} v^2 = \dfrac{gR}{\tan\gamma} \\ \dfrac{\mathrm{d}\theta}{\mathrm{d}t} = \dfrac{g}{v\tan\gamma} \end{array}\right\}$$ (2.69)

其中:$\theta$ 为飞机航向角。蛇形机动航迹根据航向变化可以分为两个阶段,达到最大航向角变化时飞机改变翻滚角方向从而改变航向。

蛇形机动控制参数与仿真包括控制参数、初始高度 $H$、蛇形转弯速度 $v$、最大航向角变化 $\theta_{\max}$、蛇形转弯过载 $n$ 和蛇形转弯周期数 $N$。通过控制参数可以得到蛇形机动其余参数值,从而可以确定蛇形机动动作的航迹。其中,飞机翻滚角为

$$\gamma = \arcsin\left(\frac{1}{n}\right)$$ (2.70)

蛇形机动转弯半径为

$$R = \frac{v^2}{g\tan\gamma}$$ (2.71)

飞机进行蛇形机动时先绕飞机纵轴(即 $x$ 轴)转动滚转角 $\gamma$,再绕飞机法线轴(即 $z$ 轴)转动方位角 $\varphi$,则转换矩阵为

$$\boldsymbol{I}_x = \begin{bmatrix} 1 & 0 & 0 \\ 0 & \cos\gamma & \sin\gamma \\ 0 & -\sin\gamma & \cos\gamma \end{bmatrix}, \quad \boldsymbol{I}_z = \begin{bmatrix} \cos\varphi & \sin\varphi & 0 \\ -\sin\varphi & \cos\varphi & 0 \\ 0 & 0 & 1 \end{bmatrix}$$ (2.72)

(5)上升转弯机动模型。上升转弯机动过程中,飞机始终在铅垂平面内飞行,没有侧滑角和滚转角。假设飞机在铅垂平面内的推力与速度方向一致,则飞机进行上升转弯机动时的受力如图2.21所示。其中:$v$ 为飞机速度;$\theta$ 为飞机俯仰角;$G$ 为重力;$Y$ 为升力;$P$ 为推力;$Q$ 为阻力。

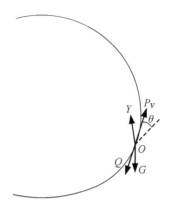

图 2.21　飞机上升转弯机动受力示意图

建立飞机进行上升转弯机动的质心动力学方程为

$$\left.\begin{aligned} m\,\frac{\mathrm{d}v}{\mathrm{d}t} &= P - Q - G\sin\theta \\ mv\,\frac{\mathrm{d}\theta}{\mathrm{d}t} &= Y - G\cos\theta \end{aligned}\right\} \tag{2.73}$$

引入法向过载 $n$：

$$n = \frac{Y}{G} \tag{2.74}$$

由式(2.73)可得飞机进行上升转弯机动的运动学方程为

$$\left.\begin{aligned} \frac{\mathrm{d}v}{\mathrm{d}t} &= \frac{P-Q}{m} - g\sin\theta \\ \frac{\mathrm{d}\theta}{\mathrm{d}t} &= \frac{g}{v}(n - \cos\theta) \end{aligned}\right\} \tag{2.75}$$

进一步简化为

$$\left.\begin{aligned} \frac{\mathrm{d}v}{\mathrm{d}t} &= g(1 - \sin\theta) \\ \frac{\mathrm{d}\theta}{\mathrm{d}t} &= \frac{g}{v}(n - \cos\theta) \end{aligned}\right\} \tag{2.76}$$

上升转弯机动控制参数与仿真包括控制参数、初始高度 $H_0$、初始速度 $v_0$、初始仰角 $\theta_0$ 和过载 $n$。通过控制参数可以得到上升转弯机动其余参数值,从而可以确定上升转弯机动动作的航迹。各时刻飞机的水平坐标 $X$ 和高度 $H$ 的计算方程为

$$\left.\begin{aligned} X &= \int_0^t v\cos\theta\,\mathrm{d}t \\ H &= \int_0^t v\sin\theta\,\mathrm{d}t \end{aligned}\right\} \tag{2.77}$$

飞机进行上升转弯机动时绕飞机横轴(即 $y$ 轴)转动俯仰角 $\theta$,则转换矩阵为

$$\boldsymbol{I}_y = \begin{bmatrix} \cos\theta & 0 & -\sin\theta \\ 0 & 1 & 0 \\ \sin\theta & 0 & \cos\theta \end{bmatrix} \tag{2.78}$$

## 2.2.5 巡航导弹超低空机动模型

巡航导弹是指依靠喷气发动机的推力和弹翼的气动升力,主要以巡航状态在稠密大气层内飞行的导弹,旧称飞航式导弹。巡航状态即导弹在火箭助推器加速后,主发动机的推力与阻力平衡,弹翼的升力与重力平衡,以近于恒速、等高度飞行的状态。在这种状态下,单位航程的耗油量最少。近年来的局部战争表明,巡航导弹已经成为现代高科技战争中频繁使用的一种制胜武器。由于巡航导弹具有超低空突防能力强、突击成功率高、隐身性能好、制导精度高以及多用途的特点,所以其战略地位越来越受到各国的重视,成为战场上有力的制胜武器和决定战争胜负的重要因素之一。

**1.巡航导弹的特点**

巡航导弹体积小,质量轻,便于各种平台携载。海军攻击型核潜艇可垂直携载 12 枚,并可抵近敌沿海发射,因此可打击其纵深 1 300～2 500 km 的重要军政目标。由于它能在水面机动发射,所以不易被探测。它射程远,飞行高度低,攻击突然性大。导弹在海面飞行高度为 5～15 m,平坦陆地为 50 m 以下,山区和丘陵地带为 100 m 以下,基本是随地形的起伏而不断改变飞行高度,而这一高度又都在对方雷达盲区之外,因此也很难被对方发现,极易造成攻击的突然性。另外,导弹在采取有效的隐身措施后,其雷达反射面积仅为 0.02～0.1 m²,相当于一只小海鸥的反射能力。新一代巡航导弹在雷达荧光屏上是一个只有针尖大小的目标光点,很难探测。它的命中精度高,摧毁能力强。射程 2 500～3 000 km 的巡航导弹,命中误差不大于 60 m,精度好的可达 10～30 m,基本具有打点状硬目标的能力。携常规弹头的巡航导弹可摧毁坚固的地面目标,也能用子母弹杀伤和摧毁面状目标。携 20 万 TNT 当量核弹头的巡航导弹由于命中精度高,一般比弹道导弹的作战效能高 3～4 倍。但巡航导弹由于飞行时间长,速度低,飞行高度又恰好在轻武器火力网之内,所以极易遭枪弹等非制导常规兵器的拦击,海湾战争中有 3 枚"战斧"导弹就是这样被伊拉克击毁的。

**2.巡航导弹的基本性能参数**

(1)射程:600～2 600 km;

(2)巡航高度:5～15 m(海上),30～50 m(平原),150 m(山区);

(3)巡航速度:马赫数为 0.6～4;

(4)命中精度(圆概率误差:Circular Error Probability):3～6 m;

(5)战斗部:装填钝感炸药;

(6)动力装置:小型涡扇发动机或固/液冲火箭发动机;

(7)攻击目标:机库、掩体、指挥中心、机场、桥梁、防空阵地等;

(8)弹道可以设计为高巡航弹道、低巡航弹道或大空间混合巡航弹道。

**3.巡航导弹弹道方案设计**

巡航导弹飞行弹道通常由起飞爬升段、巡航(水平飞行)段和俯冲段组成。从陆地、水面或水下发射的巡航导弹,由助推器推动导弹起飞,随后助推器脱落,主发动机(巡航发动机)启动,以巡航速度进行水平飞行。当接近目标区域时,由制导系统导引导弹,俯冲攻击目标。从空中发射的巡航导弹,投放后下滑一定时间,发动机启动,开始自控飞行,然后攻击目标。

通过对某类巡航导弹的飞行特性的分析研究,并结合实际情况及需求,制定出导弹的主要设计要求如下:

(1)最大法向机动过载:15g;

(2)导弹转级马赫数:≥2.45;

(3)超低空巡航弹道设计高度:10 m;

(4)飞行距离:≥40 km;

(5)飞行时间:≥50 s;

(6)超低空巡航导弹机动突防:跃起俯冲机动;

(7)发射方式:倾斜发射。

导弹采用岸基倾斜方式发射。在初始加速段,导弹在固体助推发动机推力作用下,做加速爬升运动;依控制时序,在预定时刻助推器分离,抛掉进气道堵盖,固体火箭冲压发动机点火启动,完成转级程序;导弹在固冲发动机推力作用下继续飞行,并在自身重力作用下完成重力转弯,转入俯冲飞行状态;在预定时刻以后的预定高度,导弹在控制系统作用下,由俯冲飞行状态逐渐拉起转入超声速超低空巡航飞行状态,其间可通过控制尾舵偏转,实现机动飞行。在固冲发动机燃料耗尽后,导弹转入稳定下降阶段,下滑飞行直至落地。典型飞行弹道如图 2.22 所示。

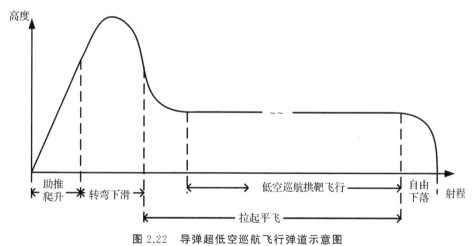

**图 2.22　导弹超低空巡航飞行弹道示意图**

下面给出导弹飞行各阶段的理想弹道运动方程:

(1)助推段。该段从导弹助推发动机点火,到助推器工作结束。该段推进系统只有助推器处于工作状态,助推器推力大,工作时间短,弹道比较平直,导弹处于无控状态,即俯仰角与速度倾角为定值 $\left(\dfrac{\mathrm{d}\vartheta}{\mathrm{d}t}=\dfrac{\mathrm{d}\theta}{\mathrm{d}t}=0\right)$,攻角为零,则该段运动微分方程可简化为

$$
\left.
\begin{aligned}
&m\dot{v} = P - X - mg\sin\theta \\
&mv\dot{\theta} = Y - mg\cos\theta \\
&\dot{\psi}_c = 0 \\
&\dot{x} = v\cos\theta \\
&\dot{y} = v\sin\theta \\
&\dot{z} = 0 \\
&\dot{m} = -m_s(t) \\
&\alpha_b = 0 \\
&\beta_b = 0 \\
&\theta = \vartheta
\end{aligned}
\right\} \tag{2.79}
$$

式中：$\alpha_b$、$\beta_b$ 分别为平衡攻角、平衡侧滑角。

（2）转弯下滑段。助推器工作结束后，助推器与弹体分离，固体火箭冲压发动机点火工作。该段导弹依靠重力作用实现转弯，转入俯冲飞行状态，该段运动微分方程同助推段。

（3）拉起平飞段。拉起平飞段包括拉起转平段和巡航平飞段。在导弹达到一定高度后，高度表开始工作，控制导弹按预定高度由下滑转入平飞段，为使导弹稳定地转入平飞，消除高度超调量，在下滑段加入高度程序控制，使导弹的飞行高度按某一规律变化。导弹由下滑转入平飞段时，采用飞行高度按指数规律变化、巡航平飞段给定俯仰角、水平面飞行给定偏航角的飞行方案。该段运动微分方程为

$$
\left.
\begin{aligned}
&m\dot{v} = P\cos\alpha_b\cos\beta_b - X - mg\sin\theta \\
&mv\dot{\theta} = P(\sin\alpha_b\cos\gamma_c + \cos\alpha_b\sin\beta_b\sin\gamma_c) + Y\cos\gamma_c - Z\sin\gamma_c - mg\cos\theta \\
&-mv\dot{\psi}_c\cos\theta = P(\sin\alpha_b\sin\gamma_c - \cos\alpha_b\sin\beta_b\cos\gamma_c) + Y\sin\gamma_c + Z\cos\gamma_c \\
&\dot{x} = v\cos\theta\cos\psi_c \\
&\dot{y} = v\sin\theta \\
&\dot{z} = -v\cos\theta\sin\psi_c \\
&\dot{m} = -m_s(t) \\
&\alpha_b = -\frac{m_z^{\delta z}}{m_z^{\alpha}}\delta_{zb} \\
&\beta_b = -\frac{m_y^{\delta y}}{m_y^{\beta}}\delta_{yb} \\
&H = H_*(t) / \vartheta = \vartheta_*(t) / \psi = \psi_*(t)
\end{aligned}
\right\} \tag{2.80}
$$

式中：$\delta_{zb}$、$\delta_{yb}$ 为平衡舵偏角；$*$ 表示其为导引关系要求的运动参数值。

（4）自由下落段。该阶段从冲压发动机燃料耗尽熄火开始，导弹转入稳定下降飞行直至落地时结束。导弹处于无控状态，攻角为零，全弹质量不变。该段运动方程简化为

$$
\left.
\begin{aligned}
& m\dot{v} = P - X - mg\sin\theta \\
& mv\dot{\theta} = Y - mg\cos\theta \\
& \dot{\psi}_c = 0 \\
& \dot{x} = v\cos\theta \\
& \dot{y} = v\sin\theta \\
& \dot{z} = 0 \\
& \dot{m} = 0 \\
& \alpha_b = 0 \\
& \beta_b = 0 \\
& \theta = \vartheta
\end{aligned}
\right\}
\tag{2.81}
$$

**4.巡航导弹的性能优势**

(1)地面效应(WIG),亦称翼地效应,是指当飞行器贴近地面(或水面)飞行时,升力增加、诱导阻力减小的空气动力学效应。导弹掠海飞行可充分利用地球曲率和海杂波掩盖其辐射特性,大大降低被敌方雷达发现的概率。地效掠海巡航导弹即是利用地面效应的增升减阻效应和掠海目标低可探测性原理达到提高射程和增强突防能力的目的。它长时间在地效区内巡航,既具有较高的升阻比和飞行效率,又有着很强的隐身性能和突防能力,在军事上有很好的应用前景。

(2)与非地效区巡航导弹相比,地效掠海巡航导弹有着显著的特点和优势。其中,隐身性能好和飞行效率高是最为突出的两个方面:

1)隐蔽性好,突防能力强。巡航导弹的飞行高度对其隐身性能的影响作用极为关键。在现有的技术条件下,掠海导弹的突防高度若降到 3 m 以下,其理论突防概率可以达到100%(见表2.7)。导弹在地效区巡航时,长时间位于雷达的盲区,在地球曲率和海杂波的遮蔽下辐射特性大大降低,极大地降低了被敌方雷达发现的概率。即使被雷达发现,现有防空武器系统受作战空域的低界限制,也难以拦截飞行高度如此之低的目标。因此,地效掠海巡航导弹有着很强的攻击隐蔽性与突防能力,极具威胁性。

表 2.7　导弹理论突防概率与飞行高度的关系

| 飞行高度/m | 3 | 10 | 100 | 300 |
|---|---|---|---|---|
| 突防概率/(%) | 100 | 93 | 61 | 45 |

2)升阻比大,气动效率高。相比非地效应巡航导弹,导弹在地效区巡航可以获得较高的升阻比,飞行效率大大提高。地效作用的附加升力使导弹可以携带额外的任务载荷或增加射程。这部分载荷分配可用于增加燃料携带量以进一步提高射程,或携带干扰、侦察设备,提高导弹的生存能力。

**5.巡航导弹的发展前景**

由于现代防空武器系统的防御能力逐渐增强,对巡航导弹的威胁越来越大,所以巡航导弹不得不开发和改进突防技术以提高攻击能力。超低空掠海突防技术作为提高巡航导弹隐身性能和突防能力最常用的和最有效的方法之一,具有广阔的开发空间。现阶段导弹超低空掠海飞行的高度一般在 7～10 m,海况良好时可达到 5 m。进一步降低其飞行高度则面临极大困难,如海浪冲击振动、高度表的精度和控制系统响应性能等问题,尤其是导弹飞行高度降至地效区以内时,所受空气动力和控制响应情况十分复杂。由于常规巡航导弹未针对地效区飞行的情况作专门的设计,受气动布局限制其飞行高度无法进一步降低。这时,地效掠海巡航导弹就显示出了其巨大的战术优势。

随着海陆空天一体化作战进程逐步加快,巡航导弹作为远程精确打击力量的主体,承担的作战使命和任务也更加重要。一体化作战的需求要求导弹飞得更远,打得更准。解决导弹的增程问题主要有两种途径:一是增加燃料携带量,但这会导致导弹自重增加。二是优化其气动性能,提高飞行效率。地效掠海巡航导弹具有远大于自由空间飞行状态下的升阻比,在携带相同数量燃料的情况下具有更大的射程,也可利用额外升力携带更多的任务载荷,具有很好的经济效益和战术价值。

地效掠海巡航导弹作为一种新概念巡航导弹,集地效掠海气动布局设计、飞行控制系统设计等先进技术于一身,代表着超低空掠海巡航导弹的发展方向。地效掠海巡航导弹载重大、射程远、隐蔽性好,不易被现有防空武器系统拦截,在军事上有着很好的应用前景。

## 2.2.6 反舰导弹超低空运动方程

反舰导弹是指从舰艇、岸上或飞机上发射,攻击水面舰船的导弹。常采用半穿甲爆破型战斗部;固体火箭发动机为动力装置;采用自主式制导、自控飞行,当导弹进入目标区时,导引头自动搜索、捕捉和攻击目标。它是打击水面舰艇的主要武器,具有射程远、命中率高、威力大等优点。根据飞行特点,反舰导弹可以分为巡航式反舰导弹和弹道式反舰导弹。

反舰导弹超低空掠海飞行高度介于 0.5～100 m,包括超低空、掠海和海效应三个高度区间,其中超低空飞行高度为 20～100 m,掠海飞行高度为 5～20 m,海效应飞行高度为 0.5～5 m。由于飞行速度低,高空飞行容易被探测、拦截,所以亚声速反舰导弹一般采用超低空掠海飞行方式,如"冥河""飞鱼""捕鲸叉""奥托马特""企鹅""RBS - 15"等巡航段均采用超低空掠海飞行方式。超低空掠海飞行可以避免反舰导弹被过早发现,能够有效提高反舰导弹的隐蔽性。

反舰导弹多次用于现代战争,在现代海战中发挥了重要作用。反舰导弹发展到近代,已经可以从多种型态的载具上使用,包括从各类飞行器上发射的空射型、由地面发射的陆射型、由水面舰艇使用的舰射型以及自潜艇发射的潜射型。

### 1.反舰导弹面对的威胁模型建立

(1)探测系统的威胁。雷达探测系统的威胁是反舰导弹突防过程中面临的最大威胁源。因此,建立雷达威胁模型对反舰导弹航迹规划至关重要。由于战场环境中,威胁大小与导弹所处的位置有关,所以可将雷达盲区以外位置的威胁利用威胁系数进行量化。已知雷达探测目标成功与否很大程度上取决于信噪比,则在雷达探测区域内,雷达理想探测概率 $P_d$ 的计算公式为

$$\left.\begin{aligned} P_{\mathrm{d}} &= C_{\mathrm{k}} R_{\mathrm{d}}^{-4} \\ C_{\mathrm{k}} &= \frac{CK}{N R_{\mathrm{d}}^{4}} \\ \frac{S}{N} &= \frac{P_{\mathrm{t}} G^{2} \lambda^{2} \delta}{(4\pi)^{3} N} \end{aligned}\right\} \tag{2.82}$$

式中：$C_{\mathrm{k}}$ 表示探测处的威胁系数；$R_{\mathrm{d}}$ 表示雷达与导弹间距离；$C$ 为与实际情况相关的比例因子；$N$ 表示雷达噪声功率；$P_{\mathrm{t}}$ 表示雷达发射机功率；$G$ 表示雷达天线增益；$\lambda$ 表示导弹的雷达截面积；$\delta$ 为雷达工作波长。

反舰导弹依靠掠海超低空飞行完成有效突防，掠海超低空飞行可以降低反舰导弹被雷达发现的概率，从而大大提高突防能力。掠海超低空飞行主要有以下几点优势：①掠海超低空飞行可以充分利用地球曲率效应，使反舰导弹不易被敌方雷达发现，从而提高突防概率。②掠海超低空飞行以海面为背景，利用海杂波的干扰来降低舰载探测系统的信噪比。并且，反舰导弹飞行高度越低，雷达探测受到的海杂波干扰就会越强，反舰导弹也就越不容易被雷达探测到。在掠海超低空飞行产生的雷达盲区中，对导弹的探测概率 $P_{\mathrm{d}}$ 可以看为是零。从以上公式可以看出，其他区域的探测概率随着导弹与雷达距离的缩短而增大，因此，在航迹规划过程中，导弹应该采取尽量回避威胁区的策略，从而使反舰导弹不易被敌方雷达发现。

（2）高炮威胁。防空高炮威胁即高炮炮弹发射后其弹道能够覆盖到的立体空间区域。高炮炮弹弹道受风、地球曲率、重力加速度随高度变化和科氏加速度的影响。综合考虑防空高炮的具体参数以及反舰导弹飞行高度，建立防空高炮威胁模型，如图 2.23 所示。

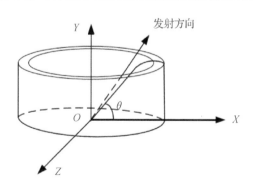

**图 2.23　高炮射界示意图**

（3）地形威胁。地形威胁即反舰导弹在掠海超低空飞行中可能遇到的海面岛屿和人工建筑威胁。将人工建筑威胁建模为圆柱体模型。至于海面岛屿，具体的边界数据可以通过电子海图调取，然而海面岛屿边界线各异、没有明显规律，对其建模可以用岛屿凸点的包络线作为海面岛屿威胁的边界。为了简化模型，提升算法计算效率，将海面岛屿威胁模型建模为圆柱体包络模型，如图 2.24 所示。

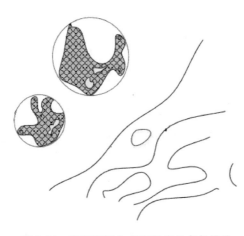

图 2.24　电子海图上求取岛屿凸点包络线

(4)气象威胁。气象威胁即海平面极端天气对反舰导弹的威胁,其中包括台风、暴雨等不利气象条件。因此,反舰导弹超低空飞行时,应规避此类极端天气,以降低海浪过高击落导弹的概率。

**2.弹道的攻击模式**

目前,世界各国装备的反舰导弹大部分属于巡航导弹,采用的飞行弹道丰富多样,但都包括发射段、巡航段、搜索段和自导自命中段。从反舰导弹巡航特点和战术特征来看,主要存在三种典型攻击模式:低弹道攻击模式、高弹道攻击模式、高低复合弹道攻击模式。以下主要介绍低弹道攻击模式和高低复合弹道攻击模式。

(1)低弹道攻击模式。低弹道是反舰导弹最常用的攻击弹道(见图2.25),尤其是亚声速反舰导弹几乎都按超低空弹道飞行,如法国的"飞鱼"、美国的"捕鲸叉"、俄罗斯的"天王星"等。低弹道攻击时,巡航段采用超低空掠海飞行(高度为 10~60 m),搜索段可采用直线、S形或迂回等方式搜索目标。当导弹接近目标至约 20 km 时,开始以蛇形、变高、螺旋等方式进行规避机动。距目标约 5 km 时,飞行高度可再次降低到 3~10 m;也可以先爬升到预置高度进行俯冲攻击,最后按照纯追踪法、平行接近法、比例接近法或前置角导引法攻击目标。

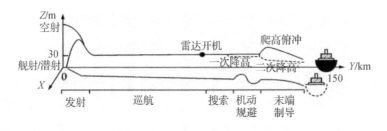

图 2.25　反舰巡航导弹低弹道

(2)高低复合弹道攻击模式。高低复合弹道攻击模式是一种较先进的攻击模式,采用的是前段高空飞行、后段低空搜索或前段低空飞行、后段高空搜索的结合方式(见图2.26)。最典型的是俄罗斯的"宝石"导弹,除能够采用低弹道外,同时也能采用高低复合弹道攻击(见图2.26实线),飞行高度14 km,距目标50～75 km时,可降低到海面5～30 m以低弹道模式进行攻击。俄罗斯的SS-N-27也是一种高低复合的先进反舰导弹(见图2.26虚线),在助推器脱落、进入续航飞行后,导弹以亚声速、10～15 m超低空飞行;距目标30～40 km时,导弹迅速爬升并开机搜索目标。一旦锁定目标,导弹可重新下降至海面3～5 m进行攻击,或以马赫数3直接俯冲攻击目标。

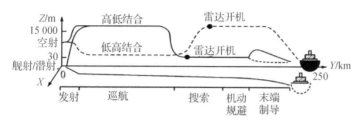

**图 2.26　反舰巡航导弹高低复合弹道攻击模式**

**3.不同弹道攻击模式的突防能力**

(1)低弹道攻击的突防能力。在低弹道攻击模式下,飞行速度相对较慢,便于机动,最适应于巡航段机动隐身战术。目前,三种弹道中也只有低弹道能进行航路规划,如美国的"捕鲸叉",法国的"飞鱼",法、意合研的"特赛奥-3"等,都可编辑航路点,甚至能自动识别与躲避障碍物。导弹末端能够做规避机动,加上爬升俯冲或二次降高的攻击方式,大大提高了末端生存能力。虽然超低空掠海飞行时,风、海浪、温度、湿度等因素对弹道的影响较大,控制技术要求较高,射程也较小,但具有许多独特的隐身优势:①利用地球曲率的影响,导弹飞行航迹能更多地处于防范雷达的探测盲区,从而减少被探测的概率。对于20 m高的舰艇雷达天线,探测10 m掠海飞行导弹,探测距离只有31.5 km,而且是理想情况下。②超低空掠海飞行,使导弹的射频信号处于更有限的区域,减小被探测的可能性,同时导弹信号隐埋在海浪杂波中,增加了防御系统的探测和干扰难度。③可以利用岛屿作为隐蔽屏障,5～10 m低于一般近程、超低空防御系统作战空域的低界,即使被发现,也难以拦截。

(2)高低复合弹道攻击的突防能力。高低复合弹道既克服了低空飞行射程不足的问题,又克服了高空飞行过早暴露的问题,实现了导弹作战能力的整体跨越。先高后低的弹道结合方式能先利用高空飞行速度快的特点缩短接敌时间,到达作战空域后降高进入低弹道模式攻击,有利末端突防。先低后高的弹道结合方式能先低空飞行隐蔽接敌,到达作战空域后迅速爬高搜索攻击目标,其探测距离和捕捉概率有效增大,攻击突然性较高,但末端机动性弱。先高后低的结合方式容易被早期探测,先低后高的结合方式则容易被后期拦截。

**4.弹道的战术运用**

从目前世界主要的反舰导弹的战术性能指标(见表2.8)来看,不同导弹、弹道的战术性能明显不同,应结合具体作战环境和实际作战需要,科学合理地运用导弹及其弹道优势。

表 2.8　国外部分反舰导弹战术指标

| 国　　家 | 导弹型号 | 发射质量/kg | 高空弹道 | | | 低空弹道 | | |
|---|---|---|---|---|---|---|---|---|
| | | | 马赫数 $Ma$ | 高度/km | 射程/km | 马赫数 $Ma$ | 高度/km | 射程/km |
| 美国 | AGM－84 | 522 | — | — | — | 0.85 | 61 | 120 |
| 美国 | BGM－109B | 1 443 | — | — | — | 0.85 | 15～60 | 556 |
| 法国 | ASMP | 860 | 3.0 | — | 250 | 2.0 | — | 60 |
| 俄罗斯 | SS－N－19 | 7 000 | 2.5 | 20 | 445 | — | — | — |
| 俄罗斯 | SS－N－26 | 3 000 | 2.6 | 1.5 | 300 | 2.0 | 5～15 | 120 |

(1)弹道运用的制约因素。

1)弹道的技术性能指标。导弹一旦设计定型,其机动性能指标就固化了,如最大过载、最低高度、最大速度、最大航程、可选弹道等。不同导弹的机动性能不同,不同的机动性能对突防的影响又不同。进行导弹攻击首先要考虑的就是导弹固有的战术性能和突防能力,运用弹道必须在机动能力以内。

2)弹道的飞行环境。这里的飞行环境包括作战区域的海面气象环境(包括风、浪、温湿度、雨量)、岛屿分布、电磁环境、可飞区域等,特别是低空掠海飞行受到环境条件的限制较大。不同的飞行环境下,导弹的机动性能不同,其可选的突防方法也不同。例如,海浪过大侧不宜采用低弹道突防,末端攻击则不适宜用二次降高攻击方法。

3)目标的战场态势。虽然弹道的一些技术性能定型了,但许多具体的飞行参数依然有很大的可变度。如自控飞行时间、末制导雷达开机距离、飞行弹道、搜索方式、飞行高度、末制导攻击高度、末制导攻击方式等,都是根据具体战场态势进行确定输入的。目标的战场态势包括目标大小、距离、速度、编队情况、反导能力等,如目标距离较近的使用低弹道进行攻击,较远的使用高弹道进行攻击;目标散布过大时,可采用低弹道进行曲线区域搜索。

4)作战的具体要求。超声速、超视距、多弹道导弹与传统导弹的战术运用方法已经发生很大变化,导弹攻击已从平台机动战术逐渐转向火力机动战术,科学精确使用是导弹运用的基本要求。导弹攻击时的具体要求包括战术意图、攻击方法、打击效果等,不同的战术运用方法和战术目的,其弹道的运用也不同。如当导弹作为佯攻使用时,可选择高弹道,暴露自己掩护其他火力攻击;当需要确保攻击效果进行饱和打击时,可采用多弹道或多方向协同攻击。

(2)不同弹道的使用时机。

1)低弹道的战术运用。低弹道具有优良的机动性和隐蔽性,能够进行航路规划,是反舰导弹最常用的攻击模式。通过上述分析可知,通常在以下情况进行低弹道攻击:海况较好时、对小目标进行攻击时、目标距离较近时、需进行战术隐蔽发射平台时、需绕过部分区域时、目标探测防御能力较强时、需攻击隐蔽在岛屿后的目标时、其他需要进行航路规划时。

2)高弹道的战术运用。高弹道的战术优势是速度快,射击距离远,但最小射程大,参照一般高弹道飞行的导弹性能,可知一般采用高弹道应用于以下情形:海况较差时、打击距离较远的目标时、需越障飞行时、协同攻击时、进行佯攻时、纯方位法射击等战术需要时。

3)高低复合弹道的战术运用。高低复合弹道主要依靠合理的高低配合提高捕捉和突防能力,是低弹道射程不足而高弹道突防能力不足时的最好选择。由于高低弹道的结合方式不同,其运用情况也不同,所以要根据导弹的具体性能和战场态势进行优化选择,力争发挥优势,避敌锋芒。例如,当敌低空防御能力较强时采用先低后高的攻击模式,当高空防御能力强时采用先高后低的攻击模式。

同时,搜索方式对飞行弹道也有着重要影响。平行搜索时,弹道平滑,接敌航路短,暴露时间短,有利于突防。区域搜索时,弹道呈蛇形或迂回曲线,能大大减少攻击平台被探测和暴露的时间,捕捉概率较大,但降低了导弹有效射程,同时增加导弹自身被探测的概率。因此,我们要根据目标精度和具体作战使用需要,采用适当的搜索弹道。

(3)弹道的协同攻击。当目标符合多种弹道射击条件时,可根据战术需要,采用多枚导弹或多种弹道混合协同攻击。混合协同攻击可归纳为以下三种典型末端攻击态势:

1)平面多方向攻击。平面多方向攻击由多枚导弹采用同种弹道协同进行。由于低弹道能进行航迹规划,便于协同,所以多弹同时采用低弹道攻击是最常用的选择。先进的反舰导弹可以设置多个导航点,可以在目标前方不同的部位,也可以在侧方,甚至在目标的后方,形成多方向同时攻击态势。

2)垂面多方向攻击。垂面多方向攻击由多枚导弹采用不同弹道协同进行。多弹道协同时可选择高弹道与低弹道协同、高弹道与复合弹道协同、复合弹道与低弹道协同或同时三种弹道协同。末端应采取高空灌顶攻击、爬高俯冲攻击、二次降高攻击等不同攻击方法,以形成不同俯角同时攻击态势,增强突防效果。

3)多维立体攻击。多维立体攻击即将平面多方向攻击和垂面多方向攻击有效结合起来,充分发挥弹道航路规划功能和不同弹道攻击模式,形成最佳的攻击态势,如图 2.27 所示。

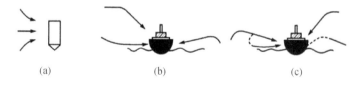

**图 2.27 混合协同攻击典型末端攻击态势**
(a)平面多方向攻击;(b)垂面多方向攻击;(c)多维立体攻击

### 5.反舰导弹弹道方案设计

(1)超低空飞行高度估计。掠海飞行的反舰导弹,飞行高度一般为 5～20 m。当与目标的距离较近时,飞行高度甚至会降低到 2～3 m。掠海飞行时,若利用海面效应,飞行高度为 0.5～5 m。反舰导弹与海面越接近,撞击海浪的概率越高。因此,需要计算反舰导弹掠海飞行时撞击海浪的概率,即击水概率。击水概率涉及反舰导弹的生存能力,可由下式得到:

$$\left. \begin{array}{l} P = \exp\left(-\dfrac{h^2}{2\delta^2}\right) \\ \delta = \sqrt{\delta_1^2 + \delta_2^2} \end{array} \right\} \tag{2.83}$$

式中：$\delta_1$、$\delta_2$ 和 $\delta$ 都是标准差，其中 $\delta_1$ 表示高度标准差，$\delta_2$ 表示飞行高度探测的标准差；$h$ 表示海浪浪高的标准差。

（2）弹道方案设计。在现有的反舰导弹中，机动多变的弹道历来是提高导弹突防能力的重要技术措施。机动多变弹道有以下三种模式。

1）方位发射：采用个别导弹甚至可以进行全方位发射，或者采用垂直发射，给导弹的突防和作战使用带来很大的好处。

2）蛇形机动：对于常规的防空武器，蛇形机动可以取得较好的突防效果。

3）跃升-俯冲机动：在射击平面内，特别是在攻击阶段，这种飞行模式有一定好处，并在某些反舰导弹上得到了应用，如捕鲸叉导弹、奥托马特导弹。

对于超低空机动，反舰导弹与巡航导弹的弹道基本相同，如图 2.28 所示。取代巡航导弹弹道的自由下落阶段，反舰导弹增加了爬升搜索捕捉段。这里对弹道设计方案不再进行赘述。

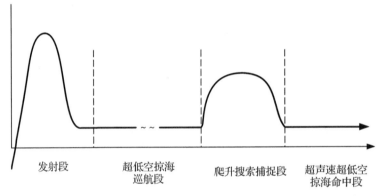

发射段　　　　超低空掠海　　　爬升搜索捕捉段　　超声速超低空
　　　　　　　巡航段　　　　　　　　　　　　　掠海命中段

**图 2.28　俄罗斯 3M - 54E 反舰导弹弹道示意图**

# 2.3　导弹运动方程组

## 2.3.1　导弹发射离轨运动方程组

对于"一"字形滑轨，在导弹从发射车滑轨上点火启动后，其前定向钮离开滑轨，导弹会绕其后定向钮转动，于是产生转动角及转动角速度，即下沉角与下沉角速度。下沉角及下沉角速度对导弹的射高与射程有何影响，是我们必须加以研究的问题。对于"品"字形滑轨，滑轨的长度选取是我们需要关心的问题。下面利用运动学和动力学方程，建立数学模型。设发射车滑轨上前定向钮滑行长为 $L_1$，后定向钮滑行长为 $L_2$，导弹顶端距后定向钮距离为 $L_3$。如图 2.29 和图 2.30 所示，建立离轨坐标系 $Oxyz$，取初始发射时刻后定向钮与滑轨的接触点为坐标原点 $O$；$x$ 轴沿导轨方向，且发射方向为正；$y$ 轴包含在 $x$ 轴的铅垂平面内，垂直 $x$ 轴指向上为正；$z$ 轴的方向按右手定则确定。

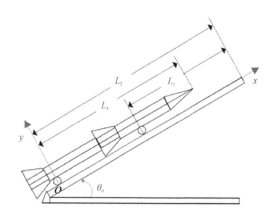
图 2.29 导弹发射离轨示意图("一"字形滑轨)

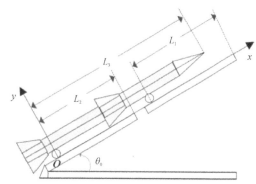
图 2.30 导弹发射离轨示意图("品"字形滑轨)

对于图 2.29 所示"一"字形滑轨,导弹在滑轨上的运动可以划分为两个阶段,研究导弹离轨产生的下沉角及下沉角速度时,一般将导弹处理为刚体,并假设导轨为理想直线,第一阶段:当后定向钮沿 $x$ 轴方向滑行距离小于 $L_1$(即前定向钮尚未脱离导轨)时,导弹在导轨上作直线运动;第二阶段:当后定向钮沿 $x$ 轴方向滑行距离大于 $L_1$ 且小于等于 $L_2$ 时,导弹作刚体平面运动,如图 2.31 所示。

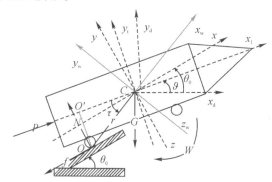
图 2.31 导弹发射离轨受力分析图

导弹直线运动时,其运动方程为

$$\left.\begin{array}{l} \dot{v}_x = (P - \mu G\cos\theta_0 - G\sin\theta_0)/m \\ \dot{x} = v_x \end{array}\right\} \tag{2.84}$$

式中:$v_x$ 为导弹沿 $x$ 轴方向运动速度;$x$ 为导弹沿 $Ox$ 方向的运动距离;$P$ 为发动机推力;$G$ 为导弹重力;$\theta_0$ 为导弹发射角(滑轨仰角);$\mu$ 为定向钮与滑轨的摩擦系数;$m$ 为导弹质量。

导弹作刚体平面运动时,假设导弹离轨过程中与滑轨有且只有一个接触点,即 $O$ 点,忽略滑块的大小和质量,设 $C$ 点为导弹质心,$O$ 点为滑轨与导弹接触点。

质心动力学方程为

$$\left.\begin{array}{l} m\dot{v}_x = P\cos(\theta_0 - \vartheta) - \mu N - G\sin\theta_0 \\ m\dot{v}_y = -P\sin(\theta_0 - \vartheta) + N - G\cos\theta_0 \end{array}\right\} \tag{2.85}$$

绕质心的转动方程为

$$J_c\ddot{\vartheta} = -\mu Nr\sin(\xi - \theta_0 + \vartheta) - Nr\cos(\xi - \theta_0 + \vartheta) \qquad (2.86)$$

因此有

$$\dot{\omega} = \ddot{\vartheta} = -\frac{Nr}{J_c}[\mu\sin(\xi - \theta_0 + \vartheta) + \cos(\xi - \theta_0 + \vartheta)] \qquad (2.87)$$

综上得到运动方程组为

$$\left.\begin{aligned}
\dot{x} &= v_x \\
\dot{y} &= v_y \\
\dot{v}_x &= \frac{1}{m}[P\cos(\theta_0 - \vartheta) - \mu N - G\sin\theta_0] \\
\dot{v}_y &= \ddot{\vartheta}r\cos(\xi - \theta_0 + \vartheta) - \dot{\vartheta}^2 r\sin(\xi - \theta_0 + \vartheta) \\
\dot{\omega} &= -\frac{Nr}{J_c}[\mu\sin(\xi - \theta_0 + \vartheta) + \cos(\xi - \theta_0 + \vartheta)] \\
\dot{\vartheta} &= \omega
\end{aligned}\right\} \qquad (2.88)$$

其中

$$N = \frac{[P\sin(\theta_0 - \vartheta) + G\cos\theta_0 - m\omega^2 r\sin(\xi - \theta_0 + \vartheta)]}{1 + mr^2[\mu\sin(\xi - \theta_0 + \vartheta)\cos(\xi - \theta_0 + \vartheta) + \cos^2(\xi - \theta_0 + \vartheta)]/J_c} \qquad (2.89)$$

式中：$v_y$ 为导弹沿 $y$ 轴方向运动速度；$y$ 为导弹沿 $Oy$ 方向的运动距离；$\vartheta$ 为导弹俯仰角；$\omega$ 为俯仰角速度；$r$ 为向量 $\overline{OC}$ 的模值；$J_c$ 为导弹绕 $z$ 轴的转动惯量；$N$ 为导弹所受支持力。

对于图 2.30 所示"品"字形滑轨，$L_1 = L_2$，导弹在滑轨上作直线运动，其运动方程与以"一"字形滑轨相同。

### 2.3.2 飞行运动方程组

导弹在飞行中的受力情况如图 2.32 所示。对于近程战术导弹而言，将地面坐标系视为惯性坐标系能保证所需要的计算准确度。航迹坐标系（$Ox_hy_hz_h$）是动坐标系，它相对地面坐标系有位移运动（其速度为 $v$）。阻力为 $X$、升力为 $Y$、侧向力为 $Z$、推力为 $P$。

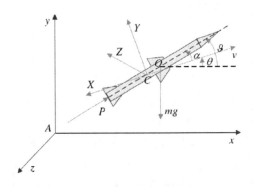

图 2.32 作用在导弹上的力的示意图

（1）导弹质心运动的动力学方程。导弹质心运动的动力学方程的标量形式为

$$m \frac{\mathrm{d}v}{\mathrm{d}t} = P\cos\alpha\cos\beta - X - mg\sin\theta$$

$$mv \frac{\mathrm{d}\theta}{\mathrm{d}t} = P(\sin\alpha\cos\gamma_c + \cos\alpha\sin\beta\sin\gamma_c) + Y\cos\gamma_c - Z\sin\gamma_c - mg\cos\theta$$  (2.90)

$$-mv\cos\theta \frac{\mathrm{d}\psi_c}{\mathrm{d}t} = P(\sin\alpha\sin\gamma_c - \cos\alpha\sin\beta\cos\gamma_c) + Y\sin\gamma_c + Z\cos\gamma_c$$

式中：$\mathrm{d}v/\mathrm{d}t$ 为导弹质心加速度沿弹道切向（$x_h$ 轴）的投影，称为切向加速度；$v\mathrm{d}\theta/\mathrm{d}t$ 为导弹质心加速度在铅垂面（$x_h O y_h$）内沿弹道法线（$y_h$ 轴）上的投影，称为法向加速度；$-mv\cos\theta\mathrm{d}\psi_c/\mathrm{d}t$ 为导弹质心加速度的水平分量（即沿 $z_h$ 轴），也称为法向加速度。式中的"$-$"号表明：向心力为正，所对应 $\psi_c$ 为负；反之亦是。它是由角度 $\psi_c$ 的正、负号定义所决定的。

（2）导弹绕质心转动的动力学方程。弹体坐标系 $Ox_t y_t z_t$ 是动坐标系，假设弹体坐标系相对地面坐标系的转动角速度为 $\omega$，在弹体坐标系中，导弹绕质心转动的动力学标量方程为

$$J_{x_t} \frac{\mathrm{d}\omega_{x_t}}{\mathrm{d}t} + (J_{z_t} - J_{y_t})\omega_{z_t}\omega_{y_t} = M_{x_t}$$

$$J_{y_t} \frac{\mathrm{d}\omega_{y_t}}{\mathrm{d}t} + (J_{x_t} - J_{z_t})\omega_{x_t}\omega_{z_t} = M_{y_t}$$  (2.91)

$$J_{z_t} \frac{\mathrm{d}\omega_{z_t}}{\mathrm{d}t} + (J_{y_t} - J_{x_t})\omega_{y_t}\omega_{x_t} = M_{z_t}$$

式中：$J_{x_t}$、$J_{y_t}$、$J_{z_t}$ 分别为导弹对于弹体坐标系（即惯性主轴系）各轴的转动惯量，它们随着燃料燃烧产物的喷出而不断变化；$\omega_{x_t}$、$\omega_{y_t}$、$\omega_{z_t}$ 为弹体坐标系相对地面坐标系的转动角速度 $\omega$ 在弹体坐标系各轴上的分量；$\frac{\mathrm{d}\omega_{x_t}}{\mathrm{d}t}$、$\frac{\mathrm{d}\omega_{y_t}}{\mathrm{d}t}$、$\frac{\mathrm{d}\omega_{z_t}}{\mathrm{d}t}$ 分别为弹体转动角加速度矢量在弹体坐标系各轴上的分量；$M_{x_t}$、$M_{y_t}$、$M_{z_t}$ 分别为作用在导弹上的所有外力（含推力）对质心的力矩在弹体坐标系各轴上的分量。

（3）导弹质心运动的运动学方程。要确定导弹质心相对于地面坐标系的运动轨迹（弹道），需要建立导弹质心相对于地面坐标系运动的运动学方程。导弹质心运动的运动学方程为

$$\frac{\mathrm{d}x}{\mathrm{d}t} = v\cos\theta\cos\psi_c$$

$$\frac{\mathrm{d}y}{\mathrm{d}t} = v\sin\theta$$  (2.92)

$$\frac{\mathrm{d}z}{\mathrm{d}t} = -v\cos\theta\sin\psi_c$$

（4）导弹绕质心转动的运动学方程。要确定导弹在空间的姿态，就需要建立描述导弹弹体相对地面坐标系姿态变化的运动学方程，亦即建立姿态角 $\theta$、$\psi$、$\gamma$ 变化率与导弹相对地面坐标系转动角速度分量 $\omega_{x_t}$、$\omega_{y_t}$、$\omega_{z_t}$ 之间的关系式。导弹绕质心转动的运动学方程为

$$\frac{\mathrm{d}\vartheta}{\mathrm{d}t} = \omega_{y_t}\sin\gamma + \omega_{z_t}\cos\gamma$$

$$\frac{\mathrm{d}\psi}{\mathrm{d}t} = \frac{1}{\cos\vartheta}(\omega_{y_t}\cos\gamma - \omega_{z_t}\sin\gamma)$$

$$\frac{\mathrm{d}\gamma}{\mathrm{d}t} = \omega_{x_t} - \tan\vartheta(\omega_{y_t}\cos\gamma - \omega_{z_t}\sin\gamma)$$

(2.93)

(5)质量变化方程。导弹在飞行过程中,由于发动机不断地消耗燃料,导弹质量不断减小,所以,在建立导弹运动方程组中,还需要补充描述导弹质量变化的方程,即

$$m(t) = m_0 - \int_0^t m_c(t)\,\mathrm{d}t \tag{2.94}$$

式中:$m_c$ 为导弹单位时间内质量消耗量,它应该是单位时间内燃料质量消耗量和其他物质质量消耗量之和,但主要是燃料的消耗,故 $m_c$ 又称为燃料质量秒流量。通常认为 $m_c$ 是已知的时间函数,它可能是常量,也可能是变量。对于火箭发动机来说,$m_c$ 的大小主要由发动机性能确定。$m_0$ 为导弹的初始质量。

巡航导弹由两级(第一级助推级和第二级巡航级)组成,第一级工作结束后,助推器分离(设该时刻为 $t_{fl}$),二级发动机点火工作,则导弹起飞质量 $m_{qf}$ 由助推器质量 $m_{zt}$ 和巡航级质量 $m_{xh}$ 两部分组成。则 $t$ 时刻,巡航导弹的质量为

$$m(t) = \begin{cases} m_{qf} - \int_{t_0}^t m_{szt}(t)\,\mathrm{d}t\ ,\ t_0 < t \leqslant t_{fl} \\ m_{xh} - \int_{t_{fl}}^t m_{sxh}(t)\,\mathrm{d}t\ ,\ t_{fl} < t \leqslant t_{xxh} \\ m_{xh} - m_{xrl},\ t > t_{xxh} \end{cases} \tag{2.95}$$

式中:$m_{szt}(t)$ 为导弹助推级在单位时间内的质量消耗量;$m_{sxh}(t)$ 为导弹巡航级在单位时间内的质量消耗量;$t_{xxh}$ 为冲压发动机熄火时间;$t$ 为发动机工作时间。

(6)控制方程。对于面对称型导弹,则有如下关系存在:

$$\delta_z = f_1(\varepsilon_1)\ ,\delta_x = f_2(\varepsilon_2)\ ,\delta_y = f_1(\beta)\ ,\delta_p = f_4(\varepsilon_4) \tag{2.96}$$

其表示每一个操纵机构仅负责控制某一方向上的运动参数,这是一种简单的控制关系。但对一般情况而言,可以写成下面通用的控制关系方程:

$$\varphi_1(\cdots,\varepsilon_i,\cdots,\delta_i,\cdots) = 0$$
$$\varphi_2(\cdots,\varepsilon_i,\cdots,\delta_i,\cdots) = 0$$
$$\varphi_3(\cdots,\varepsilon_i,\cdots,\delta_i,\cdots) = 0$$
$$\varphi_4(\cdots,\varepsilon_i,\cdots,\delta_i,\cdots) = 0$$

(2.97)

式中可以包括舵面和发动机调节装置的偏转角、运动参数误差及其他运动参数。式(2.97)可简写成如下形式:

$$\varphi_1 = 0,\ \varphi_2 = 0,\ \varphi_3 = 0,\ \varphi_4 = 0 \tag{2.98}$$

$\varphi_1 = 0,\varphi_2 = 0$ 关系式仅用来表示控制飞行方向,改变飞行方向是控制系统的主要任务,因此称它们为基本(主要)控制关系方程。$\varphi_3 = 0$ 关系式用以表示对第三轴加以稳定,$\varphi_4 = 0$ 关系式仅用来表示控制速度大小,此两个关系式称为附加(辅助)控制关系方程。

(7)导弹运动方程：

$$m\frac{\mathrm{d}v}{\mathrm{d}t}=P\cos\alpha\cos\beta-X-mg\sin\theta$$

$$mv\frac{\mathrm{d}\theta}{\mathrm{d}t}=P(\sin\alpha\cos\gamma_c+\cos\alpha\sin\beta\sin\gamma_c)+Y\cos\gamma_c-Z\sin\gamma_c-mg\cos\theta$$

$$-mv\cos\theta\frac{\mathrm{d}\psi_c}{\mathrm{d}t}=P(\sin\alpha\sin\gamma_c-\cos\alpha\sin\beta\cos\gamma_c)+Y\sin\gamma_c+Z\cos\gamma_c$$

$$J_x\frac{\mathrm{d}\omega_x}{\mathrm{d}t}+(J_z-J_y)\omega_z\omega_y=M_x$$

$$J_y\frac{\mathrm{d}\omega_y}{\mathrm{d}t}+(J_x-J_z)\omega_x\omega_z=M_y$$

$$J_z\frac{\mathrm{d}\omega_z}{\mathrm{d}t}+(J_y-J_x)\omega_y\omega_x=M_z$$

$$\frac{\mathrm{d}x}{\mathrm{d}t}=v\cos\theta\cos\psi_c$$

$$\frac{\mathrm{d}y}{\mathrm{d}t}=v\sin\theta$$

$$\frac{\mathrm{d}z}{\mathrm{d}t}=-v\cos\theta\sin\psi_c$$

$$\frac{\mathrm{d}\vartheta}{\mathrm{d}t}=\omega_y\sin\gamma+\omega_z\cos\gamma$$

$$\frac{\mathrm{d}\psi}{\mathrm{d}t}=\frac{1}{\cos\vartheta}(\omega_y\cos\gamma-\omega_z\sin\gamma)$$

$$\frac{\mathrm{d}\gamma}{\mathrm{d}t}=\omega_x-\tan\vartheta(\omega_y\cos\gamma-\omega_z\sin\gamma)$$

$$\frac{\mathrm{d}m}{\mathrm{d}t}=-m_c$$

$$\sin\beta=\cos\theta[\cos\gamma\sin(\psi-\psi_c)-\sin\theta\sin\gamma\cos(\psi-\psi_c)]-\sin\theta\cos\vartheta\sin\gamma$$

$$\sin\alpha=\{\cos\theta[\sin\vartheta\cos\gamma\cos(\psi-\psi_c)-\sin\gamma\sin(\psi-\psi_c)]-\sin\theta\cos\vartheta\sin\gamma\}/\cos\beta$$

$$\sin\gamma_c=(\cos\alpha\sin\beta\sin\vartheta-\sin\alpha\sin\beta\cos\gamma\cos\vartheta+\cos\beta\sin\gamma\cos\vartheta)/\cos\theta$$

$$\varphi_1=0$$
$$\varphi_2=0$$
$$\varphi_3=0$$
$$\varphi_4=0$$

$$(2.99)$$

式(2.99)为以标量的形式描述的导弹空间运动方程组,它是一组非线性的常微分方程,在这 20 个方程中,包括 20 个未知数:$v(t)$、$\theta(t)$、$\psi_c(t)$、$\omega_x(t)$、$\omega_y(t)$、$\omega_z(t)$、$x(t)$、$y(t)$、$z(t)$、$\vartheta(t)$、$\psi(t)$、$\gamma(t)$、$m(t)$、$\alpha(t)$、$\beta(t)$、$\gamma_c(t)$、$\delta_x(t)$、$\delta_y(t)$、$\delta_z(t)$、$\delta_p(t)$,因此方程组是封闭的,在给定初始条件后,用数值积分法可以解得有控弹道及其相应的 20 个参数的变化规律。

# 2.4　导弹机动性和过载

导弹的机动性能是导弹飞行性能中重要的特性之一。导弹设计中通常利用过载向量的概念来评定导弹的机动性。导弹在飞行中所受到的力和加速度的大小,都可以用过载来衡量。它与弹体、弹道设计和控制系统的设计都有密切的关系。本节将介绍机动性和过载的概念、导弹的运动与过载的关系,以及在导弹设计中常用的几个过载的基本概念。

## 2.4.1　基本概念

防空导弹是攻击空中活动目标的飞行器,应当具有改变飞行方向的能力,有些导弹还具有改变飞行速度大小的能力。导弹的机动性,指的就是导弹能改变飞行速度的大小和方向的能力。如果要攻击活动目标,特别是空中机动目标,导弹必须具备良好的机动性能。机动性是评价导弹飞行性能的重要指标之一。研究导弹的机动性,首先遇到的问题是怎样评定导弹的机动性。导弹的切向和法向加速度表示导弹能改变飞行速度的大小和方向的迅速程度。自然,导弹的机动性可以用切向和法向加速度来表征。但是,我们更感兴趣的是导弹产生加速度的能力。作用在导弹上的外力之中,重力是不可控制的力,而空气动力和推力是可控制的力。因此当评定导弹的机动性时,应当不计重力。于是,我们引入了关于过载的概念。设 $N$ 是除重力以外作用在导弹上的所有外力的合力。导弹重心的加速度可表示为

$$a = \frac{N + G}{m} \tag{2.100}$$

取重力加速度为度量单位,则得到相对加速度为

$$\frac{a}{g} = \frac{N}{G} + \frac{g}{g}$$

将上式中 $N$ 与 $G$ 的比值定义为过载,即

$$n = \frac{N}{G} \tag{2.101}$$

或者

$$n = \frac{1}{g}(a - g) \tag{2.102}$$

因此,导弹的过载可以定义为:作用在导弹上除了重力以外的所有外力的合力对导弹重力的比值。由定义可知,导弹的过载是个向量。它的方向与力 $N$ 的方向一致,其模表示力 $N$ 对于导弹重力 $G$ 的倍数。也就是说,过载向量表征力 $N$ 的大小和方向,而我们就是通过改变该力来控制导弹飞行的。在弹体和控制系统设计中,常用到过载的概念。因为过载向量决定了弹上各个部件、构件或仪表所受的作用力。导弹飞行时,弹体内所有构、部件所受的作用力有它的重力和连接反力。某个构、部件连接反力的合力,我们用符号 $F_{il}$ 来表示。假如不考虑导弹绕其重心的转动,那么相对于弹体固定的任何构、部件的加速度 $a_i$ 就等于导弹重心的加速度 $a$ 。由式(2.100)得到

$$a_i = \frac{F_{il} + m_i g}{m_i} = \frac{N + m g}{m}$$

于是得到

$$F_{il} = m_i \frac{N}{m} = G_i n \tag{2.103}$$

由此可知,弹上任何构、部件所受到的连接反力的合力,等于导弹过载向量乘以构、部件自身的重力。如果已知导弹的飞行过载,由它就能确定弹上任何构、部件所受的载荷。反过来,导弹构、部件所受到的连接反力极限值也对导弹的最大过载形成了约束。

## 2.4.2　过载的投影

过载向量的大小和方向通常是由它在某个坐标系上的投影来确定的。研究导弹运动的机动性时,往往需要把过载投影到弹道固连坐标系上,而在进行弹体和部件的受力情况分析计算时,则需要把过载投影到弹体坐标系上。过载在弹道固连坐标轴上的投影为

$$\left.\begin{aligned}
n_{x2} &= \frac{1}{G}(P\cos\alpha\cos\beta - Q) \\
n_{y2} &= \frac{1}{G}[P(\sin\alpha\cos\gamma_v + \cos\alpha\sin\beta\sin\gamma_v) + Y\cos\gamma_v - Z\sin\gamma_v] \\
n_{z2} &= \frac{1}{G}[P(\sin\alpha\sin\gamma_v - \cos\alpha\sin\beta\cos\gamma_v) + Y\sin\gamma_v + Z\cos\gamma_v]
\end{aligned}\right\} \tag{2.104}$$

过载在速度坐标系各轴的投影为

$$\left.\begin{aligned}
n_{x3} &= \frac{1}{G}(P\cos\alpha\cos\beta - Q) \\
n_{y3} &= \frac{1}{G}(P\sin\alpha + Y) \\
n_{z3} &= \frac{1}{G}(-P\cos\alpha\sin\beta + Z)
\end{aligned}\right\} \tag{2.105}$$

当 $\gamma_v = 0$ 时,在弹道固连坐标系中的投影与此相同。过载在速度方向上的投影 $n_{x2}$ 和 $n_{x3}$ 称为切向过载;在垂直于速度方向上的投影 $n_{y2}$、$n_{z2}$ 和 $n_{y3}$、$n_{z3}$ 称为法向过载。计算过载的投影,通常采用近似的公式。如果在式(2.105)中,设角度 $\alpha$,$\beta$,$\gamma_v$ 比较小,可得

$$\left.\begin{aligned}
n_x &= \frac{P - Q}{G} \\
n_y &= \frac{P\alpha + Y}{G} \\
n_z &= \frac{-P\beta + Z}{G}
\end{aligned}\right\} \tag{2.106}$$

如果推力较小,忽略它在 $Oy_2$ 和 $Oz_2$ 轴上的投影,则得

$$\left.\begin{aligned}
n_y &\approx \frac{Y}{G} \\
n_z &\approx \frac{Z}{G}
\end{aligned}\right\} \tag{2.107}$$

式中都省略了脚注"2"。

导弹的机动性能可以用导弹的切向和法向过载来评定。切向过载越大,导弹所能产生的切向加速度就越大,表示导弹的速度值改变得越快,它能更快地接近目标;法向过载越大,导弹所能产生的法向加速度就越大,在相同速度下导弹改变飞行方向的能力就越大,导弹越能作较弯曲的飞行。可见,过载越大,导弹的机动性能就越好。过载向量不仅是评定导弹机动性的标志,而且它和导弹的运动有密切的关系。

### 2.4.3  运动与过载

由过载定义可知,导弹过载与其受力情况密切相关,自然和导弹的运动之间存在密切的联系。导弹重心运动的动力学方程,也可以用过载表示。将式(2.104)代入导弹重心的动力学方程,即式(2.99),可得

$$
\left.\begin{array}{l}
\dfrac{1}{g}\dfrac{\mathrm{d}v}{\mathrm{d}t}=n_{x2}-\sin\theta \\[2mm]
\dfrac{v}{g}\dfrac{\mathrm{d}\theta}{\mathrm{d}t}=n_{y2}-\cos\theta \\[2mm]
-\dfrac{v}{g}\cos\theta\dfrac{\mathrm{d}\psi_v}{\mathrm{d}t}=n_{z2}
\end{array}\right\} \tag{2.108}
$$

式(2.108)等号的左边表示导弹重心加速度在弹道固连坐标系轴上的无量纲投影。式(2.108)给出了导弹的重心运动与过载之间的关系。由此可见,用过载来表示导弹重心运动的动力学方程,形式变得很简单。把式(2.108)变换一下,还可以用运动学参数 $v$、$\theta$ 和 $\psi_v$ 等来表示过载:

$$
\left.\begin{array}{l}
n_{x2}=\dfrac{1}{g}\dfrac{\mathrm{d}v}{\mathrm{d}t}+\sin\theta \\[2mm]
n_{y2}=\dfrac{v}{g}\dfrac{\mathrm{d}\theta}{\mathrm{d}t}+\cos\theta \\[2mm]
n_{z2}=-\dfrac{v}{g}\cos\theta\dfrac{\mathrm{d}\psi_v}{\mathrm{d}t}
\end{array}\right\} \tag{2.109}
$$

式中:参数 $v$、$\theta$ 和 $\psi_v$ 表示飞行速度的大小和方向,而式(2.109)等号的右边含有这些参数对时间的导数。由此可以看出,过载向量的投影表征着导弹改变飞行速度大小和方向的能力。过载向量的投影不仅表征导弹改变飞行速度大小和方向的能力,而且还能表示弹道各点的加速度以及飞行弹道的形状。

为研究导弹重心运动的加速度与过载之间的关系,将式(2.109)变换后得

$$
\left.\begin{array}{l}
\dfrac{\mathrm{d}v}{\mathrm{d}t}=g(n_{x2}-\sin\theta) \\[2mm]
v\dfrac{\mathrm{d}\theta}{\mathrm{d}t}=g(n_{y2}-\cos\theta) \\[2mm]
-v\cos\theta\dfrac{\mathrm{d}\psi_v}{\mathrm{d}t}=gn_{z2}
\end{array}\right\} \tag{2.110}
$$

通过式(2.109)或式(2.110),很容易建立过载的投影值与飞行弹道形状之间的关系。

如果 $n_{x2}=\sin\theta$，则导弹在该瞬时的飞行是等速的；如果 $n_{x2}>\sin\theta$，则导弹在该瞬时的飞行是加速的；而如果 $n_{x2}<\sin\theta$，则导弹在该瞬时的飞行是减速的。当研究飞行弹道在铅垂平面 $Ox_2y_2$ 内的投影时，可以到看：如果 $n_{y2}>\cos\theta$，则 $\mathrm{d}\theta/\mathrm{d}t>0$，此时弹道的凹处指向上方（见图 2.33）；如果 $n_{y2}<\cos\theta$，则 $\mathrm{d}\theta/\mathrm{d}t<0$，此时弹道的凹处指向下方；当 $n_{y2}=\cos\theta$ 时，弹道在该点处的曲率为零。

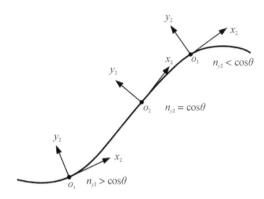

图 2.33　铅垂面内弹道形状与法向过载的关系

再来建立法向过载和弹道曲率半径之间的关系。若以铅垂平面运动为例，弹道某点的曲率就是弹道在该点的弹道倾角 $\theta$ 对弧长的导数，即

$$K=\frac{\mathrm{d}\theta}{\mathrm{d}S} \tag{2.111}$$

而该点的曲率半径就是曲率的倒数。由式（2.111）可得曲率半径为

$$\rho_{y2}=\frac{\mathrm{d}S}{\mathrm{d}\theta}=v\Big/\frac{\mathrm{d}\theta}{\mathrm{d}t} \tag{2.112}$$

式中：$\dfrac{\mathrm{d}\theta}{\mathrm{d}t}$ 可由式（2.108）中的第 2 个方程得到：

$$\frac{\mathrm{d}\theta}{\mathrm{d}t}=\frac{g}{v}(n_{y2}-\cos\theta) \tag{2.113}$$

将式（2.113）代入式（2.112），得到

$$\rho_{y2}=\frac{\mathrm{d}S}{\mathrm{d}\theta}=\frac{v^2}{g(n_{y2}-\cos\theta)} \tag{2.114}$$

由式（2.113）和式（2.114）可以看出：在给定速度情况下，法向过载越大，转弯速率就越大，而曲率半径则越小，就表示该点处的弹道越弯曲。若在同样的过载数值下，随着飞行速度的增加，转弯速率 $\dot{\theta}$ 将减小，而弹道曲率半径将增大。这说明导弹飞得越快，它越不容易转弯。

## 2.4.4　导弹设计与过载

在弹体和控制系统及弹道设计中，常用到过载的概念。导弹的飞行过载决定了弹上各个构、部件或各种仪器所受的载荷，而外载荷是弹体构造设计和控制系统设计的重要依据。

为进行结构强度计算,需要知道过载在弹体坐标系各轴上的投影。通过弹道计算,我们可以求得过载在弹道固连坐标系上的投影 $n_{x2}$、$n_{y2}$ 和 $n_{z2}$。知道了 $n_{x2}$、$n_{y2}$ 和 $n_{z2}$ 之后,利用弹体坐标系与弹道固连坐标系之间角度的方向余弦关系,就能得到过载在弹体坐标系各轴上的投影 $n_{x1}$、$n_{y1}$ 和 $n_{z1}$:

$$\begin{bmatrix} n_{x1} \\ n_{y1} \\ n_{z1} \end{bmatrix} = \begin{bmatrix} \cos\alpha\cos\beta & \sin\alpha\cos\gamma_v + \cos\alpha\sin\beta\sin\gamma_v & \sin\alpha\sin\gamma_v - \cos\alpha\sin\beta\cos\gamma_v \\ -\sin\alpha\cos\beta & \cos\alpha\cos\gamma_v - \sin\alpha\sin\beta\sin\gamma_v & \cos\alpha\sin\gamma_v + \sin\alpha\sin\beta\cos\gamma_v \\ \sin\beta & -\cos\beta\sin\gamma_v & \cos\beta\cos\gamma_v \end{bmatrix} \cdot \begin{bmatrix} n_{x2} \\ n_{y2} \\ n_{z2} \end{bmatrix}$$

(2.115)

把过载在弹体纵轴上的投影 $n_{x1}$ 称为纵向过载,而将其余两个分量 $n_{y1}$、$n_{z1}$ 称为横向过载。

在设计导弹上控制系统的某些部件或仪器时,需要考虑导弹在飞行中所受的过载。在初步设计阶段,根据导弹战术技术要求的规定,部件或仪器所能承受的过载不得超过某个数值,此值决定了这些部件或仪器可能受到的最大载荷。为保证它们在飞行中能正常地工作,导弹飞行的过载就必须小于这个最大的过载值。

在导弹设计中,我们还将遇到需用过载、极限过载、可用过载和使用过载等概念。需用过载(记作 $n_{y_x}$、$n_{z_x}$)是指导弹按给定的理想弹道飞行时所应当产生的法向过载。它是飞行弹道的一个很重要的特性,而且必须满足导弹的战术技术要求,例如:针对所要攻击的目标特性的要求、导弹主要飞行性能的要求、作战空域的要求等。但是,从设计和制造的观点来看,又希望在满足战术技术要求的前提下,需用过载越小越好。因为需用过载越小,即飞行弹道越平直,那么导弹在飞行中所承受的力就越小。这对弹体结构、弹上设备和仪器的正常工作以及减小导引误差(特别在临近目标时)都是有利的。

需用过载须满足导弹的战术技术要求,这是问题的一个方面。另一方面,导弹在飞行过程中能否产生那么大的法向过载呢?大家知道,一个导弹有一定的尺寸和外形,它在给定高度和速度下只能产生一定大小的法向力。也就是说,它只能产生有限的法向过载。如果导弹在实际飞行中所能产生的过载大于或等于需用过载,那么它就能沿着给定的弹道飞行。如果导弹在实际飞行中所能产生的过载小于需用过载,尽管控制系统能正常地工作,但导弹所能产生的最大法向力小于给定弹道所需要的数值,它就不可能继续沿着给定的弹道飞行。

在给定飞行速度和飞行高度的情况下,导弹在飞行中所能产生的过载取决于迎角、侧滑角及操纵机构的偏转角。下面来建立它们之间的关系。

在飞行迎角和侧滑角都不太大的情况下,导弹具有线性空气动力特性。这时有

$$\left.\begin{array}{l} Y = Y_0 + Y^\alpha\alpha + Y^{\delta_z}\delta_z \\ Z = Z^\beta\beta + Z^{\delta_y}\delta_y \end{array}\right\}$$

(2.116)

若忽略 $m_z^{\omega_z}\overline{\omega}_z$ 和 $m_y^{\omega_y}\overline{\omega}_y$ 等力矩系数中较小的项,则导弹的平衡条件为

$$\left.\begin{array}{l} m_{z0} + m_z^\alpha\alpha + m_z^{\delta_z}\delta_z = 0 \\ m_y^\beta\beta + m_y^{\delta_y}\delta_y = 0 \end{array}\right\}$$

(2.117)

将式(2.116)、式(2.117)代入式(2.105)中的第2、3个方程,且消去操纵机构的偏转角,就得到平衡时的法向过载和迎角、侧滑角的关系为

$$n_{y\text{ph}} = n_{y\text{ph}}^{\alpha} + (n_{y\text{ph}})_{\alpha=0} \atop n_{z\text{ph}} = n_{z\text{ph}}^{\beta}\beta \Bigg\} \tag{2.118}$$

式中

$$\left. \begin{aligned} n_{y\text{ph}}^{\alpha} &= \frac{1}{G}\left(\frac{P}{57.3} + Y^{\alpha} - \frac{m_z^{\alpha}}{m_z^{\delta_z}}Y^{\delta_z}\right) \\ n_{z\text{ph}}^{\beta} &= \frac{1}{G}\left(-\frac{P}{57.3} + Z^{\beta} - \frac{m_y^{\beta}}{m_y^{\delta_y}}Z^{\delta_y}\right) \\ (n_{y\text{ph}})_{\alpha=0} &= \frac{1}{G}\left(Y_0 - \frac{m_{z0}}{m_z^{\delta_z}}Y^{\delta_z}\right) \end{aligned} \right\} \tag{2.119}$$

这里角度 $\alpha$ 和 $\beta$ 的单位是度(°)。由式(2.118)可见,平衡飞行时导弹的过载正比于该瞬时的迎角和侧滑角。但是,飞行迎角和侧滑角是不能无限增大的。它们的最大允许值与许多因素有关。例如,随着 $\alpha$ 和 $\beta$ 的增加,静稳定度通常是减小的,而且在大迎角或侧滑角的情况下,导弹甚至可能变为不稳定的。这时,操纵导弹角运动的控制系统的设计就比较困难。因为自动驾驶仪不可能在各种飞行状况下都能得到满意的特性。因此,必须将 $\alpha$ 和 $\beta$ 限制在比较小的数值范围内(通常小于 $8° \sim 12°$),使得力矩特性近乎线性。从这个观点出发,迎角和侧滑角的最大允许值取决于导弹的气动布局和 $M$ 数。如果导弹的飞行迎角或侧滑角达到临界值,此时的升力或侧力为最大值。若再继续增加 $\alpha$ 和 $\beta$,导弹将会产生失速现象。显然,这是一种极限情况。我们把迎角或侧滑角达到临界值时的法向过载叫作极限过载,记作 $n_{yj}$ 和 $n_{zj}$。

类似地,将式(2.116)、式(2.117)代入式(2.105)中的第 2、3 个方程,消去迎角 $\alpha$ 和侧滑角 $\beta$,则得到平衡时的法向过载和操纵机构的偏转角之间的关系:

$$n_{y\text{ph}} = n_{y\text{ph}}^{\delta_z}\delta_z + (n_{y\text{ph}})_{\delta_z=0} \atop n_{z\text{ph}} = n_{z\text{ph}}^{\delta_z}\delta_y \Bigg\} \tag{2.120}$$

式中

$$\left. \begin{aligned} n_{y\text{ph}}^{\delta_z} &= \frac{1}{G}\left[-\frac{m_z^{\delta_z}}{m_z^{\alpha}}\left(\frac{P}{57.3} + Y^{\alpha}\right) + Y^{\delta_z}\right] \\ n_{z\text{ph}}^{\delta_y} &= \frac{1}{G}\left[-\frac{m_y^{\delta_y}}{m_z^{\alpha}}\left(Z^{\beta} - \frac{P}{57.3}\right) + Z^{\delta_y}\right] \\ (n_{y\text{ph}})_{\delta_z=0} &= \frac{1}{G}\left[-\frac{m_{z0}}{m_z^{\alpha}}\left(\frac{P}{57.3} + Y^{\alpha}\right) + Y_0\right] \end{aligned} \right\} \tag{2.121}$$

由式(2.121)可知,导弹所能产生的法向过载与操纵机构的偏转角 $\delta_z$、$\delta_y$ 成正比。而它们的大小亦是受限制的。例如,升降舵的最大偏转角 $\delta_{z\max}$ 与下列因素有关:

(1)平衡迎角的限制。由于迎角不得超过临界值,所以(对轴对称导弹)有

$$\delta_{z\max} < \left| \frac{m_z^{\alpha}}{m_z^{\delta_z}}(\alpha_{\text{ph}})_{\max} \right| \tag{2.122}$$

式中: $(\alpha_{\text{ph}})_{\max}$ 为平衡迎角的临界值。

(2)舵面效率的限制。操纵机构的效率随着舵偏角的加大而降低。如果把尾翼处的平均迎角限制在 $20°$ 以内,则可以用下式来限制最大舵偏角:

$$\delta_{z\max} < \frac{20°}{1 - \frac{m_z^{\delta z}}{m_z^{\alpha}}(1 - \varepsilon^{\alpha})} \qquad (2.123)$$

式中：$\varepsilon^{\alpha}$ 为单位迎角产生的下洗角。由式（2.123）决定的限制值往往比由临界迎角决定的限制值大得多。

（3）结构强度的限制。随着地空导弹飞行高度的增加，由于空气密度下降，导弹的法向过载将减小。此时，为了提高导弹的高空机动性，舵面最大偏角应有较大的数值，但是，当在低空高速飞行时，因为空气密度比较大，低空的法向过载可能会变得很大，所以，在提高导弹高空机动性的同时，还要在低空高速时限制舵面转到最大角度，以避免法向过载过大而使弹体结构受到破坏。限制舵面转到最大角度的方法是通过导弹操纵系统中的传速比变化机构来改变舵面的传速比。舵面的最大偏转角为

$$\delta_{z\max} = \frac{20°}{i} \qquad (2.124)$$

式中：$i$ 为传速比。当导弹在低空高速飞行时，此时的 $i > 1$，舵面实际能够偏转的最大角度，要比设计规定的最大偏角（20°）小。而当导弹在高空飞行时，即使速度很大，但由于空气密度小，故使 $i = 1$，舵面可使用设计所规定的最大偏转角，从而提高导弹的高空机动性。

综合考虑影响 $\delta_{z\max}$ 的各种因素，就可以确定 $\delta_{z\max}$ 的数值。当操纵面偏转到最大时，导弹所能产生的法向过载称为可用过载，记作 $n_{yk}$ 和 $n_{zk}$。若要使导弹沿着某一条弹道飞行，那么在这条弹道的任何点上，导弹所能产生的可用过载都应大于需用过载。在实际飞行条件下，由于存在各种干扰因素，例如目标飞行时的起伏扰动、外界阵风、动力系统的微扰动等，导弹不可能"老老实实"地沿着理想弹道飞行。因此，在导弹设计中，必须留有一定的过载裕量，用以克服各种因素引起的附加过载。这时，使用的舵偏角还应比最大值 $\delta_{z\max}$ 小一点，例如取 $\delta_{z\max}$ 的 80% 左右。由使用舵偏角引起的法向过载，叫作使用过载，记作 $n_{ysh}$ 和 $n_{zsh}$。而由最大舵偏角确定的可用过载，且在考虑安全系数以后，将作为强度校核的依据。

综上所述，在导弹设计中，将要考虑有关需用过载、可用过载、使用过载和极限过载等问题。而它们之间的关系，则应满足下列不等式：

$$\left.\begin{array}{l} n_{yx} \leqslant n_{ysh} < n_{yk} < n_{yj} \\ n_{zx} \leqslant n_{zsh} < n_{zk} < n_{zj} \end{array}\right\} \qquad (2.125)$$

## 2.5　本章小结

本章介绍了地面坐标系、弹体坐标系、弹道坐标系和速度坐标系等导弹运动常用坐标系及其坐标之间的转换关系；建立了飞机、直升机、无人机、导弹、巡航导弹和反舰导弹等典型超低空目标与导弹的运动方程；分析了导弹机动性与过载问题。

# 第3章 防空导弹布儒斯特效应

布儒斯特效应最早由英国物理学家布儒斯特于 1815 年在光学领域发现,当入射角为某特定角度时,反射光才为线偏振光;在电磁学领域,学者们发现用一个宽波束照射两种介质的交界水平面,反射波束有一个零点,而这个零点对应的是以布儒斯特角入射的垂直极化波,因此,电磁学中将布儒斯特角定义为垂直极化波镜向反射系数达到最小值时的入射角,这是在单介质光滑平面和远场反射条件下的经典布儒斯特效应。实践表明,对于复杂介质粗糙环境表面,以及环境上方存在目标时的粗糙面,同样能观测到布儒斯特效应。鉴于国内外研究现状,本章重点研究地/海面环境、目标-环境复合的布儒斯特效应的形成机理与变化规律,以及布儒斯特效应对镜像干扰的抑制效果。

## 3.1 经典布儒斯特效应

经典布儒斯特效应针对的是单介质光滑平面,如图 3.1 所示,其产生机理的实质就是垂直极化波时的镜向反射系数计算,该系数 $\Gamma$ 通常是雷达工作频率、极化方式、擦地角 $\varphi$ 以及表面介电常数等因素的函数。垂直极化和水平极化条件下镜面反射系数分别为

$$\Gamma_{\mathrm{V}} = \frac{\varepsilon_{\mathrm{c}}\sin\varphi - \sqrt{\varepsilon_{\mathrm{c}} - \cos^2\varphi}}{\varepsilon_{\mathrm{c}}\sin\varphi + \sqrt{\varepsilon_{\mathrm{c}} - \cos^2\varphi}} \tag{3.1a}$$

$$\Gamma_{\mathrm{H}} = \frac{\sin\varphi - \sqrt{\varepsilon_{\mathrm{c}} - \cos^2\varphi}}{\sin\varphi + \sqrt{\varepsilon_{\mathrm{c}} - \cos^2\varphi}} \tag{3.1b}$$

式中:$\varepsilon_{\mathrm{c}}$ 为复介电常数,$\varepsilon_{\mathrm{c}} = \varepsilon_{\mathrm{r}} - \mathrm{j}60\lambda\sigma$,$\varepsilon_{\mathrm{r}}$ 为反射面的相对介电常数,$\sigma$ 为电导率。

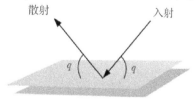

散射　　　　　　　入射

$q$　　$q$

图 3.1　单介质光滑平面

(1)当擦地角等于 90°时,有

$$\Gamma_{\mathrm{H}} = \frac{1 - \sqrt{\varepsilon_{\mathrm{c}}}}{1 + \sqrt{\varepsilon_{\mathrm{c}}}} = -\frac{\varepsilon_{\mathrm{c}} - \sqrt{\varepsilon_{\mathrm{c}}}}{\varepsilon_{\mathrm{c}} + \sqrt{\varepsilon_{\mathrm{c}}}} = -\Gamma_{\mathrm{V}} \tag{3.2}$$

(2)当擦地角很小($\varphi \approx 0°$)时,有

$$\Gamma_{\mathrm{H}} = -1 = -\Gamma_{\mathrm{V}} \tag{3.3}$$

图 3.2 给出了 X 波段海面的反射系数曲线,计算结果表明:

(1)当擦地角很小时,水平极化的反射系数幅度等于 1,随着擦地角的增大,幅度呈现缓慢单调下降趋势。

(2)随着擦地角增大,垂直极化反射系数幅度发生大幅度的减小,且有明显的最小值,该最小值对应角度称为布儒斯特角 $\varphi_{\mathrm{B}} = \arcsin(1/\sqrt{\varepsilon_{\mathrm{r}} - 1})$,因此,当雷达下视探测超低空目标时,通常采用垂直极化以减小地/海面的镜向反射。

(3)对于水平极化,随着擦地角的增加,其相位几乎不变,保持为 $\pi$;但是对于垂直极化,在布儒斯特角附近,相位迅速下降,并且在其后缓慢接近于零。

(4)对于非常小的擦地角(小于 $2°$),水平极化和垂直极化反射系数幅度接近 1,相位接近 $\pi$。因此,当擦地角很小时,水平极化和垂直极化波的传播几乎没有差别,证明直射射线与反射射线永远是精确对消的。

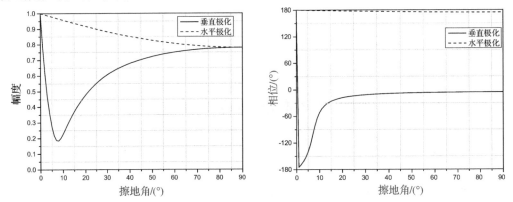

图 3.2　X 波段海面的反射系数

图 3.3 给出了 VV 极化下,由菲涅尔反射系数计算的镜向反射系数随擦地角变化的曲线。可以看出,当相对介电常数的实部、虚部绝对值变大时,布儒斯特角将变小。

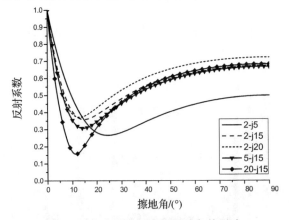

图 3.3　介电常数对布儒斯特角的影响

# 3.2　环境的布儒斯特效应

如图 3.4 所示,在研究粗糙面散射问题时,发现粗糙度较小的环境表面同样存在布儒斯特效应,此时布儒斯特角不能由菲涅尔反射系数计算得到,而应采用环境的镜向反射系数获取。

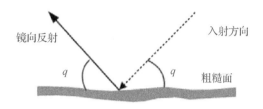

图 3.4　粗糙面镜向反射

## 3.2.1　环境布儒斯特角的求解方法

环境的布儒斯特效应是指当入射波为垂直极化波时,存在一个使得镜向反射最小的角,这个角就是布儒斯特角。实际环境的表面并非是光滑的,而是呈现满足一定统计规律的随机性粗糙面,实际的环境往往是多尺度的,比较典型的是复合双尺度,即大的轮廓上叠加着小的起伏,如图 3.5 所示,如果不能将多种尺度的散射机理均计入在内,计算结果的误差就很大。根据随机粗糙面理论,环境面复合双尺度结构产生的原因是功率谱密度所占范围很宽,且均有贡献。生成随机粗糙面时用到了线性滤波法,这相当于对功率谱进行了截断,只包含了低频部分,因此严格来讲,随机粗糙面生成的只是环境面大的轮廓和起伏。若将功率谱的贡献均计入其中,计算量将会非常大。

图 3.5　复合双尺度环境模型

环境粗糙面散射来自环境面空间功率谱的高低频谱分量,它们的散射贡献是不同的,正好对应散射系数变化的各个区域,大体上低频分量对应环境面的大起伏外部轮廓形状,高频分量对应环境面的小起伏局部轮廓特征。这也说明,散射计算模型可以从这个方面进行设计,将环境面高低频空间谱的贡献计入其中,这也是双尺度模型的本质思想。这种计算模型主要应用于具有较大空间尺度范围的粗糙面。

在复合双尺度模型中,大尺度部分采用 KA,小尺度部分则利用 SPM 来求解。作为对 KA 与 SPM 的结合,双尺度模型已经广泛应用于多尺度粗糙面的散射,总的散射截面可认为是两部分结合,即小尺度部分受大尺度部分的倾斜调制。

图 3.6 表示了入射方向、接收方向和环境面之间的位置关系，其中环境的均值面位于 $xOy$ 面上。由 KA 方法能够计算某一大面片上镜向方向 $\pm20°$ 方向内的散射，计算公式为

$$\gamma_{mn}^{\mathrm{KA}} = \frac{\pi k_0^2 \, |\boldsymbol{q}|^2}{q_z^4} \, |U_{mn}^{\mathrm{KA}}|^2 \mathrm{Pr}(z_x , z_y) \tag{3.4}$$

式中：$\boldsymbol{q} = k_0(\hat{\boldsymbol{k}}_s - \hat{\boldsymbol{k}}_i) = q_x\hat{\boldsymbol{x}} + q_y\hat{\boldsymbol{y}} + q_z\hat{\boldsymbol{z}}$；$z_x = -q_x/q_z$；$z_y = -q_y/q_z$；$\mathrm{Pr}(z_x , z_y)$ 是关于环境面倾斜斜率的概率；$U_{mn}^{\mathrm{KA}}$ 是与反射系数和极化相关的因子，具体表达式为

$$U_{vv}^{\mathrm{KA}} = \frac{q \, |q_z| [R_v(\hat{\boldsymbol{v}}_s \cdot \hat{\boldsymbol{k}}_i)(\hat{\boldsymbol{v}}_i \cdot \hat{\boldsymbol{k}}_s) + R_h(\hat{\boldsymbol{h}}_s \cdot \hat{\boldsymbol{k}}_i)(\hat{\boldsymbol{h}}_i \cdot \hat{\boldsymbol{k}}_s)]}{[(\hat{\boldsymbol{h}}_s \cdot \hat{\boldsymbol{k}}_i)^2 + (\hat{\boldsymbol{v}}_s \cdot \hat{\boldsymbol{k}}_i)^2] k_0 q_z} \tag{3.5a}$$

$$U_{vh}^{\mathrm{KA}} = \frac{q \, |q_z| [R_v(\hat{\boldsymbol{v}}_s \cdot \hat{\boldsymbol{k}}_i)(\hat{\boldsymbol{h}}_i \cdot \hat{\boldsymbol{k}}_s) - R_h(\hat{\boldsymbol{h}}_s \cdot \hat{\boldsymbol{k}}_i)(\hat{\boldsymbol{v}}_i \cdot \hat{\boldsymbol{k}}_s)]}{[(\hat{\boldsymbol{h}}_s \cdot \hat{\boldsymbol{k}}_i)^2 + (\hat{\boldsymbol{v}}_s \cdot \hat{\boldsymbol{k}}_i)^2] k_0 q_z} \tag{3.5b}$$

$$U_{hv}^{\mathrm{KA}} = \frac{q \, |q_z| [R_v(\hat{\boldsymbol{h}}_s \cdot \hat{\boldsymbol{k}}_i)(\hat{\boldsymbol{v}}_i \cdot \hat{\boldsymbol{k}}_s) - R_h(\hat{\boldsymbol{v}}_s \cdot \hat{\boldsymbol{k}}_i)(\hat{\boldsymbol{h}}_i \cdot \hat{\boldsymbol{k}}_s)]}{[(\hat{\boldsymbol{h}}_s \cdot \hat{\boldsymbol{k}}_i)^2 + (\hat{\boldsymbol{v}}_s \cdot \hat{\boldsymbol{k}}_i)^2] k_0 q_z} \tag{3.5c}$$

$$U_{hh}^{\mathrm{KA}} = \frac{q \, |q_z| [R_v(\hat{\boldsymbol{h}}_s \cdot \hat{\boldsymbol{k}}_i)(\hat{\boldsymbol{h}}_i \cdot \hat{\boldsymbol{k}}_s) + R_h(\hat{\boldsymbol{v}}_s \cdot \hat{\boldsymbol{k}}_i)(\hat{\boldsymbol{v}}_i \cdot \hat{\boldsymbol{k}}_s)]}{[(\hat{\boldsymbol{h}}_s \cdot \hat{\boldsymbol{k}}_i)^2 + (\hat{\boldsymbol{v}}_s \cdot \hat{\boldsymbol{k}}_i)^2] k_0 q_z} \tag{3.5d}$$

式中：$R_v$ 和 $R_h$ 分别为菲涅尔反射系数：

$$R_v = \frac{\varepsilon_r \cos\theta_i - \sqrt{\varepsilon_r - \sin^2\theta_i}}{\varepsilon_r \cos\theta_i + \sqrt{\varepsilon_r - \sin^2\theta_i}} \tag{3.6a}$$

$$R_h = \frac{\cos\theta_i - \sqrt{\varepsilon_r - \sin^2\theta_i}}{\cos\theta_i + \sqrt{\varepsilon_r - \sin^2\theta_i}} \tag{3.6b}$$

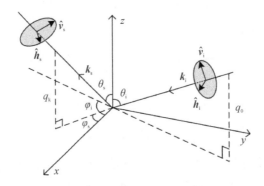

图 3.6　环境散射坐标示意图

由 SPM 方法计算大面片内部的非相干散射时的计算公式为

$$\gamma_{mn}^{\mathrm{SPM}} = 8 k_0^4 \cos^2\theta_i \cos^2\theta_s \, |\alpha_{mn}|^2 W[k_0 \sin\theta_s \cos(\varphi_s - \varphi_i) - k_0 \sin\theta_i, k_0 \sin\theta_s \sin(\varphi_s - \varphi_i)] \tag{3.7}$$

式中：$W(\cdot)$ 为功率谱密度；$\alpha_{mn}$ 表示极化因子，表达式为

$$\alpha_{vv} = \frac{(\varepsilon_r - 1)[\varepsilon_r \sin\theta_i \sin\theta_s - (\varepsilon_r - \sin^2\theta_i)^{0.5}(\varepsilon_r - \sin^2\theta_s)^{0.5}\cos\varphi_s]}{[\varepsilon_r \cos\theta_i + (\varepsilon_r - \sin^2\theta_i)^{0.5}][\varepsilon_r \cos\theta_s + (\varepsilon_r - \sin^2\theta_s)^{0.5}]} \quad (3.8a)$$

$$\alpha_{vh} = \frac{-(\varepsilon_r - 1)(\varepsilon_r - \sin^2\theta_s)^{0.5}\sin\varphi_s}{[\cos\theta_i + (\varepsilon_r - \sin^2\theta_i)^{0.5}][\varepsilon_r \cos\theta_s + (\varepsilon_r - \sin^2\theta_s)^{0.5}]} \quad (3.8b)$$

$$\alpha_{hv} = \frac{(\varepsilon_r - 1)(\varepsilon_r - \sin^2\theta_i)^{0.5}\sin\varphi_s}{[\varepsilon_r \cos\theta_i + (\varepsilon_r - \sin^2\theta_i)^{0.5}][\cos\theta_s + (\varepsilon_r - \sin^2\theta_s)^{0.5}]} \quad (3.8c)$$

$$\alpha_{hh} = \frac{-(\varepsilon_r - 1)\cos\varphi_s}{[\cos\theta_i + (\varepsilon_r - \sin^2\theta_i)^{0.5}][\cos\theta_s + (\varepsilon_r - \sin^2\theta_s)^{0.5}]} \quad (3.8d)$$

值得指出的是,SPM 方法是定义在大面元上局部坐标系内。SPM 求解的是环境面小起伏,即功率谱高频部分的贡献,因此就需要对式(3.7)中的 $W(\cdot)$ 函数进行截断,截选其高频部分,截断波数用 $k_c$ 表示。

以上介绍的双尺度方法是针对某一面元的散射系数,若要计算整个粗糙面总的散射系数,可以采用如下公式:

$$\gamma_{mn} = \sum_{P=1,Q=1}^{N_x,N_y} (\gamma_{PQ,mn}^{KA} + \gamma_{PQ,mn}^{SPM}) g_s^2(\hat{k}_i) g_T^2(\hat{k}_s) \quad (3.9)$$

式中:$N_x$ 和 $N_y$ 分别为两个方向上大面元的个数;$g_s(\hat{k}_i)$ 和 $g_T(\hat{k}_s)$ 分别为照射天线和接收天线的方向图函数。可以看出,双尺度组合方法只需要在大面元上进行解析计算,然后进行叠加,计算量主要受制于大面元的数量,大面元剖分大小的变化并不会改变最后散射系数的大小。

值得注意的是,求解镜向散射时,入射方向矢量 $\hat{k}_i$ 与镜向散射方向矢量 $\hat{k}_s$ 在 $xOy$ 平面上的投影位于一条直线上,这时从图 3.6 中可以看出 $\theta_i = \theta_s$,$\varphi_i = \varphi_s$,公式中 $m$ 与 $n$ 的下标均取为 v,表示垂直极化。从计算公式中可以看出:环境面布儒斯特效应的求解实际是多个环境面镜向散射贡献的统计叠加效应。

### 3.2.2 环境布儒斯特角的变化规律

环境布儒斯特角与地/海面类型和粗糙度、照射波工作频率等因素有关。

**1.地面环境布儒斯特角随介电常数的变化规律**

图 3.7 给出了环境镜向散射系数随介电常数的变化规律。计算条件如下:工作频率在 X 波段,雷达与环境面中心距离均为 2 km,均方根高度 $h=0.01$ m,相关长度 $l=1$ m,方位角为 0°,计算擦地角 5°～60°范围内的镜向散射系数曲线。计算结果表明:随着介电常数实部的增大,布儒斯特角逐渐减小;随着介电常数的虚部减小,布儒斯特角略微会变大,并且布儒斯特角位置处的曲线深度会增加。这也与反射系数随介电常数的变化规律是一致的。

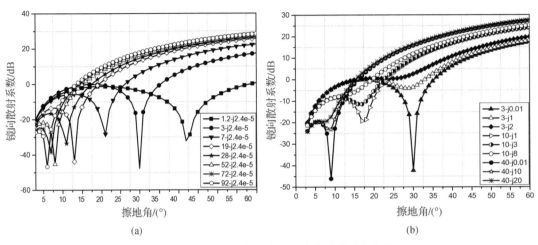

图 3.7　环境镜向散射系数随介电常数的变化规律

(a)实部变化；(b)虚部变化

**2.地面环境布儒斯特角随工作频率的变化规律**

图 3.8 给出了环境镜向散射系数随工作频率的变化规律。计算条件如下：雷达与环境面中心距离均为 2 km，均方根高度 $h=0.01$ m，相关长度 $l=1$ m，方位角为 $0°$，$\varepsilon_r=3-j0.01$，计算擦地角 $5°\sim60°$范围内的镜向散射系数曲线。计算结果表明：布儒斯特角的位置几乎不随频率的改变而发生改变，随着工作频率的增大，环境面均方根高度对应的电尺寸变大，环境面相关长度对应的电尺寸也变大，综合表现为环境面的相干散射增强，这样镜向散射系数整体会变大。

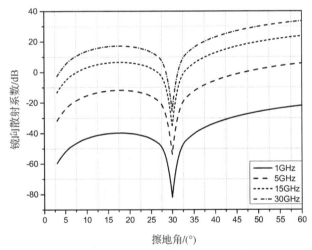

图 3.8　环境镜向散射系数随工作频率的变化规律

**3.地面环境布儒斯特角随均方根高度的变化规律**

图 3.9 给出了环境镜向散射系数随均方根高度的变化规律。计算条件如下：工作频率在 X 波段，雷达与环境面中心距离均为 2 km，相关长度 $l=1$ m，方位角为 $0°$，$\varepsilon_r=3-j0.01$，

计算擦地角 5°～60°范围内的镜向散射系数曲线。计算结果表明:布儒斯特角的位置几乎不随均方根高度的改变而发生改变,但随着均方根高度增大,环境面变得粗糙,相干散射变弱,镜向散射系数整体变小。

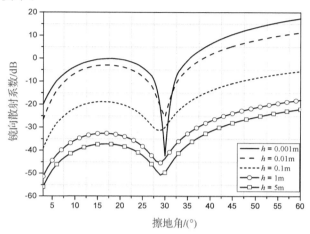

图 3.9　环境镜向散射系数随均方根高度的变化规律

### 4.海面布儒斯特角随风速的变化规律

图 3.10 给出了环境镜向散射系数随风速的变化规律。计算条件如下:工作频率在 X 波段,雷达与环境面中心距离均为 2 km,风向为 0°,$\varepsilon_r = 42.08 - j38.45$,计算擦地角 5°～60°范围内的镜向散射系数曲线。计算结果表明:布儒斯特角的位置几乎不随风速的改变而发生改变,但随着风速的增大,镜向散射在大部分角度都会呈现减小的趋势。

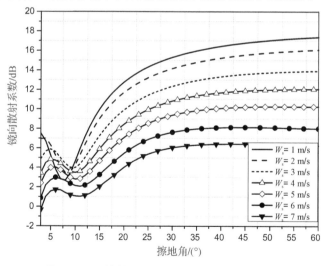

图 3.10　环境镜向散射系数随风速的变化规律

### 5.海面布儒斯特角随风向的变化规律

图 3.11 给出了环境镜向散射系数随风向的变化规律。计算条件如下:工作频率在 X 波段,雷达与环境面中心距离均为 2 km,风速为 2 m/s,$\varepsilon_r = 42.08 - j38.45$,计算擦地角 5°～

60°范围内的镜向散射系数曲线。计算结果表明：布儒斯特角的位置几乎不随风向的改变而发生改变,但当风向到 90°(即侧风)时,等效的海面变得平坦,相干散射变强。不过整体而言,风向对前向散射的影响较弱。

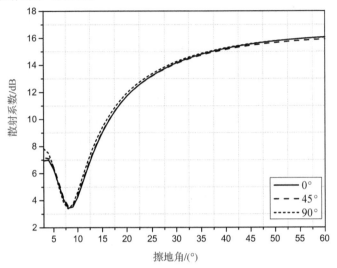

图 3.11　环境镜向散射系数随风向的变化规律

### 3.2.3　环境布儒斯特角的试验验证

如图 3.12 所示,采用造波池双站散射试验验证海面的布儒斯特效应,将接收天线置于发射天线的镜像位置便能够非常方便地进行前向散射试验,发射天线擦地角在 5°～15°内,发射天线与接收天线距离造波池中心距离为 100 m,且在角度采集中保持不变,入射和接收极化均为 VV 极化。工作频率在 X 波段时的相对介电常数 $\varepsilon_r = 60.5 - j35.8$,工作频率在 Ku 波段时的 $\varepsilon_r = 38.9 - j38.1$。图 3.13 给出了计算和造波池实测的结果对比,结果表明:计算结果和实测结果曲线在 7°附近均有局部最小值,而这个最小值就是海水在该条件下的布儒斯特角。造波池试验与海面双站散射仿真结果对比,平静海面环境的布儒斯特角为 7°～8°,测试与仿真误差约 1°。试验中造波池的尺寸有限,而天线照射波束的范围较宽,这是导致角度和幅度误差的一个原因,另外,天线距离造波池中心较近也是引起误差的一个原因。该算例说明双尺度散射模型是能够满足计算需要的。

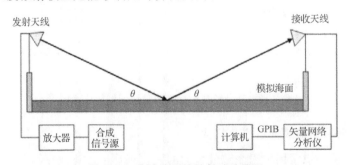

图 3.12　造波池双站散射试验原理

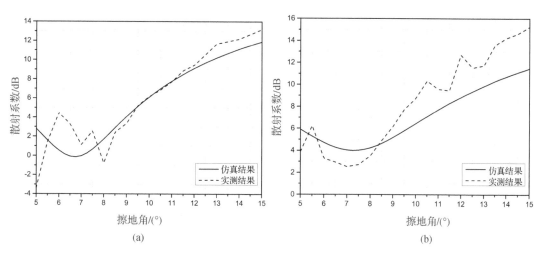

图 3.13  造波池前向散射试验结果与仿真计算结果对比

(a)X 波段;(b)Ku 波段

## 3.3  防空导弹布儒斯特效应

空袭兵器依靠超低空贴地、掠海飞行,将其微弱的目标回波"藏匿"于强杂波背景之中,雷达波经目标、环境的多重反射、散射所引起的多径干扰为空袭目标再披上了一层"隐身衣",使得防御雷达与防空导弹近乎失效。然而,利用环境的布儒斯特效应寻找最佳探测角度,是解决这一问题的最佳途径之一。现代防空导弹采用垂直极化方式,以预装的布儒斯特角下视探测,能够在某些环境有效地减弱多径干扰,进而增强对超低空目标的探测能力。但在地/海交界地段、农田山地交界处、湖泊森林交界处等特殊分区、分层环境的布儒斯特效应,仍需要综合考虑粗糙面散射特性相关的要素,提取出与布儒斯特角相关的参量,采取最合理的计算方法高效、精确地得出布儒斯特角,为防空导弹拦截弹道的优化,提供可靠的理论、方法、数据支撑。

在研究目标-环境耦合散射(见图 3.14)问题时,当环境相对平坦时,布儒斯特效应也明显存在,但它与环境、目标和照射波参数有关,因此表征方式及变化规律与经典布儒斯特效应明显不同,当雷达导引头超低空探测时,我们称其为防空导弹布儒斯特效应,因此,防空导弹布儒斯特是对经典概念的借用,对雷达导引头来讲,其内涵上发生了三个变化:一是其反射面是多尺度介质粗糙面,二是存在近远场散射过程,三是镜像回波不是一次反射的结果,而是目标-环境多次散射的耦合结果。3.2 节介绍过环境的布儒斯特效应,它是与极化、工作频率、环境介电常数、环境统计参量等都有关系的一种特性。但防空导弹超低空目标拦截时,雷达导引头下视探测面临的对象是目标-环境的复合,研究表明,此时同样存在类似环境的布儒斯特效应,但其形成机理与变化规律与环境布儒斯特效应明显不同。

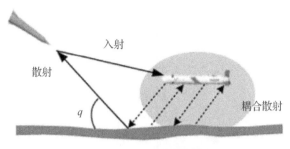

图 3.14　目标-环境耦合散射

### 3.3.1　防空导弹布儒斯特效应的形成机理

　　防空导弹在拦截超低空目标时,可选择的弹目角度范围较大。图 3.15 给出了典型条件下雷达导引头多径/目标功率比(简称干信比)随擦地角的变化曲线,可以看出,存在一个干信比最小的擦地角,我们称其为防空导弹布儒斯特角。因此,如果防空导弹按布儒斯特角拦截目标,可使雷达导引头受到的多径干扰最小,从而可有效改善防空导弹的超低空目标拦截性能。

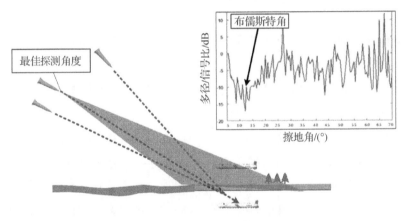

图 3.15　拦截弹道与布儒斯特效应

　　对防空导弹来讲,从目标-环境复合散射的组成可以看出:耦合散射与目标及环境自身散射相比是两者的相互作用,与两者都有关系;耦合散射的产生与环境的反射紧密相关。前面章节中已经提到,耦合散射在某些条件下仍然存在局部最小值,这个最小值对应的入射波擦地角被称为防空导弹布儒斯特角,这个现象被称为防空导弹布儒斯特效应。因此,防空导弹布儒斯特效应的本质是目标-环境耦合散射问题,其机理的揭示,核心是要研究目标-环境耦合散射效应。耦合散射是目标与环境之间相互作用的电磁效应,它与三个因素相关:①目标特性,目标越低,耦合越强,只有在超低空时,耦合散射效应才会比较明显;②环境特性,需要考虑多样化的环境类型和粗糙度、植被、季节等因素的变化影响;③在弹目接近的过程中,需要考虑远场、近场散射问题。因此,需要在防空导弹雷达导引头超低空探测条件下,建立目标-环境的耦合散射与目标特性、环境特性、弹目空间关系等条件因素之间的数理关系,以揭示雷达导引头布儒斯特效应的形成机理。目标、镜像与天线的位置关系如图 3.16 所示，天线与目标相距 $D_{ts}$，目标与天线连线的擦地角为 $\theta_t$，镜像目标与天线连线的擦地角为 $\theta_m$，也称为波束擦地角，目标位置为 $T_p$，天线位置为 $S_p$，目标轴向偏离 $x$ 轴正向的角度为 $\alpha$，逆时针为正，顺时针为负。

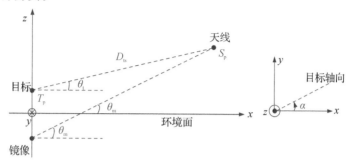

图 3.16　目标、镜像与天线的位置关系

## 3.3.2　防空导弹布儒斯特角的求解方法

当雷达导引头下视探测超低空目标时，照射到目标的雷达波分为两部分：一是由导引头直接照射到目标上的直接照射波；二是首先照射到环境表面然后经环境表面反射至目标上的雷达波。与平面相比，环境表面往往是粗糙的，它可能会增加或降低导引头所接收到的回波分量。由于环境表面的存在，目标与环境之间的耦合作用将成为导引头所接收到的回波信号中重要的组成分量，所以在超低空目标与环境表面的散射计算中必须考虑目标与环境表面之间多次反射和耦合散射。因此，我们采用"四路径"模型来考虑超低空目标的多径散射问题，如图 3.17 所示。

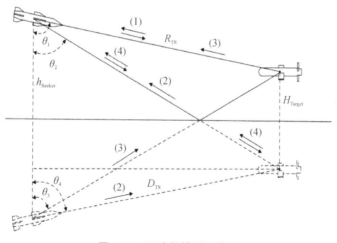

图 3.17　四路径模型示意图

图中：$H_{Target}$ 表示目标的飞行高度；$h_{Seeker}$ 表示防空导弹的飞行高度；$R_{TS}$ 表示导弹与目标的空间距离；$D_{TS}$ 表示导弹与目标水平投影的距离。各参数与图中所示角度关系如下：

$$\left.\begin{array}{l} h_{\text{Seeker}} = R_{\text{TS}}\cos\theta_1 + H_{\text{Target}} \\ D_{\text{TS}} = R_{\text{TS}}\sin\theta_1 \\ \theta_2 = \theta_3 = \arctan[D_{\text{TS}}/(H_{\text{Target}} + h_{\text{Seeker}})] \\ \theta_4 = \theta_1 \end{array}\right\} \qquad (3.10)$$

设来自实际目标的散射场为 $E(\theta_i, \theta_s)$，来自镜像目标的散射场为 $E'(\theta_i, \theta_s)$。如图 3.17 所示，路径 1 的电磁波散射与传播路径为"导引头 — 目标 — 导引头"，产生的目标场记为 $E_1(\theta_1, \theta_1)$，是一次单站散射；设 $E_{01}(\theta_1, \theta_1)$ 为路径 1 在未计入传播路程差影响时目标的远场散射场；路径 1 电磁波传播的路径长度为 $L_1 = 2R_{\text{TS}}$；设 $k$ 为雷达波数，则 $E_1(\theta_1, \theta_1)$ 的表达式为

$$E_1(\theta_1, \theta_1) = E_{01}(\theta_1, \theta_1)\text{e}^{-jkL_1} \qquad (3.11)$$

路径 2 的电磁波散射与传播路径为"导引头—目标—环境—导引头"，等效为"镜像导引头—镜像目标—环境—导引头"，产生的散射场记为 $E'_2(\pi - \theta_4, \theta_2)$，是一次双站散射。该传播路径不同于直接路径，必须考虑环境表面对目标散射波的一次反射，由于这是属于环境表面的"镜向"反射问题，引入环境表面的镜向反射系数 $\rho(\theta_i^{\text{sur}})$，其中，$\theta_i^{\text{sur}}$ 为入射到粗糙面的入射角；路径 2 的环境表面的镜向反射系数为 $\rho(\theta_2)$；设 $\rho(\theta_2)E'_{02}(\pi - \theta_4, \theta_2)$ 为路径 2 在未计入传播路程差影响时目标的远场散射场；路径 2 电磁波传播的路径长度 $L_2 = R_{\text{TS}} + \sqrt{(h_{\text{Seeker}} + H_{\text{Target}})^2 + D_{\text{TS}}^2}$；则 $E'_2(\pi - \theta_4, \theta_2)$ 的表达式为

$$E'_2(\pi - \theta_4, \theta_2) = \rho(\theta_2)E'_{02}(\pi - \theta_4, \theta_2)\text{e}^{-jkL_2} \qquad (3.12)$$

路径 3 的电磁波散射与传播路径为"导引头—环境—目标—导引头"，等效为"镜像导引头—环境—目标—导引头"，产生的散射场记为 $E_3(\pi - \theta_3, \theta_1)$，是一次双站散射；考虑环境表面对入射波的一次反射，路径 3 的环境表面的镜向反射系数为 $\rho(\theta_2)$；设 $\rho(\theta_2)E_{03}(\pi - \theta_3, \theta_1)$ 为路径 3 在未计入传播路程差影响时目标的远场散射场；路径 3 电磁波传播的路径长度 $L_3 = L_2$；则 $E_3(\pi - \theta_3, \theta_1)$ 的表达式为

$$E_3(\pi - \theta_3, \theta_1) = \rho(\theta_2)E_{03}(\pi - \theta_3, \theta_1)\text{e}^{-jkL_3} \qquad (3.13)$$

路径 4 的电磁波散射与传播路径为"导引头—环境—目标—环境—导引头"，等效为"导引头—环境—镜像目标—环境—导引头"，产生的散射场记为 $E'_4(\theta_2, \theta_2)$，是一次单站散射。考虑环境表面对入射波的一次反射和对目标散射波的一次反射，路径 4 的环境表面的镜向反射系数为 $\rho(\theta_2)$；设 $\rho^2(\theta_2)E'_{04}(\theta_2, \theta_2)$ 为路径 4 在未计入传播路程差影响时目标的远场散射场；路径 4 电磁波传播的路径长度 $L_4 = 2\sqrt{(h_{\text{Seeker}} + H_{\text{Target}})^2 + D_{\text{TS}}^2}$；则 $E'_{04}(\theta_2, \theta_2)$ 的表达式为

$$E'_{04}(\theta_2, \theta_2) = \rho^2(\theta_2)E'_{04}(\theta_2, \theta_2)\text{e}^{-jkL_4} \qquad (3.14)$$

因此，雷达导引头所接收到的总散射场 $E^s$ 表示为

$$E^s = E_1(\theta_1, \theta_1) + E'_2(\pi - \theta_4, \theta_2) + E_3(\pi - \theta_3, \theta_1) + E'_4(\theta_2, \theta_2) \qquad (3.15)$$

综合上述分析，考虑到各路径的电磁波传播路径长度对雷达回波信号相位的影响，以及环境表面复反射系数对回波幅度和相位的影响，将式（3.11）～式（3.14）代入式（3.15），则雷达导引头所接收到的总散射场 $E^s$ 可表示为

$$E^s = E_{01}(\theta_1, \theta_1)\text{e}^{-jkL_1} + \rho(\theta_2)E'_{02}(\pi - \theta_4, \theta_2)\text{e}^{-jkL_2} +$$
$$\rho(\theta_2)E_{03}(\pi - \theta_3, \theta_1)\text{e}^{-jkL_3} + \rho^2(\theta_2)E'_{04}(\theta_2, \theta_2)\text{e}^{-jkL_4} \qquad (3.16)$$

布儒斯特效应是指垂直极化(V 极化)波照射水平面时,在特定入射角会出现镜面反射消失的现象。在实际自然界中,由于自然介质存在损耗,镜面反射不可能为零,但是在某个角度依然会出现模值剧烈降低的情况,并且相位会出现 180°突变。耦合场是指目标与粗糙面之间的相互作用产生的散射场,由式(3.14)可知,耦合场可以表示为路径 2、3、4 散射场的相干叠加:

$$E_{\mathrm{cou}}^{\mathrm{s}} = \rho(\theta_2)E'_{02}(\pi-\theta_4,\theta_2)\mathrm{e}^{-jkL_2} + \rho(\theta_2)E_{03}(\pi-\theta_3,\theta_1)\mathrm{e}^{-jkL_3} + \rho^2(\theta_2)E'_{04}(\theta_2,\theta_2)\mathrm{e}^{-jkL_4}$$

(3.17)

由式(3.17)可以看出,耦合场 3 条路径的值均与复反射系数 $\rho$ 有关。由于 $\rho$ 在布儒斯特角处均会出现突然下降的情况,所以可以推断耦合场也存在这种现象。由于这种情况下的布儒斯特效应的影响要素较多,可能与粗糙面各要素甚至是目标自身相关,所以拓展原定义,提出"防空导弹布儒斯特效应"的概念,它是指雷达导引头垂直极化波以布儒斯特角照射超低空目标和下方粗糙面时,粗糙面的镜面反射系数剧烈衰减、形成耦合散射减小的现象。

### 3.3.3　防空导弹布儒斯特角的变化规律

**1.防空导弹布儒斯特角随目标参数的变化规律**

(1)目标类型。图 3.18 给出了几种典型目标的模型,后面各章节仿真算例中会用到,各以模型 1、2、3、4、5 表示。

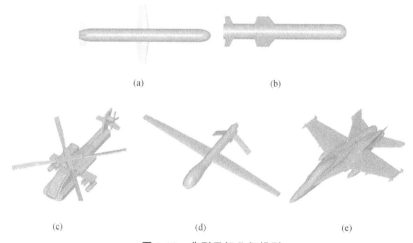

(a)　　　　　(b)

(c)　　　(d)　　　(e)

**图 3.18　典型目标几何模型**
(a)模型 1;(b)模型 2;(c)模型 3;(d)模型 4;(e)模型 5

设定计算条件如下:

1)目标参数:$T_p(0,0,15\ \mathrm{m})$,目标轴向指向 $x$ 轴正向。

2)环境参数:环境介电常数 $\varepsilon_r = (3,-2.4\times10^{-5})$,环境类型为地面,环境均方根高度为 $1.0\times10^{-3}\ \mathrm{m}$,相关长度为 0.6 m。

3)天线参数:工作频率在 X 波段,入射天线与接收天线的旁瓣电平为 $-20\ \mathrm{dB}$,天线距离目标中心距离 $D_{ts}$ 为 2 000 m,入射和接收天线极化均为 VV 极化。

图 3.19 给出了目标为模型 1～5 时的耦合散射随波束擦地角的变化规律。由图中可以看出：不同目标类型下耦合散射均在 30°附近存在最小值；耦合散射整体幅度会因目标类型的不同而存在差异，这是因为不同的目标类型对应不同的目标尺寸和外形，模型 3 的尺寸较大，其耦合散射也相应较强。模型 3 与模型 5 的尺寸比较接近，然而模型 5 与环境的耦合较弱，说明目标的尺寸不是决定性因素，耦合散射的强弱还和外形有关。

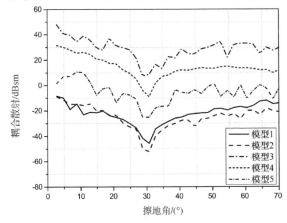

图 3.19　不同目标类型时的耦合散射随擦地角的变化规律

（2）目标高度。设定计算条件如下：

1）目标参数：$T_p(0,0,H)$，目标轴向指向 $x$ 轴正向，目标为模型 1。

2）环境参数：环境介电常数 $\varepsilon_r = (3, -2.4 \times 10^{-5})$，环境类型为地面，环境均方根高度为 $1.0 \times 10^{-3}$ m，相关长度为 0.6 m。

3）天线参数：工作频率在 X 波段，入射天线与接收天线的旁瓣电平为 $-20$ dB，天线距离目标中心距离 $D_{ts}$ 为 2 000 m，入射和接收天线极化均为 VV 极化。

图 3.20 给出了不同目标高度时的耦合散射随波束擦地角的变化规律。由图中可以看出：目标高度的变化并没有影响耦合散射最小值角度位置，仍然在 30°处出现最小值；当目标高度增大时，耦合散射曲线整体会下降，这是由于高度增加，目标与环境之间的耦合散射会变弱。

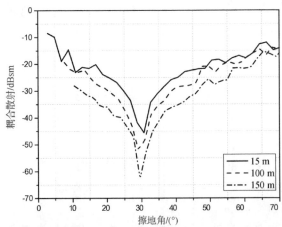

图 3.20　不同目标高度时的耦合散射随擦地角的变化规律

(3)防空导弹与目标距离。设定计算条件如下：

1)目标参数：$T_p(0,0,15\ \text{m})$，目标轴向指向 $x$ 轴正向，目标为模型 1。

2)环境参数：环境介电常数 $\varepsilon_r=(3,-2.4\times10^{-5})$，环境类型为地面，环境均方根高度为 $1.0\times10^{-3}\ \text{m}$，相关长度为 0.6 m。

3)天线参数：工作频率在 X 波段，入射天线与接收天线的旁瓣电平为 $-20\ \text{dB}$，天线距离目标中心距离 $D_{\text{ts}}$，入射和接收天线极化均为 VV 极化。

图 3.21 给出了不同天线目标距离时的耦合散射随波束擦地角的变化规律。由图中可以看出：当天线目标距离增加时，耦合散射的最小值位置并未发生改变；当天线目标距离增加时，耦合散射会减小，且距离越小，耦合散射的变化越明显，耦合曲线间隔越大；距离越大，耦合散射的变化越小，耦合曲线间隔越小。这主要是因为天线波束始终对准的是目标中心，距离越近，天线目标连线 $\theta_t$ 和天线镜像目标连线 $\theta_m$ 的相差越大，天线方向图对耦合散射的加权作用越明显。

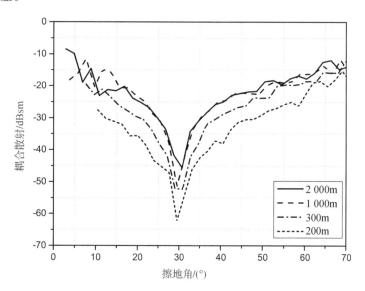

图 3.21　不同天线目标距离时的耦合散射随擦地角的变化规律

(4)目标轴向偏角。设定计算条件如下：

1)目标参数：$T_p(0,0,15\ \text{m})$，目标为模型 1。

2)环境参数：环境介电常数 $\varepsilon_r=(3,-2.4\times10^{-5})$，环境类型为地面，环境均方根高度为 $1.0\times10^{-3}\ \text{m}$，相关长度为 0.6 m。

3)天线参数：工作频率在 X 波段，入射天线与接收天线的旁瓣电平为 $-20\ \text{dB}$，天线距离目标中心距离 $D_{\text{ts}}$ 为 2 000 m，入射和接收天线极化均为 VV 极化。

图 3.22 给出了不同目标轴向偏角时的耦合散射随波束擦地角的变化规律。由图中可以看出：当目标轴向角度变大时，耦合散射的最小值位置并未发生明显改变；当轴向角度变大时，主波束照射方向和位置并未发生改变，这时目标的后向 RCS 是增加的，耦合散射也会随之增加。

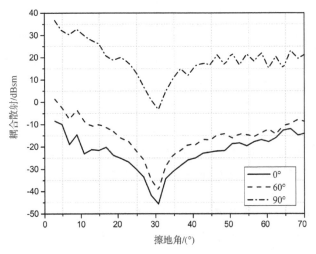

图 3.22　不同目标轴向偏角时的耦合散射随擦地角的变化规律

**2.防空导弹布儒斯特角随环境参数变化的规律**

(1)环境介电常数。设定计算条件如下：

1)目标参数：$T_p(0,0,15\text{ m})$，目标轴向指向 $x$ 轴正向，目标为模型 1。

2)环境参数：环境介电常数 $\varepsilon_r$，环境类型为地面，环境均方根高度为 $1.0\times10^{-3}$ m，相关长度为 0.6 m。

3)天线参数：工作频率在 X 波段，入射天线与接收天线的旁瓣电平为 $-20$ dB，天线距离目标中心距离 $D_{ts}$，入射和接收天线极化均为 VV 极化。

图 3.23 给出了不同环境介电常数时的耦合散射随波束擦地角的变化规律。由图中可以看出：当介电常数的实部变大时，布儒斯特效应出现的位置向小角度靠近，当介电常数的虚部变大时，耦合散射局部最小值变大不明显，甚至消失。这个算例说明，介电常数的绝对值决定了布儒斯特的位置，而虚部即介质损耗角正切越大，介质的类导体特性越明显，布儒斯特效应不明显。也从侧面说明，导体环境的耦合散射较强，介质环境的耦合散射较强。

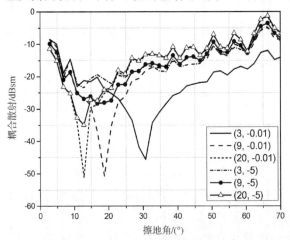

图 3.23　不同环境介电常数时的耦合散射随擦地角的变化规律

(2)环境均方根高度。设定计算条件如下：

1)目标参数：$T_p(0,0,15\ m)$，目标轴向指向 $x$ 轴正向，目标为模型 1。

2)环境参数：环境介电常数 $\varepsilon_r = (3,-2.4\times10^{-5})$，环境类型为地面，相关长度为0.6 m。

3)天线参数：工作频率在 X 波段，入射天线与接收天线的旁瓣电平为－20 dB，天线距离目标中心距离 $D_{ts}$ 为 2 000 m，入射和接收天线极化均为 VV 极化。

图 3.24 给出了不同环境均方根高度时的耦合散射随波束擦地角的变化规律。由图中可以看出：当均方根高度增加时，布儒斯特角的位置并未发生变化，耦合散射曲线整体变小，说明随环境面变得粗糙，目标的镜像出现发散，耦合散射变弱。

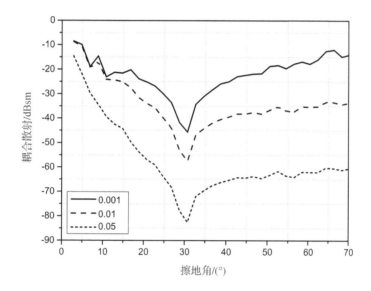

图 3.24　不同环境均方根高度时的耦合散射随擦地角的变化规律

(3)不同风速。设定计算条件如下：

1)目标参数：$T_p(0,0,15\ m)$，目标轴向指向 $x$ 轴正向，目标为模型 1。

2)环境参数：环境介电常数 $\varepsilon_r = (42,-38)$，环境类型为海面。

3)天线参数：工作频率在 X 波段，入射天线与接收天线的旁瓣电平为－20 dB，天线距离目标中心距离 $D_{ts}$ 为 2 000 m，入射和接收天线极化均为 VV 极化。

图 3.25 给出了不同风速时的耦合散射随波束擦地角的变化规律。由图中可以看出：当风速增大时，耦合散射的布儒斯特效应会发生改变，甚至消失。另外，当风速变大时，环境粗糙度增加，环境面变得更加粗糙，镜像作用不明显，镜像目标出现发散，耦合散射会变弱。

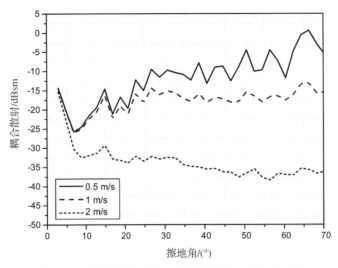

图 3.25　不同风速时的耦合散射随擦地角的变化规律

**3.防空导弹布儒斯特角随天线参数变化的规律**

（1）工作频率。设定计算条件如下：

1）目标参数：$T_p(0,0,15\ \mathrm{m})$，目标轴向指向 $x$ 轴正向，目标为模型1。

2）环境参数：环境介电常数 $\varepsilon_r = (42,-38)$，环境类型为海面，海面风速为 0.5 m/s。

3）天线参数：入射天线与接收天线的旁瓣电平为 $-20$ dB，天线距离目标中心距离 $D_{ts}$ 为 2 000 m，入射和接收天线极化均为 VV 极化。

图 3.26 给出了不同工作频率时的耦合散射随波束擦地角的变化规律。由图中可以看出：随着频率的升高，防空导弹布儒斯特效应变得不明显，这从布儒斯特角位置处的耦合散射最小值不明显这一特征可以看出。频率升高，环境粗糙度的电长度增加，环境面显得更粗糙，耦合散射减弱，反映在图中就是耦合散射曲线整体下移。

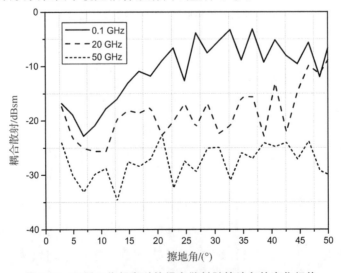

图 3.26　不同工作频率时的耦合散射随擦地角的变化规律

（2）天线极化。设定计算条件如下：

1）目标参数：$T_{\mathrm{p}}(0,0,15\ \mathrm{m})$，目标轴向指向 $x$ 轴正向，目标为模型 1。

2）环境参数：环境介电常数 $\varepsilon_{\mathrm{r}}=(3,-2.4\times10^{-5})$，环境类型为地面，环境均方根高度为 $1.0\times10^{-3}\ \mathrm{m}$，相关长度为 $0.6\ \mathrm{m}$。

3）天线参数：工作频率在 X 波段，入射天线与接收天线的旁瓣电平为 $-20\ \mathrm{dB}$，天线距离目标中心距离 $D_{\mathrm{ts}}$ 为 $2\,000\ \mathrm{m}$。

图 3.27 给出了不同天线极化时的耦合散射随波束擦地角的变化规律。由图中可以看出：VV 极化条件下耦合散射存在布儒斯特效应，HH 极化条件下，耦合散射的布儒斯特效应消失，这从前述内容中环境散射随极化变化的规律中可以明白其原因，即环境局部反射系数只有在 VV 极化下才会出现局部最小值。

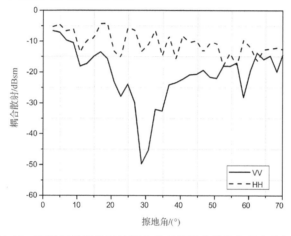

图 3.27　不同天线极化时的耦合散射随波束擦地角的变化规律

## 3.3.4　防空导弹布儒斯特角的试验验证

下面通过典型地/海面条件下挂飞试验，验证 3.3.2 节布儒斯特角的计算精度。

**1.海面上挂飞试验**

如图 3.28 所示，以海面为背景的双机对飞外场动态挂飞的数据采集试验，录取不同波形、不同擦地角下的导引头回波数据，对比不同波形下的目标及镜像情况，验证海面的布儒斯特角。具体试验方案是，Ku 波段导引头挂在载机下方，目标机上方固定放置一个 Ku 波段喇叭，喇叭通过放置在机内的射频信号源辐射信号，导引头通过跟踪信号源信号跟踪目标，载机和目标机起飞后，根据设定的航线相对飞行，载机和目标同时进入预先设定的进入点，进入航线后，测试设备按照 GPS 数据计算波束指向角度和弹目距离装订给导引头，导引头采用点频和线性调频切换的工作模式，点频模式下跟踪信号源信号，导引头不辐射信号，线性调频模式下导引头辐射信号，每个航路选取一种线性调频波形照射目标机，并采集相应目标-海杂波试验数据。载机和目标机在长约 $30\ \mathrm{km}$ 的航线上相对飞行，载机高度约为 $1\,200\ \mathrm{m}$，目标机高度约为 $100\ \mathrm{m}$，两机同时进入航线，相对飞行速度约为 $130\ \mathrm{m/s}$。导引头预装波束指向由载机 GPS 和目标机 GPS 解算给出。

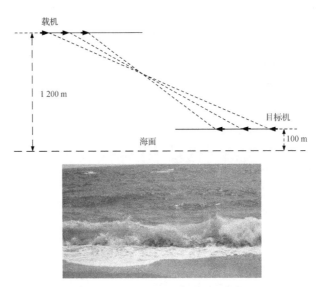

图 3.28　地面上导引头挂飞试验

　　(1)4 MHz－LFM 模式数据处理结果。对于 4 MHz 线性调频模式,回波处理结果如图 3.29 所示,图中上半部分是目标与镜像的幅度差值,其中,镜像多普勒频率门和距离门取值是通过目标多普勒、载机高度、目标机高度和波束擦地角计算得到的,由图 3.29 可以看出,在擦地角由 5.5°～14.2°的过程中,随着擦地角的变大,目标与镜像能量差存在一个由小变大、再由大变小的趋势,而在擦地角约为 8.2°时,目标与镜像能量差最大。

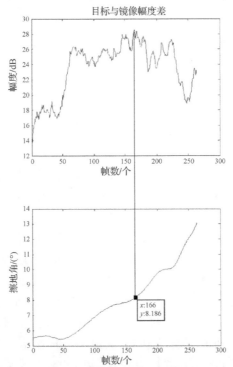

图 3.29　海面环境下的布儒斯特角试验结果

　　(2)20 MHz - LFM 模式数据处理结果。对于 20 MHz 线性调频模式,回波处理结果如图 3.30 所示,图中上半部分是目标与镜像的幅度差值,其中,镜像多普勒频率门和距离门的取值是通过目标多普勒、载机高度、目标机高度和波束擦地角计算得到的,由图 3.30 可以看出,在擦地角由 6°～11.2°的过程中,随着擦地角的变大,目标与镜像能量差存在一个由小变大、再由大变小的趋势,而在擦地角约为 7.7°时,目标与镜像能量差最大。

　　(3)80 MHz - LFM 模式目标处理结果。对于 80 MHz 线性调频模式,回波处理结果如图 3.31 所示,图中上半部分是目标与镜像的幅度差值,其中,镜像多普勒频率门和距离门的取值是通过目标多普勒、载机高度、目标机高度和波束擦地角计算得到的,由图 3.31 可以看出,在擦地角由 3°～13°的过程中,随着擦地角的变大,目标与镜像能量差存在一个由小变大、再由大变小的趋势,而在擦地角约为 8.3°时,目标与镜像能量差最大。

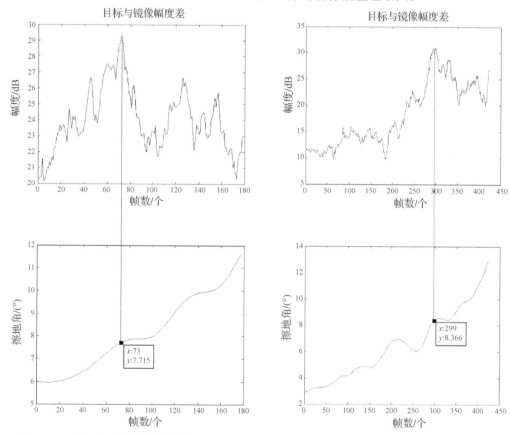

图 3.30　海面环境下的布儒斯特角试验结果　　　图 3.31　海面环境下的布儒斯特角试验结果

　　总之,通过上述海面挂飞试验,获取了不同带宽下的目标与镜像目标的分布情况,如图 3.32 所示。通过对不同擦地角的目标能量和镜像能量的差值比较,可以发现目标与镜像能量差由小变大、再由大变小的变化趋势过程,在擦地角约 8°的情况下,目标与镜像能量差最大,可以看出,海面背景环境下布儒斯特角约为 8°。通过 3.3.2 节的计算方法,求得信干比随擦地角的分布如图 3.33 所示,海面挂飞试验条件下,海面布儒斯特角计算结果仿真为 6.25°,试验与仿真结果对比误差约为 1.75°。

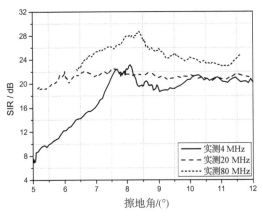

图 3.32 海面上导引头挂飞试验的信干比

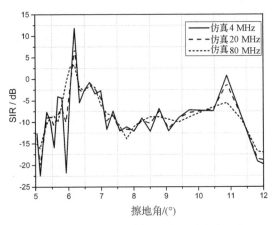

图 3.33 海面上仿真试验的导引头信干比
（布儒斯特角为 6.25°）

**2.地面上挂飞试验**

如图 3.34 所示,固定目标 GPS 坐标,将飞机实时 GPS 坐标信息、姿态信息解算结果置给导引头,使导引头始终指向目标。采集不同波形带宽下运动目标、镜像、地杂波数据,用于对比不同带宽下的信杂比、不同擦地角下的信干比变化情况。试验载机采用某型运输机,目标采用旋翼无人机,为了增大 RCS,在无人机下面挂载 47 cm 的金属球。擦地角范围为 $10°\sim$ $45°$,载机高度约为 800 m、速度为 50 m/s,目标无人机高度约为 30 m、速度为 10 m/s。

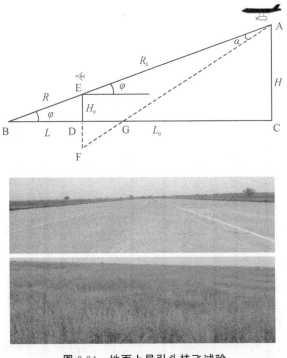

图 3.34 地面上导引头挂飞试验

通过草地挂飞试验,获取了不同带宽下的目标与镜像目标的分布情况,如图 3.35 所示。通过对不同擦地角的目标能量和镜像能量的差值比较,可以发现目标与镜像能量差由小变大、再由大变小的变化趋势过程,在擦地角约 22.7° 的情况下,目标与镜像能量差最大,可以看出,草地环境的布儒斯特约为 22.7°。通过 3.3.2 节的计算方法,求得信干比随擦地角的分布如图 3.36 所示,草地上挂飞试验条件下,草地的布儒斯特角计算结果仿真为 22.2°,试验与仿真结果对比误差约为 0.5°。

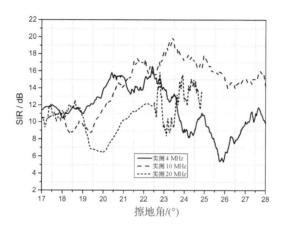

图 3.35　不同带宽下草地上导引头挂飞试验的信干比

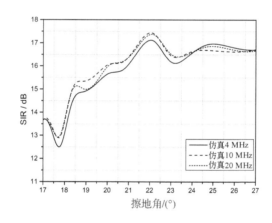

图 3.36　草地上仿真试验的导引头信干比(布儒斯特角为 22.2°)

通过混凝土地面上挂飞试验,获取了不同带宽下的目标与镜像目标的分布情况,如图 3.37 所示。通过对不同擦地角的目标能量和镜像能量的差值比较,可以发现目标与镜像能量差由小变大、再由大变小的变化趋势过程,在擦地角约 32.3° 的情况下,目标与镜像能量差最大,因此确定混凝土地面的布儒斯特角约为 30.5°。通过 3.3.2 节的计算方法,求得信干比随擦地角的分布如图 3.38 所示,混凝土地面上挂飞试验条件下,混凝土地面的布儒斯特角计算结果仿真为 30.3°,试验与仿真结果对比误差约为 0.2°。

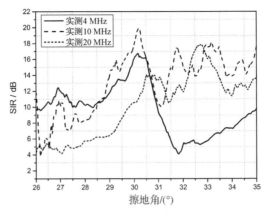

图 3.37 不同带宽下混凝土地面上导引头挂飞试验的信干比

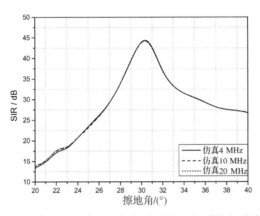

图 3.38 混凝土地面上仿真试验的导引头信干比(布儒斯特角为 30.3°)

# 3.4 信干比随擦地角变化的规律

## 3.4.1 多径散射信号的求解方法

传统四路径模型的基本思想是将目标与地/海面的耦合作用简化为镜像方向上场的相互作用,这样目标与地/海面的电磁耦合作用便简化为目标与无限大平面的相互作用。然而,防空导弹导引头的天线波束是具备一定宽度的,若多径干扰直接从主瓣进入,其对探测能力的影响要远大于从副瓣进入的多径干扰。因此,须引入天线方向图对传统的四路径模型进行修正。

### 1.雷达导引头天线方向图模型

实际的雷达天线方向图是比较复杂的,在分析的过程中通常采用近似的函数模型来表示。常用的有高斯型、指数型、余弦型等。我们采用高斯型天线方向图,综合考虑天线方向图模拟的复杂程度与精度,主要设置主瓣和两侧各两个旁瓣,其他旁瓣增益值与主瓣相比很小,因此采用统一的常值增益 $g_3$ 来近似。

令设波束主瓣的天线方向图函数为高斯状：

$$G_{MB}(\theta) = \exp\left(\frac{-2\ln2\theta^2}{\theta_B^2}\right), \ |\theta| \leqslant \mu \tag{3.18}$$

式中：$\theta_B$ 为波束主瓣半功率点宽度；$\mu$ 是主瓣增益等于 $g_3$ 时的方位角度值，且有

$$\mu = \theta_B \sqrt{\ln g_3 / (-2\ln2)} \tag{3.19}$$

第一旁瓣方向图用中心位置为 $\pm1.5\mu$ 的高斯函数进行描述：

$$G_{B1}(\theta) = g_1 \exp\left[\frac{-2\ln2(\theta + 1.5\mu)^2}{\theta_{B1}^2}\right], \mu \leqslant |\theta| \leqslant 2\mu \tag{3.20}$$

式中：$g_1$ 为第一旁瓣的增益峰值；$\theta_{B1}$ 的取值满足 $\theta = \pm\mu$，$\theta = \pm2\mu$ 时第一旁瓣的增益为 $g_3$，由此可得

$$\theta_{B1} = 0.5\mu \sqrt{(-2\ln2)/\ln(g_3/g_1)} \tag{3.21}$$

同理，可将第二旁瓣的方向图用中心为 $\pm2.5\mu$ 的高斯函数进行表示：

$$G_{B2}(\theta) = g_2 \exp\left[\frac{-2\ln2(\theta + 2.5\mu)^2}{\theta_{B2}^2}\right], 2\mu < |\theta| \leqslant 3\mu \tag{3.22}$$

其中

$$\theta_{B2} = 0.5\mu \sqrt{(-2\ln2)/\ln(g_3/g_2)} \tag{3.23}$$

在后续的仿真中我们设置参数如下：第一旁瓣增益峰值 $G_1 = 10\lg(g_1) = -20$ dB，第二旁瓣增益峰值 $G_2 = 10\lg(g_2) = -25$ dB，其余旁瓣相对较小，均取为定值 $G_r = 10\lg(g_3) = -30$ dB，即对应增益为 $g_1 = 0.01$，$g_2 = 10^{-0.25} = 0.003\,16$，$g_3 = 0.001$。图 3.39 为仿真中用到的天线方向图。

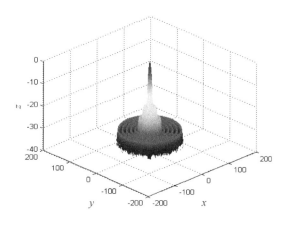

图 3.39  导引头方向图模拟示意图

**2.主动雷达导引头的多径散射场**

传统的四路径模型是假设目标回波和多径干扰均同时从主瓣进入，而实际导引头天线波束是具备一定宽度的，现引入高斯型方向图来模拟导引头方向图，对四路径模型进行修正。由图 3.40 容易得到，目标与环境的多次作用所产生的多径干扰并不是从主瓣的最大增益处直接进入，可能会从主瓣的其他方向或者副瓣进入。

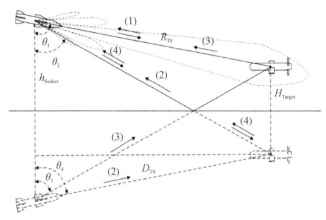

**图 3.40　考虑导引头天线方向图修正的四路径模型示意图**

记多径干扰方向与主瓣的最大增益方向夹角为 $\Delta\theta$，则 $\Delta\theta = \theta_1 - \theta_2$。设方向图修正系数为 $\zeta(\Delta\theta)$，主瓣的最大增益方向的天线增益 $G_{MB}(\theta)\big|_{\theta=0°} = 1$，$\zeta(\Delta\theta)\xi(\Delta\theta)$ 的取值规则如下：

$$\xi(\Delta\theta) = \frac{G(\Delta\theta)}{G_{MB}(\theta)\big|_{\theta=0°}} = \begin{cases} G_{MB}(\Delta\theta), & |\Delta\theta| \leqslant \mu \\ G_{B1}(\Delta\theta), & \mu \leqslant |\Delta\theta| \leqslant 2\mu \\ G_{B2}(\Delta\theta), & 2\mu \leqslant |\Delta\theta| \leqslant 3\mu \end{cases} \tag{3.24}$$

通过方向图修正系数 $\xi(\Delta\theta)$ 修正后的四路径模型即为

$$E^s = E_{01}(\theta_1, \theta_1)e^{-jkL_1} + \xi(\Delta\theta)\rho(\theta_2)E'_{02}(\pi - \theta_4, \theta_2)e^{-jkL_2} +$$
$$\rho(\theta_2)E_{03}(\pi - \theta_3, \theta_1)e^{-jkL_3} + \xi^2(\Delta\theta)\rho^2(\theta_2)E'_{04}(\theta_2, \theta_2)e^{-jkL_4} \tag{3.25}$$

式中：$E^s$ 表示导引头位置所接收到的目标回波电场矢量，即来自经导引头方向图修正后的四条回波路径上场量的叠加。目标与环境表面的耦合散射场 $E^{cou}$ 即为除路径 1 产生的目标散射场之外的路径 2、3、4 上场量的叠加。

传统的多路径模型将目标下方的微粗糙面简化为无限大平面，认为反射能量全部集中在镜反射方向，因此在多路径模型中的复反射系数均采用的是菲涅尔反射系数。而当电磁波入射到较为粗糙面的表面时，其反射波的空间分布将受到表面粗糙度的影响。对于微粗糙表面而言，反射能量主要集中在镜反射方向，而到粗糙面的粗糙程度进一步增大，镜反射分量可以忽略不计，其漫反射分量将会占主导地位。因此我们采用修正复反射系数来描述地/海表面粗糙度对电磁波反射能量的影响，具体表达式如下：

$$\rho_{VV,HH}(\theta_i^{sur}) = \Gamma_{VV,HH}(\theta_i^{sur})\rho_s(\theta_i^{sur}) \tag{3.26}$$

式中：$\theta_i^{sur}$ 为入射到粗糙面的入射角；$\Gamma_{VV,HH}$ 为垂直或水平极化条件下的菲涅尔反射系数；$\rho_s(\theta_i^{sur})$ 为粗糙表面反射因子，表达式如下：

$$\rho_s(\theta_i^{sur}) = \begin{cases} \exp[-2(2\pi\tau\theta_i^{sur})^2], & 0 \leqslant \tau \leqslant 0.1 \\ 0.812\,537/[1 + 2(2\pi\tau\theta_i^{sur})^2], & \tau > 0.1 \end{cases} \tag{3.27}$$

式中：$\tau = \sigma_h \cos(\theta_i^{sur})/\lambda$；$\sigma_h$ 为高度标准偏差（具体对应陆地粗糙面的均方根高度 $h_{rms}$ 和海面风速 $v_{19.5}$ 所对应的均方根高度 $h_{rms} \approx 0.005\,33\,v_{19.5}^2$）；$\lambda$ 为入射波波长。

由式（3.23）可以得到，目标与环境表面的耦合散射场 $E^{cou}$ 表达式为

$$E^s = \xi(\Delta\theta)\rho(\theta_2)E'_{02}(\pi-\theta_4,\theta_2)e^{-jkL_2} +$$
$$\rho(\theta_2)E_{03}(\pi-\theta_3,\theta_1)e^{-jkL_3} + \xi^2(\Delta\theta)\rho^2(\theta_2)E'_{04}(\theta_2,\theta_2)e^{-jkL_4} \quad (3.28)$$

**3.半主动雷达导引头的多径散射场**

现有的防空导弹武器型号中,不仅仅有主动雷达导引头,还有采用地基雷达进行照射的半主动雷达导引头。半主动导引头情况下的修正四路径模型如图 3.41 所示。

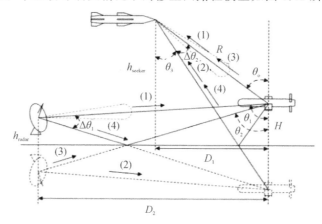

**图 3.41　半主动导引头下修正四路径模型**

图中:$H$ 表示目标的飞行高度;$h_{seeker}$表示防空导弹的飞行高度;$h_{radar}$表示地面照射雷达的高度;$R$ 表示弹目的空间距离;$D_1$ 表示弹目水平投影的距离;$D_2$ 表示地面雷达与目标水平投影的距离;$\theta_0$表示防空导弹相对于目标的俯仰角。各参数与图中所示角度关系如下:

$$\left.\begin{array}{l} D_1 = R\sin\theta_i \\ h_{seeker} = H + R\sin\theta_i \\ \theta_1 = \arctan[D_2/(H-h_{radar})] \\ \theta_2 = \arctan[D_2/(H+h_{radar})] \\ \theta_3 = \arctan[D_1/(H+h_{seeker})] \end{array}\right\} \quad (3.29)$$

在此我们采用修正复反射系数来描述地/海面环境的作用,表达式如式(3.26)和式(3.27)所示。记来自实际目标的散射场为 $E(\theta_i,\theta_s)$,来自镜像目标的散射场为 $E'(\theta_i,\theta_s)$。

如图 3.41 所示,路径 1 的电磁波散射与传播路径为"雷达—目标—导引头",产生的目标场记为 $E_1(\pi-\theta_1,\theta_0)$,是一次双站散射。

路径 2 的电磁波散射与传播路径为"雷达—目标—环境—导引头",等效为"镜像雷达—镜像目标—环境—导引头",产生的散射场记为 $\rho(\theta_3)E'_2(\theta_1,\theta_3)$,是一次双站散射。

路径 3 的电磁波散射与传播路径为"雷达—环境—目标—导引头",等效为"镜像雷达—环境—目标—导引头",产生的散射场记为 $\rho(\theta_2)E_3(\pi-\theta_2,\theta_0)$,是一次双站散射。

路径 4 的电磁波散射与传播路径为"雷达—环境—目标—环境—导引头",等效为"雷达—环境—镜像目标—环境—导引头"产生的散射场记为 $\rho(\theta_2)\rho(\theta_3)E'_4(\theta_2,\theta_3)$,是一次双站散射。

由图 3.41 容易得到,目标与环境的多次作用所产生的多径干扰并不是从主瓣的最大增

益处直接进入，可能会从主瓣的其他方向或者副瓣进入，记多径干扰方向与主瓣的最大增益方向夹角为 $\Delta\theta$（其中，$\Delta\theta_1$ 表示雷达的直接照射方向和多径方向的夹角，$\Delta\theta_2$ 表示导引头的直接接收方向和多径方向的夹角）。设方向图修正系数为 $\xi(\Delta\theta)$，主瓣的最大增益方向的天线增益 $G_{\mathrm{MB}}(\theta)\big|_{\theta=0°}=1$，$\xi(\Delta\theta)$ 的取值规则如下：

$$\xi(\Delta\theta)=\frac{G(\Delta\theta)}{G_{\mathrm{MB}}(\Delta\theta)\big|_{\theta=0°}}=\begin{cases}G_{\mathrm{MB}}(\Delta\theta),\ |\ \Delta\theta\ |\leqslant\mu\\G_{\mathrm{B1}}(\Delta\theta),\ \mu\leqslant|\ \Delta\theta\ |\leqslant 2\mu\\G_{\mathrm{B2}}(\Delta\theta),\ 2\mu\leqslant|\ \Delta\theta\ |\leqslant 3\mu\end{cases} \tag{3.30}$$

通过方向图修正系数 $\xi(\Delta\theta)$ 修正后的四路径模型即为

$$E^{\mathrm{s}}=E_1(\pi-\theta_1,\theta_0)+\xi(\Delta\theta_2)\rho(\theta_3)E'_2(\theta_1,\theta_3)+\xi(\Delta\theta_1)\rho(\theta_2)E_3(\pi-\theta_2,\theta_0)+$$
$$\xi(\Delta\theta_1)\xi(\Delta\theta_2)\rho(\theta_2)\rho(\theta_3)E'_4(\theta_2,\theta_3) \tag{3.31}$$

式中：$E^{\mathrm{s}}$ 表示导引头位置所接收到的目标回波电场矢量，即来自经导引头方向图修正后的四条回波路径上场量的叠加。多径干扰即为除路径 1 之外的 2、3、4 条路径上场量的叠加。

由式（3.28）与式（3.31）分析，可以提取出影响耦合散射场（多径散射场）的具体因素。

（1）导弹参数影响：主要包括导弹体制与导弹工作频率；

（2）目标散射特性影响：主要包括目标几何结构与目标飞行高度；

（3）环境参数影响：主要包括环境介电常数与环境粗糙度。

### 3.4.2　不同参数条件下信干比随擦地角变化的规律

#### 1.目标仰角

首先通过一个算例介绍目标、镜像随擦地角变化的一般规律。该算例的模型原理图可以参照图 3.42。目标与环境位置相对固定，目标与雷达的距离也固定。

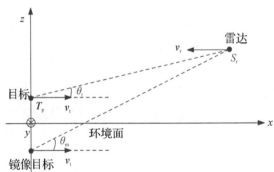

**图 3.42　目标、镜像目标及环境面相互位置关系**

计算条件如下：

（1）运动参数：雷达速度矢量为 $v_{\mathrm{s}}(-300\ \mathrm{m/s},0,0)$，目标位置矢量为 $T_{\mathrm{p}}(0,0,50\ \mathrm{m})$，速度矢量为 $(100\ \mathrm{m/s},0,0)$，目标雷达仰角为 $\theta_{\mathrm{t}}$。

（2）雷达参数为：主动体制，天线的旁瓣电平为 $-20\ \mathrm{dB}$，工作频率在 Ku 波段，积累脉冲数为 128，天线主波束指向目标中心，入射和接收均为 VV 极化。

（3）目标环境复合模型：目标模型为直径 30 cm 的导体球，环境面轮廓起伏为 $H_x=1\times$

$10^{-3}$ m，$L_x = 0.6$ m，小尺度起伏为 $h = 1 \times 10^{-4}$ m，$l_x = 0.04$ m。地面相对介电常数为 $\varepsilon_r = 3 - j0.002\,4$。

图 3.43 给出了目标、镜像、杂波及信干比随仰角（即 $\theta_t$）变化的规律。计算过程中保持雷达与目标的距离为 5 000 m，且始终不变。本节如果不做特殊说明，横坐标的仰角均指的是 $\theta_t$。由图 3.43 可以看出：

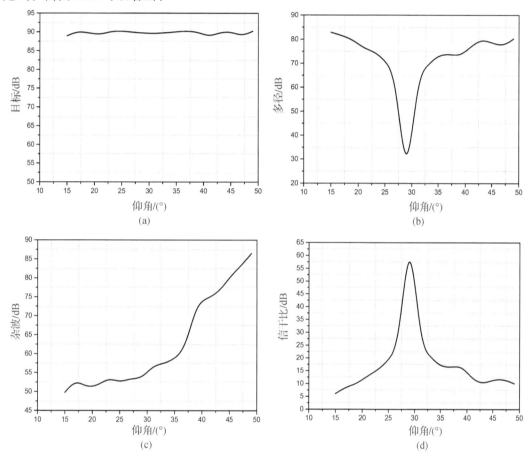

图 3.43　目标、镜像、杂波及信干比随仰角变化规律

(a)目标；(b)镜像；(c)杂波；(d)信干比

（1）随着仰角的变化，目标功率基本保持不变。这是由于目标为导体球，各方向的雷达 RCS 相同，且收发天线与目标的距离不变，整个计算过程中目标功率相差不足 1.5 dB，计算误差主要是由信号的数字采样所引起的。

（2）随着仰角的变化，杂波后向散射系数增强，杂波单元的 RCS 增强，因此杂波功率增强。

（3）随着仰角的变化，镜像功率会存在一个局部最小值，这个最小值的仰角 $\theta_t = 29°$，这个角度对应的是耦合散射的布儒斯特角。环境布儒斯特效应是由 VV 极化下的反射系数计算得到的，对应的是图 3.42 中的 $\theta_m$。该算例下镜像的最小值是与耦合散射对应的，两者既有区别也有联系。环境布儒斯特效应是环境的局部效应，而镜像的最小值是环境各部分耦合综合作用的结果;环境布儒斯特效应是镜像局部最小值产生的原因。由于镜像的最小值是与布儒斯特角相对应的,而环境的相对介电常数为 $\varepsilon_r = 3 - j0.002\,4$,对应的布儒斯特角正是 30°。计算结果与理论分析相一致。

(4)随着仰角的变化,信干比出现局部最大值。这是因为目标功率基本保持不变,镜像有局部最小值,两者之比就会出现局部最大值。这说明,当主波束的下视角与环境布儒斯特角接近时,镜像就会比较小,信干比会出现峰值,这对抑制镜像是有利的。

**2.目标参数**

(1)目标类型。计算条件如下:

1)运动参数:雷达速度矢量为 $v_s(-300\text{ m/s},0,0)$,目标位置矢量为 $T_p(0,0,50\text{ m})$,速度矢量为 $(100\text{ m/s},0,0)$,目标雷达仰角为 $\theta_t$,雷达与目标的距离为 5 000 m。

2)雷达参数为:主动体制,即发射和接收天线均在同一雷达内,且两种天线参数均相同,天线的旁瓣电平为 $-20$ dB,工作频率在 Ku 波段,积累脉冲数为 128,天线主波束指向目标中心,入射和接收均为 VV 极化。

3)目标环境复合模型:环境面轮廓起伏为 $H_x = 1 \times 10^{-3}$ m,$L_x = 0.6$ m,小尺度起伏为 $h = 1 \times 10^{-4}$ m,$l_x = 0.04$ m。地面相对介电常数为 $\varepsilon_r = 3 - j0.002\,4$。

图 3.44 给出了 3 种目标类型(即直径 30 cm 导体球、模型 1、模型 2)时,目标及信干比随仰角(即 $\theta_t$)变化的规律,计算过程中保持雷达与目标的距离不变。由图 3.44 可以看出:

1)当仰角发生变化时,不同类型的目标随仰角变化存在比较大的差异。目标与雷达距离保持不变就排除了距离对结果的影响,目标功率随角度的变化主要是由目标 RCS 随角度变化特性决定的。

2)不同目标类型对应的信干比曲线均在 30°左右存在局部最大值,但曲线形状存在小的差异。这说明目标类型对信干比局部最大值影响较小,不同目标类型对应的信干比均在相同角度位置处最大值,这是可以利用的一个重要特性,对抑制镜像、提高目标信号检测率具有重要的意义。

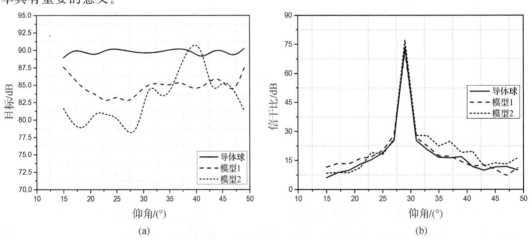

**图 3.44 不同目标类型时目标及信干比随仰角变化规律**

(a)目标;(b)信干比

（2）目标高度。计算条件如下：

1）运动参数：雷达速度矢量为 $\boldsymbol{v}_s(-300 \text{ m/s}, 0, 0)$，目标位置矢量为 $\boldsymbol{T}_p(0,0,H)$，速度矢量为 $(100 \text{ m/s}, 0, 0)$，目标雷达仰角为 $\theta$，雷达与目标的距离为 1 000 m。

2）雷达参数为：主动体制，即发射和接收天线均在同一雷达内，且两种天线参数均相同，天线的旁瓣电平为 $-20$ dB，工作频率在 Ku 波段，积累脉冲数为 128，天线主波束指向目标中心，入射和接收均为 VV 极化。

3）目标环境复合模型：目标模型为直径 30 cm 的导体球，环境面轮廓起伏为 $H_x = 1 \times 10^{-3}$ m，$L_x = 0.6$ m，小尺度起伏为 $h = 1 \times 10^{-4}$ m，$l_x = 0.04$ m。地面相对介电常数为 $\varepsilon_r = 6 - \text{j}4$。

图 3.45 给出了目标高度为 5 m、30 m 及 50 m 时，目标及信干比随仰角 $\theta_t$ 变化的曲线。由图 3.45 可以看出：

1）当目标高度增加时，目标功率随仰角的曲线几乎不发生变化。这是由于目标 RCS 不变，目标与雷达的距离也未发生变化。

2）当目标高度增加时，信干比随仰角的曲线整体上移。这是由于目标高度增加，镜像减弱，而目标功率不变，信干比增强。并且信干比的最大值从目标高度为 5 m 时的 20°移动至目标高度为 50 m 的约 12°附近，这是由于仰角 $\theta_t$ 与雷达镜像连线仰角 $\theta_m$ 存在差异。其表达式为

$$\left.\begin{aligned}\theta_t &= \arctan\left(\frac{H_r - H_t}{D_x}\right) \\ \theta_m &= \arctan\left(\frac{H_r + H_t}{D_x}\right)\end{aligned}\right\} \tag{3.32}$$

式中：$H_t$ 表示目标高度；$H_r$ 表示雷达高度；$D_x$ 表示雷达与目标水平距离。环境布儒斯特角其实是与 $\theta_m$ 对应的，当高度越大时，$\theta_t$ 与 $\theta_m$ 差异越大，反映在信干比曲线上，即高度越大，最大值往低仰角处的偏移也就越大。

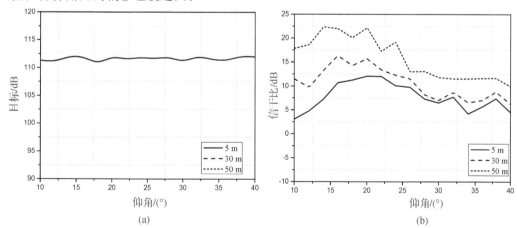

图 3.45　不同目标高度时目标及信干比随仰角变化规律

(a)目标；(b)信干比

（3）雷达与目标距离。计算条件如下：

1)运动参数:雷达速度矢量为 $v_s(-300\ \text{m/s},0,0)$,目标位置矢量为 $T_p(0,0,50\ \text{m})$,速度矢量为(100 m/s, 0, 0),目标雷达仰角为 $\theta_t=30°$。

2)雷达参数:主动体制,即发射和接收天线均在同一雷达内,且两种天线参数均相同,天线的旁瓣电平为 $-20\ \text{dB}$,工作频率在 Ku 波段,积累脉冲数为 128,天线主波束指向目标中心,入射和接收均为 VV 极化。

3)目标环境复合模型:目标模型为直径 30 cm 的导体球,环境面轮廓起伏为 $H_x=1\times10^{-3}\ \text{m},L_x=0.6\ \text{m}$,小尺度起伏为 $h=1\times10^{-4}\ \text{m},l_x=0.04\ \text{m}$。地面相对介电常数为 $\varepsilon_r=6-\text{j}4$。

图 3.46 中给出了雷达目标距离分别为 800 m、900 m、1 000 m、1 700 m 及 2 000 m 时,目标及信干比随仰角 $\theta_t$ 变化的曲线。由图 3.46 可以看出:

1)当雷达目标之间的距离增加时,目标功率下降。这是由于目标功率与距离呈反比的关系。

2)当雷达目标距离增加时,信杂比也在下降。这说明信号功率下降的同时,镜像功率也在下降,且距离越远,镜像功率与目标功率的下降量基本相同,反映在信干比的曲线上就是距离越远时,曲线的间隔越小。

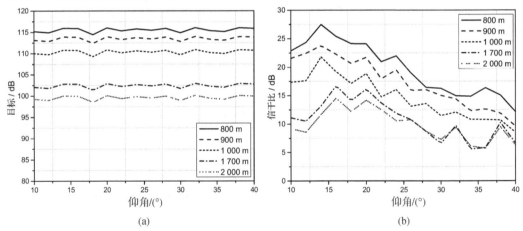

**图 3.46 不同雷达目标距离时目标及信干比随仰角变化规律**
(a)目标;(b)信干比

**3.环境参数**

(1)环境介电常数。计算条件如下:

1)运动参数:雷达速度矢量为 $v_s(-300\ \text{m/s},0,0)$,目标位置矢量为 $T_p(0,0,50\ \text{m})$,速度矢量为(100 m/s, 0, 0),雷达与目标的距离为 873 m。

2)雷达参数为:主动体制,天线的旁瓣电平为 $-20\ \text{dB}$,工作频率在 Ku 波段,积累脉冲数为 128,天线主波束指向目标中心,入射和接收均为 VV 极化。

3)目标环境复合模型:目标模型为直径 30 cm 的导体球,环境面轮廓起伏为 $H_x=1\times10^{-3}\ \text{m},L_x=0.6\ \text{m}$,小尺度起伏为 $h=1\times10^{-4}\ \text{m},l_x=0.04\ \text{m}$。

图 3.47 中给出了不同环境相对介电常数时的信干比曲线。由图 3.47 可以看出:

1)当环境相对介电常数的实部变大时,信干比的最大值向低仰角处移动。这说明介电常数的实部越大,环境的布儒斯特角越小。当虚部与实部相比越小时,信干比的最大值越明显。

2)当环境相对介电常数的虚部越大时,信干比的局部最大值越明显。这是由于虚部越大,介质的损耗越大,环境面的类导体属性增强,更多的能量会被环境面反射,镜像增强,信干比减小。同时,在实部没有变化的情况下,信干比最大值的角度位置并未发生明显变化。

从本算例可以得出结论:介电常数的实部决定了信干比的角度位置,介电常数(实部、虚部)决定了信干比最大值的幅度。环境介电常数越大,镜像效应越越弱;环境介质实部越小,如含水量很小的沙漠、戈壁滩等,镜像效应越明显。

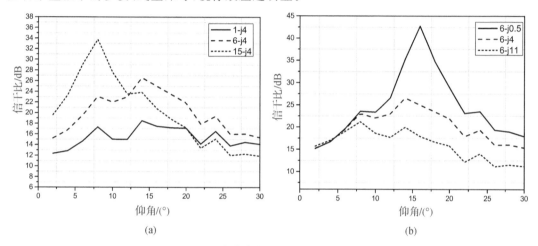

图 3.47　不同介电常数时信干比随仰角变化规律

(a)实部变化;(b)虚部变化

(2)环境均方根高度。计算条件如下:

1)运动参数:雷达速度矢量为 $v_s(-300\text{ m/s},0,0)$,目标位置矢量为 $T_p(0,0,50\text{ m})$,速度矢量为 $(100\text{ m/s},0,0)$,雷达与目标的距离为 873 m。

2)雷达参数为:主动体制,天线的旁瓣电平为 $-20$ dB,工作频率在 Ku 波段,积累脉冲数为 128,天线主波束指向目标中心,入射和接收均为 VV 极化。

3)目标环境复合模型:目标模型为直径 30 cm 的导体球,环境面轮廓起伏为 $L_x = 0.6$ m,小尺度起伏为 $h = 1 \times 10^{-4}$ m,$l_x = 0.04$ m,地面相对介电常数为 $\varepsilon_r = 6 - \text{j}0.5$。

图 3.48 给出了不同环境面起伏 $H_x$ 为 0.001 m、0.01 m、0.05 m 及 0.1 m 时信干比随仰角变化规律。由图 3.48 可以看出:当环境面大均方根高度增加时,信干比曲线整体上移。这是由于该算例中除了环境大均方根高度变化外,其他参数均未发生改变,目标功率并不改变,环境面会随环境均方根高度的增加变得粗糙,镜像效应减弱,信干比增强,但布儒斯特角不变。

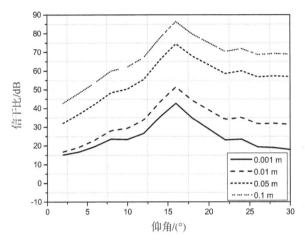

图 3.48　不同 $H_x$ 时信干比随仰角变化规律

（3）海面风速。计算条件如下：

1）运动参数：雷达位置矢量为（800 m，0，400 m），雷达速度矢量为 $v_s$（−300 m/s，0，0），目标位置矢量为 $T_p$（0，0，50 m），速度矢量为（100 m/s，0，0）。

2）雷达参数为：主动体制，即发射和接收天线均在同一雷达内，且两种天线参数均相同，天线的旁瓣电平为 −20 dB，工作频率在 Ku 波段，积累脉冲数为 128，天线主波束指向目标中心，入射和接收均为 VV 极化。

3）目标环境复合模型：目标模型为直径 30 cm 的导体球，环境面为海面，风向 0°，海面相对介电常数为 $\varepsilon_r = 42-j39$。

图 3.49 给出了不同风速下信干比随仰角变化的曲线。由图 3.49 可以看出：当风速较低时，海面较平静，海面粗糙度较小，信干比的最大值与出现在 $\theta_t = 6°$ 左右，当风速增大时，海面变得粗糙，镜像效应不明显，信干比的局部最大值不明显，当风速进一步增加时，信干比的局部最大消失。值得注意的是，海面介电常数为 $\varepsilon_r = 42-j39$ 时对应的环境布儒斯特角为 $\theta_m = 7°$ 左右，与计算的结果不一致，这可以通过式（3.1）来解释。

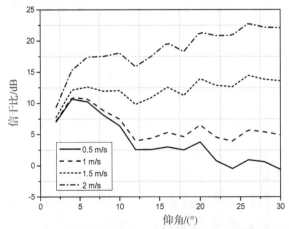

图 3.49　不同风速时信干比随仰角变化规律

**4.天线极化**

计算条件如下:

(1)运动参数:雷达速度矢量为 $v_s(-300\ \text{m/s},0,0)$,目标位置矢量为 $T_p(0,0,50\ \text{m})$,速度矢量为 $(100\ \text{m/s},0,0)$,雷达与目标的距离为 $873\ \text{m}$。

(2)雷达参数为:主动体制,即发射和接收天线均在同一雷达内,且两种天线参数均相同,天线的旁瓣电平为 $-20\ \text{dB}$,工作频率在 Ku 波段,积累脉冲数为 128,天线主波束指向目标中心。

(3)目标环境复合模型:目标模型为直径 $30\ \text{cm}$ 的导体球,环境面轮廓起伏为 $H_x = 1 \times 10^{-3}\ \text{m}$,$L_x = 0.6\ \text{m}$,小尺度起伏为 $h = 1 \times 10^{-4}\ \text{m}$,$l_x = 0.04\ \text{m}$,地面相对介电常数为 $\varepsilon_r = 6 - \text{j}0.5$。

图 3.50 给出了 VV 和 HH 极化下信干比随仰角变化的曲线。可以看出:VV 极化下的信干比存在局部最大值,HH 极化下的信干比的局部最大值消失。这是由于环境反射系数只在 VV 极化才存在导致的。

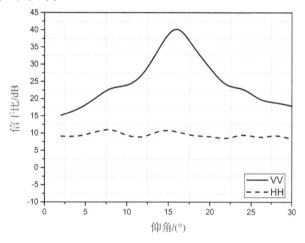

图 3.50　不同极化时信干比随仰角变化规律

# 3.5　本 章 小 结

环境布儒斯特效应与环境类型和雷达参数紧密相关,防空导弹布儒斯特效应还与目标类型、目标与环境相互位置关系有关。本章具体分析了布儒斯特效应随这些参数变化的特性,最后给出了信干比(目标与镜像回波之比)随仰角变化的规律。具体内容包括:

(1)环境布儒斯特效应的主要影响因素是环境介电常数。介电常数实部决定着布儒斯特角的位置,介电常数实部越大,布儒斯特角越小;介电常数的虚部越小,即介质的损耗越小,布儒斯特效应越明显。

(2)环境粗糙度会影响镜向反射的大小,不影响布儒斯特角大小。环境越粗糙,镜向反射越弱,反之越强。

(3)防空导弹布儒斯特效应不仅与环境参数、雷达参数有关,而且与目标类型和目标与环境相互位置关系有关。防空导弹布儒斯特效应主要是分析耦合散射随角度的变化规律。环境越平坦,防空导弹布儒斯特效应越明显。

(4)通过与典型试验结果的比对,证明了计算方法的正确性。

(5)耦合散射生成的镜像回波会影响雷达探测特性,它与目标回波进行叠加会减小目标回波幅度,进而使得雷达难以探测和稳定跟踪目标。当擦地角对准布儒斯特角时,镜像会较小,这为抑制镜像干扰提供了一种手段。

# 第4章 基于最佳发射角装订的超低空弹道优化设计方法

在一般的弹道设计过程中,主要以实现对目标的快速有效拦截为设计目标。但是,对于拦截超低空目标而言,雷达导引头对目标的有效探测是一个十分重要的问题,基于布儒斯特角约束进行弹道优化设计,以实现雷达导引头对超低空目标的有效探测,是拦截超低空目标的特殊需求和技术途径。

## 4.1 导引方法与弹道

### 4.1.1 概述

导弹是在制导系统的控制下飞行的,所有导弹弹道可以分为两类:一是方案弹道,二是导引弹道。方案弹道的制导系统为自主控制,飞行方案一般在发射前就已经装订在导弹上,发射后不能改变,主要应用于飞航式导弹以及一些战术导弹的发射初始段;面-空导弹、空-空导弹等攻击活动目标的导弹的弹道全段或中后段须采用导引弹道,其制导系统又可分为两种基本类型:遥远控制和自动寻的。本节只介绍导引弹道。

(1)遥远控制:测量目标参数和发出指令都是由导弹外的制导站(指挥站)完成的。制导站可设在地面、军舰或飞机上,导弹上只装接收指令和执行指令的装置。因此,弹内装置比较简单。但制导站受导弹牵制,易被敌方攻击。而且当制导站离导弹距离较远时,精度不高。

(2)自动寻的:从测量目标方位、发出指令到执行指令都是由设在导弹上的制导系统来完成的,其特点是比较机动灵活,接近目标时精度较高。但导弹本身装置较复杂,作用距离也较短。

以上两类制导系统各有优、缺点,为了克服它们的缺点,发扬优点,可采用复合制导。复合制导系统由两种以上的制导系统依次或协同参与工作来实现对导弹的制导,以提高导引精确度。例如:导弹弹道前端利用地面制导雷达作用距离远的优点,采用遥控方式,后段利用导弹导引头制导精度高的优势,采用自动瞄准方式,从而达到攻击距离远、命中精度高的目的。常见的复合制导系统有自主控制+自动寻的、指令制导+自动寻的、波束制导+自动寻的、捷联惯性制导+自动寻的、自主控制+捷联惯性制导+自动寻的、自主控制+TVM制导等各种复合制导体制。

具有遥远控制和自动瞄准制导系统的导弹也称为导引导弹。这类导弹主要用于攻击活动目标,其制导系统是按目标的运动来导引导弹的运动的。也就是说,随着目标航迹的变化,制导系统根据事先选定的导引方法,不断地改变导弹在空间运动的弹道,以达到最终命中目标的目的。导弹在向目标接近的整个过程中应满足的运动学关系称为导引关系(或称理想操纵关系)。根据一定的导引关系导引导弹的方法,叫导引方法。导引导弹的飞行弹道,称为导引弹道。

导弹采用不同的导引方法,其弹道特性会有很大不同,对导弹的设计和使用都会产生影响。导弹的需用过载是有限的,人们总不希望导弹弹道上的需用过载大于导弹的可用过载。而导引规律不同就会直接影响导弹弹道上的需用过载的大小。另外,选择不同的导引规律又会直接影响整个导引系统的繁易程度。

为了分析和研究导弹的弹道特性,就需要建立包含导引关系的运动学方程。此外,通过导引运动学的研究,可以寻找和确定较为理想的导引规律,作为导引系统设计的依据。

为了能独立地和最简单地研究导引规律的运动学特性,这里作如下假设:①控制系统的工作是理想的;②导弹的速度是已知的时间函数,不受导引规律的影响;③把导弹和目标的运动都看成是可控制的质点运动,目标的运动规律是已知的,而导弹的运动服从导引关系的约束;④此外,还假定导弹、目标、制导站始终在同一个平面内运动,即导弹速度向量 $v$,目标速度向量 $v_M$ 和制导站速度向量 $v_0$ 都在同一个平面内,这个平面称为攻击平面,它可以是水平面,也可以是铅垂平面或倾斜平面。

### 4.1.2　自动寻的导弹相对运动方程组

研究自动寻的导弹的弹道时常采用相对运动方程,此时采用极坐标 $(r,q)$ 系统来表示导弹和目标的相对位置比较方便,如图 4.1 所示。

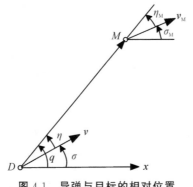

图 4.1　导弹与目标的相对位置

$r$ 表示导弹与目标之间的相对距离,当导弹命中目标时,$r=0$;导弹和目标的连线 $\overline{DM}$ 称为目标瞄准线,简称目标线或瞄准线;$q$ 表示目标瞄准线与攻击平面内某一基准线 $\overline{Dx}$ 之间的夹角,称为目标线方位角,从基准线逆时针转向目标线为正;$\sigma$、$\sigma_M$ 分别表示导弹速度向量、目标速度向量与基准线之间的夹角,从基准线逆时针转向速度向量为正。当攻击平面为铅垂平面时,$\sigma$ 就是弹道倾角 $\theta$;当攻击平面是水平面时,$\sigma$ 就是弹道偏角 $\psi_v$;$\eta$、$\eta_M$ 分别表示导弹速度向量、目标速度向量与目标线之间的夹角,称为前置角。

相对运动方程组就是描述导弹和目标相对位置及其变化规律的一组方程,由图 4.1 可见,相对距离 $r$ 的变化率 $\dfrac{\mathrm{d}r}{\mathrm{d}t}$ 等于目标速度向量和导弹速度向量在目标线上分量的代数和,即 $\dfrac{\mathrm{d}r}{\mathrm{d}t}=v_{\mathrm{M}}\cos\eta_{\mathrm{M}}-v\cos\eta$ , $\dfrac{\mathrm{d}q}{\mathrm{d}t}$ 表示目标线的旋转角速度。由运动学关系可知:目标线的旋转角速度 $\dfrac{\mathrm{d}q}{\mathrm{d}t}$ 等于导弹速度向量和目标速度向量在垂直于目标线方向上分量的代数和除以相对距离 $r$ ,即 $\dfrac{\mathrm{d}q}{\mathrm{d}t}=\dfrac{1}{r}(v\sin\eta-v_{\mathrm{M}}\sin\eta_{\mathrm{M}})$ 。结合图 4.1 中的几何关系,可以列出导弹的相对运动方程组为

$$\left.\begin{aligned}
\frac{\mathrm{d}r}{\mathrm{d}t} &= v_{\mathrm{M}}\sin\eta_{\mathrm{M}} - v\cos\eta \\
r\,\frac{\mathrm{d}q}{\mathrm{d}t} &= v\sin\eta - v_{\mathrm{M}}\sin\eta_{\mathrm{M}} \\
q &= \sigma + \eta \\
q &= \sigma_{\mathrm{M}} + \eta_{\mathrm{M}} \\
\varepsilon_1 &= 0
\end{aligned}\right\} \tag{4.1}$$

方程组式(4.1)中包含 8 个参数: $r$ 、 $q$ 、 $v$ 、 $\eta$ 、 $\sigma$ 、 $v_{\mathrm{M}}$ 、 $\eta_{\mathrm{M}}$ 、 $\sigma_{\mathrm{M}}$ 。 $\varepsilon_1=0$ 是导引关系式,由它反映出各种不同导引弹道的特点。分析方程组式(4.1)可以看出,导弹相对目标的运动特性由以下 3 个因素来决定:

(1)目标的运动特性,如飞行高度、速度及机动性能;

(2)导弹飞行速度的变化规律;

(3)导弹所采用的导引方法。

目标特性根据应用场合不同可以采用不同的方法,在分析导弹弹道特性时,一般不能预先确定目标的运动特性,可以根据所要攻击的目标,在其性能范围内选择若干条典型航迹,如等速直线飞行或等速盘旋等。只要典型航迹选得合适,导弹的导引特性大致可以估算得出来。这样,在研究导弹的导引特性时,认为目标运动特性是已知的。而在模拟训练等场合,也可以利用实时采集到的目标参数。

导弹的飞行速度取决于发动机特性、结构参数和气动外形,由求解包括动力学方程在内的导弹运动方程组得到。在导弹发展的初期阶段,由于计算条件的限制,经常采用简化的计算方法,当需要简便地确定弹道特性,以便选择导引方法时,常采用比较简单的运动学方程,采用近似计算方法,预先求出导弹速度的变化规律,在研究导弹的相对运动特性时,速度可以作为时间的已知函数。这样,相对运动方程组中就可以不考虑动力学方程,而仅需单独求解方程组式(4.1)。显然,该方程组与作用在导弹上的力无关,称为运动学方程组。单独求解该方程组所得的弹道,称为运动学弹道。

现代计算机技术及相关计算软件已经相当成熟,把导弹的动力学方程和方程组式(4.1)一起求解已经很容易,但根据不同的需求也常常采用不同复杂程度的弹道计算模型。对导弹运动方程组最常用的是采用数值积分法求出数值解,也可以采用解析法来求解和分析。数值积分法的优点是可以获得运动参数随时间逐渐变化的函数。给定一组初始条件得到相

应的一组特解,而得不出包含任意待定常数的一般解。高速计算机的出现,使数值解可以得到较高的计算精度,而且大大提高了计算效率,是目前最常用的一种方法。解析法是用解析式子表达的方法,可得到满足一定初始条件的解析解,只有对某些引导方法在特定条件下才能得到,其中最基本的假定是目标作等速直线飞行,导弹速度是常数,这种解法可以提供导引方法的某些一般性能。

### 4.1.3 平行接近法

平行接近法是导弹在攻击目标过程中,目标线在空间保持平行移动的一种导引方法。这种导引方法的导引关系式为

$$\varepsilon_1 = \frac{dq}{dt} = 0 \tag{4.2}$$

或 $\varepsilon_1 = q - q_0 = 0$,其中 $q_0$ 为开始平行接近法导引瞬间的目标线方位角,代入方程组式(4.1),可得

$$r\frac{dq}{dt} = v\sin\eta - v_M\sin\eta_M = 0 \tag{4.3}$$

即

$$\sin\eta = \frac{v_M}{v}\sin\eta_M = \frac{1}{p}\sin\eta_M \tag{4.4}$$

式(4.3)表示,不管目标作何种机动飞行,导弹速度向量 $v$ 和目标速度向量 $v_M$ 在垂直于目标线方向上的分量应始终相等。因此,导弹的相对速度 $v_r$ 正好在目标线上,它的方向始终指向目标(见图4.2)。由式(4.2)可知,所研究瞬时的目标线就是导弹的相对弹道。

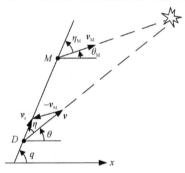

图 4.2 平行接近法

综上所述,按平行接近法导引,攻击平面为铅垂面时,导弹相对运动方程组为

$$\left.\begin{array}{l} \dfrac{dr}{dt} = -v\cos\eta + v_M\cos\eta_M \\[2mm] r\dfrac{dq}{dt} = v\sin\eta - v_M\sin\eta_M \\[2mm] q = \eta + \theta \\[2mm] q = \eta_M + \theta_M \\[2mm] \varepsilon_1 = \dfrac{dq}{dt} = 0 \text{ 或 } v\sin\eta = v_M\sin\eta_M \end{array}\right\} \tag{4.5}$$

（1）瞬时遭遇点。若保持导引关系式（4.4），当目标和导弹都作等速直线飞行时，显然导弹和目标将同时飞到空间某一点 $B$（见图 4.3），该点称为遭遇点（或命中点）。

现考察以下情况，目标作机动飞行，导弹速度也是变化的。假设目标从某时刻 $t_*$（见图 4.4 上点 $C$）开始停止机动飞行，作等速直线运动。相应地，导弹也同时作等速直线运动，其方向指向与目标相遇的点 $B(t_*)$，该点称为瞬时遭遇点。导弹向瞬时遭遇点运动的方向满足以下条件：

$$\sin\eta(t_*) = \frac{v_{\mathrm{M}}(t_*)}{v(t_*)}\sin\eta_{\mathrm{M}}(t_*) \tag{4.6}$$

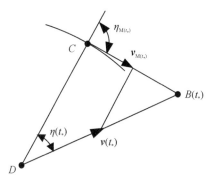

图 4.3　等速直线飞行时的遭遇点　　　图 4.4　瞬时遭遇点示意图

由于目标作机动飞行，而且导弹的速度也在变化，所以对应每一时刻 $t$ 都有一个瞬时遭遇点 $B(t)$。显然，瞬时遭遇点在空间的位置是不断变化的。导弹向瞬时遭遇点运动的方向，在每一时刻 $t$ 都按如下条件不断变化着：

$$\sin\eta(t) = \frac{v_{\mathrm{M}}(t)}{v(t)}\sin\eta_{\mathrm{M}}(t) \tag{4.7}$$

由此可见，采用平行接近法导引时，导弹的速度向量 $v(t)$ 在每一时刻 $t$ 都指向瞬时遭遇点，因此，这种导引方法也称为瞬时遭遇点导引法。

（2）目标作机动飞行时导弹的过载。当目标作机动飞行，且导弹速度也不断变化时，如果速度比 $p = \dfrac{v}{v_{\mathrm{M}}} = $ 常数，则采用平行接近法导引，导弹的需用法向过载总是比目标的过载小。这可证明如下，对式（4.4）求导，当 $p$ 为常数时，有

$$\dot{\eta}\cos\eta = \frac{1}{p}\dot{\eta}_{\mathrm{M}}\cos\eta_{\mathrm{M}} \tag{4.8}$$

设攻击平面为铅垂平面，$q = \eta + \theta = \eta_{\mathrm{M}} + \theta_{\mathrm{M}} = $ 常数，因此 $\dot{\eta} = -\dot{\theta}$，$\dot{\eta}_{\mathrm{M}} = -\dot{\theta}_{\mathrm{M}}$。用 $\dot{\theta}$、$\dot{\theta}_{\mathrm{M}}$ 置换 $\dot{\eta}$、$\dot{\eta}_{\mathrm{M}}$，改写式（4.8）为

$$\frac{v\dot{\theta}}{v_{\mathrm{M}}\dot{\theta}_{\mathrm{M}}} = \frac{\cos\eta_{\mathrm{M}}}{\cos\eta} \tag{4.9}$$

因恒有 $p > 1$，由式（4.9）可得 $\eta_{\mathrm{M}} > \eta$，于是有 $\cos\eta_{\mathrm{M}} < \cos\eta$，由式（4.9）可得

$$v\dot{\theta} < v_{\mathrm{M}}\dot{\theta}_{\mathrm{M}} \tag{4.10}$$

为了保持 $q$ 值为某一常数,在 $\eta_M > \eta$ 时,必有 $\theta > \theta_M$,因此有

$$\cos\theta < \cos\theta_M \tag{4.11}$$

导弹和目标的需用法向过载可表示为

$$\left.\begin{array}{l} n_y = \dfrac{v\dot{\theta}}{g} + \cos\theta \\[3mm] n_{yM} = \dfrac{v_M\dot{\theta}_M}{g} + \cos\theta_M \end{array}\right\} \tag{4.12}$$

注意到不等式(4.10)和不等式(4.11),比较式(4.12),有

$$n_y < n_{yM} \tag{4.13}$$

由此可以得到以下结论:无论目标作何种机动飞行,当采用平行接近法导引时,导弹的需用法向过载总是小于目标的过载,导弹的弹道弯曲程度比目标航迹弯曲的程度小。因此,对导弹的机动性的要求,就可小于目标的机动性。

由以上讨论可以看出,当目标机动时,按平行接近法导引的弹道的需用过载将小于目标的机动过载。进一步的分析表明,与其他导引方法相比,用平行接近法导引的弹道最为平直,还可实行全向攻击。因此,从这个意义上说,平行接近法是最好的导引方法。平行接近法的弹道特性虽然好,可是,到目前为止并未得到广泛应用。这是因为它要求制导系统在每一瞬时都要精确地测量目标及导弹的速度和前置角,并严格保持平行接近法的导引关系。实际上由于发射偏差或干扰的存在,不可能绝对保证相对速度 $v_r$ 始终指向目标,因此,这种导引方法对制导系统提出了很高的要求,使制导系统复杂化,甚至很难付诸实施。

### 4.1.4 比例接近法

比例接近法是导弹速度向量 $v$ 的转动角速度与目标线的转动角速度成正比,此法既可用于自动瞄准制导系统,也可用于遥控制导系统。以导弹在铅垂平面内的运动为例,其导引关系为

$$\varepsilon_1 = \frac{\mathrm{d}\theta}{\mathrm{d}t} - K\frac{\mathrm{d}q}{\mathrm{d}t} = 0$$

即

$$\frac{\mathrm{d}\theta}{\mathrm{d}t} = K\frac{\mathrm{d}q}{\mathrm{d}t} \tag{4.14}$$

在水平面内运动时,导引关系为

$$\varepsilon_1 = \frac{\mathrm{d}\psi_v}{\mathrm{d}t} - K\frac{\mathrm{d}q}{\mathrm{d}t} = 0 \tag{4.15}$$

式中:$K$ 为比例系数。将式(4.14)积分,就得到理想操纵关系式的另一种形式:

$$\varepsilon_1 = (\theta - \theta_0) - K(q - q_0) = 0 \tag{4.16}$$

若比例系数 $K=1$ 且 $q_0 = \theta_M$,则 $q = \theta$,即导弹前置角 $\eta = 0$,这就是追踪法;若比例系数 $K=1$ 且 $q_0 = \theta_0 + \eta_0$,由式(4.16)可得 $q = \theta + \eta_0$,即导弹前置角 $\eta = \eta_0 = $ 常值,这就是常值前置角导引法。而追踪法则是常值前置角导引法的特例,即 $\eta = 0$;当比例系数 $K \to \infty$ 时,

由式(4.14)得 $\dfrac{\mathrm{d}q}{\mathrm{d}t} \to 0$，$q = q_0 =$ 常数，常数说明目标线只是平行移动，这就是平行接近法。由此不难得出结论：追踪法、常值前置角导引法和平行接近法都可看作是比例接近法的特殊情况。由于比例接近的比例系数 $K$ 在 $1 < K < \infty$ 范围内，所以，它是介于常值前置角导引法和平行接近法之间的一种导引方法，它的弹道性质，也介于常值前置角导引法和平行接近法弹道性质之间。

（1）比例接近法的弹道方程组。在导弹相对目标运动的方程组的基础上，加上比例接近法的理想操纵关系式，就可建立比例接近法的运动学方程组如下：

$$\left.\begin{array}{r}
\dfrac{\mathrm{d}r}{\mathrm{d}t} = v_M \cos\eta_M - v\cos\eta \\[2mm]
r\dfrac{\mathrm{d}q}{\mathrm{d}t} = v\sin\eta - v_M\sin\eta_M \\[2mm]
q = \sigma + \eta \\[2mm]
q = \sigma_M + \eta_M \\[2mm]
\dfrac{\mathrm{d}\sigma}{\mathrm{d}t} = K\dfrac{\mathrm{d}q}{\mathrm{d}t}
\end{array}\right\} \tag{4.17}$$

知道了 $v$、$v_M$、$\sigma_M$ 的变化规律以及 3 个初始条件 $r_0$、$q_0$、$\sigma_0$（或 $\eta_0$），可以用数值积分法或图解法解算这组方程。但是，采用解析法解此方程组则比较困难，只有当比例系数 $K = 2$ 时才能直接积分。

（2）弹道特性的讨论。解算运动方程组式(4.17)，需要知道目标的运动特性。但是目标实际上将作怎样的机动飞行，它的飞行规律是未知的。我们仅能在目标性能范围内选择若干条预期的典型航迹，来研究导弹的导引特性。下面着重讨论采用比例接近法时，导弹的直线弹道和转弯速率 $\dot\sigma$ 的变化。

1）直线弹道问题。讨论攻击平面为水平面的情况，此时，$\sigma = \psi_v$，选取目标速度向量的方向作为参考基准，相对运动关系如图 4.5 所示。

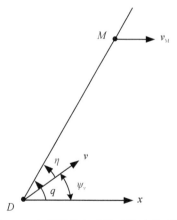

图 4.5　水平面攻击时相对运动关系图

由导引关系式 $\dot\psi_v = K\dot q$ 及对几何关系式求导 $\dot q = \dot\eta + \dot\psi_v$，则导引关系式可改写为

$$\dot\eta = (1 - K)\dot q \tag{4.18}$$

水平面内直线弹道的条件为

$$\dot{\psi}_v = 0 \tag{4.19}$$

注意到导引关系式,此时就有 $\dot{q}=0, \dot{\eta}=0$,亦即

$$\left.\begin{array}{c} q = q_0 \\ \eta = \eta_0 \end{array}\right\} \tag{4.20}$$

考虑到相对运动方程组式(4.5)中的第二式,式(4.20)可表示为

$$v \sin\eta_0 - v_M \sin\eta_M = 0 \tag{4.21}$$

这就是说,导弹的相对速度始终指向目标是直线弹道的基本条件。

2)目标线方位角 $q$ 的变化。直线弹道要求导弹速度向量的前置角始终保持其初始值 $\eta_0$,而前置角的起始值 $\eta_0$ 有两种情况:一种是导弹发射装置不能调整的情况,此时 $\eta_0$ 为确定值;另一种为 $\eta_0$ 是可以调整的,发射装置可根据需要改变 $\eta_0$ 的数值。

在第一种情况下,将 $q_0 = \psi_{vM} + \eta_M$ 代入直线弹道的条件式(4.21),可得发射时目标线的方位角为

$$\left.\begin{array}{l} q_{01} = \psi_{vM} + \arcsin \dfrac{v \sin\eta_0}{v_M} \\[2mm] q_{02} = \psi_{vM} + \pi - \arcsin \dfrac{v \sin\eta_0}{v_M} \end{array}\right\} \tag{4.22}$$

说明只有在两个方向发射才能得到直线弹道,直线弹道只有两条。

在第二种情况下,$\eta_0$ 可以根据 $q_0$ 的数值加以调整。只要满足条件:

$$\eta_0 = \arcsin\left[\frac{v_M \sin(q_0 - \psi_{vM})}{v}\right] \tag{4.23}$$

则沿任何方向发射都可以得到直线弹道。当 $\eta_0 = \pi - \arcsin\left[\dfrac{v_M \sin(q_0 - \psi_{vM})}{v}\right]$ 时,也可满足式(4.21),但此时 $|\eta_0| > 90°$,表示导弹背向目标,因此没有实际意义。

图4.6为 $K=5, \eta_0=0°, \psi_{vM}=0°, p=2$,从各个方向发射时的相对弹道示意图。图中,脚注"0"表示初值,"f"表示终值。由图可见,$q_0=0$ 及 $q_0=\pi$ 为两条稳定的直线弹道,而在其他方向发射的弹道都不是直线。在整个飞行过程中 $q$ 值变化很小,并且对于同一发射方向,不论起始相对距离 $r_0$ 多大,导弹击中目标时的目标线方位角 $q_f$ 的数值都是相同的。这可简单说明如下:

击中目标时,导弹的相对速度 $v_r$ 应指向目标。由方程组式(4.17)的第二式可得

$$v \sin\eta_f - v_M \sin(q_f - \psi_{vMf}) = 0 \tag{4.24}$$

积分式(4.18),得 $n_f = n_0 + (1-K)(q_f - q_0)$,代入式(4.24),并设 $\eta_0=0°$,这相当于直接瞄准发射的情况,有 $q_f = q_0 - \dfrac{1}{K-1}\arcsin\left[\dfrac{v_M}{v}\sin(q_f - \psi_{vMf})\right]$,注意到这一例子的条件 $\psi_{vM}=0°$,因此有

$$\begin{aligned} q_f &= q_0 - \frac{1}{K-1}\arcsin\left(\frac{v_M}{v}\sin q_f\right) = \\ &\quad q_0 - \frac{1}{K-1}\arcsin\frac{\sin q_f}{p} \end{aligned} \tag{4.25}$$

由式(4.25)可见，$q_f$ 值与初始相对距离 $r_0$ 无关。由于不等式 $\sin q_f \leqslant 1$ 始终成立，故式 (4.25)可改写为

$$|q_f - q_0| \leqslant \frac{1}{K-1} \arcsin \frac{1}{p} \tag{4.26}$$

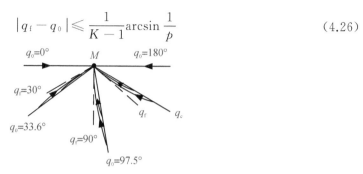

**图 4.6　$\eta_0 = 0$ 时的比例接近导引的相对弹道**

把不同方向上发射的弹道中目标线转动的最大角度记作 $\Delta q_{max}$，$\Delta q_{max} = |q_f - q_0|_{max}$，由式(4.26)可见，目标线实际上转过的角度是不超过这个 $\Delta q_{max}$ 值的，在本例中，$K=5$，$p=2$，$\Delta q_{max}=7.5°$，它对应于 $q_0=97.5°$，$q_f=90°$ 的清况。而当 $q_0=33.6°$，$q_f=30°$ 时，目标线只转过 $3.6°$。$\Delta q_{max}$ 值取决于不同的速度比和比例系数，变化趋势见表 4.1。由表可见，目标线最大转动角将随着速度比的增大而减小，同时也将随着比例系数 $K$ 的增大而减小。

**表 4.1　目标线最大转动角 $\Delta q_{max}$（$\eta_0 = 0$）**　　　　　（单位：°）

| 比例系数 $K$ | 速度比 $p$ | | | |
| --- | --- | --- | --- | --- |
| | 1.5 | 2 | 3 | 4 |
| 2 | 41.8 | 30 | 19.5 | 14.5 |
| 3 | 20.9 | 15 | 9.7 | 7.2 |
| 4 | 13.9 | 10 | 6.5 | 4.8 |
| 5 | 10.5 | 7.5 | 4.9 | 3.6 |

3)转弯速率 $\dot{\theta}$ 的变化。导弹速度向量的转动角速度称为转弯速率，在铅垂面内运动时，导弹的转弯速率就是弹道倾角随时间的变化率 $\dot{\theta}$。根据比例接近法的导引关系 $\dot{\theta} = K\dot{q}$，转弯速率 $\dot{\theta}$ 与目标线的旋转角速度 $\dot{q}$ 成正比，因此，下面讨论 $\dot{q}$ 的变化。假设目标作等速直线飞行，导弹速度不变，将方程组式(4.17)第二式的等号两边对时间求导，可得 $\dot{r}\dot{q} + r\ddot{q} = v\dot{\eta}\cos\eta - v_M\dot{\eta}_M\cos\eta_M$，其中，$\dot{\eta} = (1-K)\dot{q}$，$\dot{\eta}_M = \dot{q} - \dot{\theta}_M = \dot{q}$，代入上式，整理后得

$$\ddot{q} = -\frac{1}{r}(Kv\cos\eta + 2\dot{r})\dot{q} \tag{4.27}$$

由式(4.27)可知，$\ddot{q}$ 与 $\dot{q}$ 之间成比例关系。如果 $(Kv\cos\eta + 2\dot{r})$ 为正值，那么 $\ddot{q}$ 的正负号与 $\dot{q}$ 相反。因此当 $\dot{q}>0$ 时，$\ddot{q}<0$，$\dot{q}$ 将减小；当 $\dot{q}<0$ 时，$\ddot{q}>0$，$\dot{q}$ 将增大（绝对值 $|\dot{q}|$ 减小，见图 4.7）。

由此可见，当 $(Kv\cos\eta + 2\dot{r})>0$ 时，$\dot{q}$ 随时间的变化规律是向横坐标接近，其绝对值 $|\dot{q}|$ 不断减小，把这种情况称为 $\dot{q}$ "收敛"，此时弹道的法向过载随 $|\dot{q}|$ 的不断减小而减小，

弹道的曲率半径增加,弹道变得平直。若当 $(Kv\cos\eta + 2\dot{r}) < 0$ 时,$\ddot{q}$ 与 $\dot{q}$ 正负号相同,则 $\dot{q} > 0$ 时,$\ddot{q} > 0$,$\dot{q}$ 将继续上升;而 $\dot{q} < 0$ 时,$\ddot{q} < 0$,因此 $\dot{q}$ 将继续下降。总之,$|\dot{q}|$ 将不断增大,这种情况称为 $\dot{q}$ "发散"(见图 4.8)。此时导弹的法向过载随 $|\dot{q}|$ 增大而增大,弹道曲率半径减小,弹道变得弯曲。因此,要使导弹转弯较为平缓,就必须使 $|\dot{q}|$ 收敛,这时应满足条件:

$$K > \frac{2|\dot{r}|}{v\cos\eta} \tag{4.28}$$

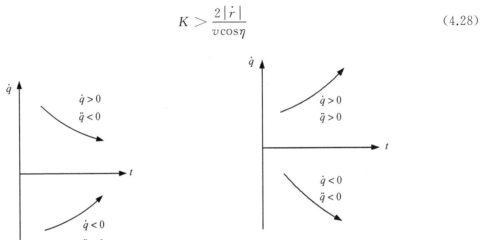

图 4.7 $(Kv\cos\eta + 2\dot{r}) > 0$ 时 $\dot{q}$ 的变化趋势 　　图 4.8 $(Kv\cos\eta + 2\dot{r}) < 0$ 时 $\dot{q}$ 的变化趋势

由此得出结论:只要比例系数 $K$ 选得足够大,$|\dot{q}|$ 就可逐渐减小而趋向于零;相反,如不能满足式(4.28),则 $|\dot{q}|$ 逐渐增大,在接近目标时,导弹要以无穷大的速率 $\dot{\theta}$ 来转弯,这实际上是办不到的,最终将导致脱靶。

4)命中点的 $\dot{q}_f$。由方程组式(4.17)第二式可以看出 $\dot{q} = \dfrac{v\sin\eta - v_M\sin\eta_M}{r}$,在命中点,$r$ 等于零,而且相对速度 $v_r$ 指向目标,即 $(v\sin\eta - v_M\sin\eta_M)$ 等于零。于是在命中瞬间,$t = t_f$,$\dot{q}_f = 0/0$,$\dot{q}_f$ 为不定值。因此,为了确定 $\dot{q}_f$,必须应用洛必达法则求出 $\dot{q}$ 在 $t \to t_f$ 时的极限:

$$\dot{q}_f = \lim_{t \to t_f}\dot{q} = \lim_{t \to t_f}\frac{v\sin\eta - v_M\sin\eta_M}{r} = \frac{\dfrac{\mathrm{d}}{\mathrm{d}t}(v\sin\eta - v_M\sin\eta_M)}{\dfrac{\mathrm{d}}{\mathrm{d}t}r} \tag{4.29}$$

式中

$$\left.\begin{aligned}
\frac{\mathrm{d}r}{\mathrm{d}t} &= (-v\cos\eta + v_M\cos\eta_M)_{t=t_f} \\
\frac{\mathrm{d}}{\mathrm{d}t}(v\sin\eta - v_M\sin\eta_M) &= [v\cos\eta \cdot (1-K)\dot{q} - v_M\cos\eta_M\dot{q}]_{t=t_f}
\end{aligned}\right\} \tag{4.30}$$

显然,式(4.30)中的 $\mathrm{d}r/\mathrm{d}t$ 总是有限的,而 $\dfrac{\mathrm{d}}{\mathrm{d}t}(v\sin\eta - v_M\sin\eta_M)$ 的存在取决于 $\dot{q}$ 是否为有限值。如果 $\dot{q}$ 为有限值,$(v\sin\eta - v_M\sin\eta_M)$ 就存在导数;若 $\dot{q}$ 趋于无穷大,$(v\sin\eta -$

$v_M \sin\eta_M$)就不存在导数。前面已经讨论过,当($Kv\cos\eta + 2\dot{r}$)>0 时,$|\dot{q}|$ 不断减小,$\dot{q}$ 肯定是有限值,因此,将式(4.30)代入式(4.19),即得

$$\dot{q}_f = \frac{v\cos\eta \cdot (1-K)\dot{q} - v_M\cos\eta_M\dot{q}}{\dot{r}}\bigg|_{t=t_f}$$

,整理后变成 $[(Kv\cos\eta + 2\dot{r}) \cdot \dot{q}]_{t=t_f} = 0$,在条件($Kv\cos\eta + 2\dot{r}$)>0 始终得到满足的情况下,必有 $\dot{q}_f = 0$,这表明命中点的过载为零。当($Kv\cos\eta + 2\dot{r}$)<0,即 $K < \dfrac{2|\dot{r}|}{v\cos\eta}$ 时,$\dot{q}$ 是发散的,$|\dot{q}|$ 不断增大,而趋于无穷,因此 $\dot{q}_f \rightarrow \infty$。这意味着 $K$ 较小时,要使导弹命中目标,在接近目标的最后瞬间,导弹要以无穷大的速率 $\dot{\theta}$ 来转弯,命中点的过载趋于无穷大,这实际上是不可能的,因此当 $K < \dfrac{2|\dot{r}|}{v\cos\eta}$ 时,就不能直接命中目标。

(3)比例系数 $K$ 的选择。由上述讨论可知,比例系数 $K$ 的大小,直接影响弹道特性,以及影响导弹能否命中目标。因此,如何选择合适的 $K$ 值,是需要研究的一个重要问题。$K$ 值的选择不仅需要考虑弹道特性,而且需要考虑制导系统设计、导弹的结构强度所允许承受的过载,以及导弹的动态特性等因素。

1)$\dot{q}$ 收敛对 $K$ 值的限制。$\dot{q}$ 收敛使导弹接近目标时目标线的旋转角速度 $|\dot{q}|$ 不断减小,弹道各点的过载也不断减少,即

$$\left.\begin{aligned} a_n &= v\frac{\mathrm{d}\theta}{\mathrm{d}t} = vK\frac{\mathrm{d}q}{\mathrm{d}t} \\ n_y &= \frac{v}{g}\frac{\mathrm{d}\theta}{\mathrm{d}t} + \cos\theta = \frac{vK}{g}\frac{\mathrm{d}q}{\mathrm{d}t} + \cos\theta \end{aligned}\right\} \tag{4.31}$$

但是,当 $r \rightarrow 0$ 时,要保证 $\dot{q} \rightarrow 0$,必须满足条件:

$$K > \frac{2|\dot{r}|}{v\cos\eta} \tag{4.32}$$

这就是说,$K$ 要选得足够大,才能保证 $|\dot{q}|$ 不断减小。

2)可用过载的限制。式(4.32)限制了比例系数的最低限。但是,这并不意味着 $K$ 值可以取得任意大。如果 $K$ 取得过大,则由式(4.31) $n_y = \dfrac{vK}{g}\dfrac{\mathrm{d}q}{\mathrm{d}t} + \cos\theta$ 可知,在比例接近时,即使 $\mathrm{d}q/\mathrm{d}t$ 值不大,也可能使需用过载值很大。导弹在飞行中的可用过载受到最大舵偏角的限制,若需用过载超过可用过载,则导弹便不能沿预定弹道飞行。因此,导弹的实际转弯速率 $\dot{\theta}$ 是有一定限制的,不能无限增大。因此,可用过载限制了 $K$ 的上限值。

3)制导系统的要求。当比例系数 $K$ 过大时,$\dot{q}$ 的微小变化将引起 $\dot{\theta}$(或 $\dot{\psi}_v$)的很大变化。因此,从制导系统稳定工作出发,往往又限制了 $K$ 值的上限值。综合考虑上述因素,便可选择出一个合适的 $K$ 值。此外,必须指出,比例系数 $K$ 值不一定都要是常数,也可以选择成一个变数。

## 4.1.5　其他形式的比例导引

比例接近法的优点是:可以得到较为平直的弹道;在满足 $K > 2|\dot{r}|/v\cos\eta$ 的条件下,

弹道前段能充分利用导弹的机动能力;弹道后段则较为平直,使导弹具有较富裕的机动能力;只要 $K$、$\eta_0$、$q_0$、$p$ 等参数组合适当,就可以使全弹道上的需用过载小于可用过载而实现全向攻击;另外,它对瞄准发射时的初始条件要求不严。在技术上实施比例接近法也是可行的,因为只须测量 $\dot{q}$、$\dot{\theta}$(或 $\dot{\psi}_v$)就行了。因此比例接近法得到了广泛的应用。但当导弹采用比例导引飞行时,导弹和目标的纵向加速度、目标机动、导弹重力项以及导弹初始航向偏差等都会引起视线角转动,从而引起导弹的过载。其中,除了初始航向偏差要求导弹付出的过载随时间衰减外,其他各因素引起的过载均随时间的增加而增加,到命中点时达到最大。当这几种因素同时存在时,将使导弹的需用过载在命中点附近变得很大,这对导弹设计是很不利的。对于被动段攻击的导弹来讲,随着飞行时间的增加,飞行高度一般也是增加的,而导弹的可用过载逐渐减少,为此,也希望导弹的需用过载也随之减少。否则,就可能因需用过载大于可用过载而脱靶。为了消除以上的缺点,改善比例导引特性,多年来人们一直致力于比例导引法的改善,并针对不同的应用条件提出了许多不同的改进比例导引形式。以下举两例进行说明。

(1)广义比例导引法。导引关系为需用过载 $n$ 与目标线旋转角速度成比例的导引关系:

$$n = K_1 \dot{q} \tag{4.33}$$

或

$$n = K_2 |\dot{r}| \dot{q} \tag{4.34}$$

式中:$K_1$、$K_2$ 为比例系数。

通过分析可以证明:当按 $n = K_1 \dot{q}$ 导引规律导引时,导弹在命中点处的需用法向过载与导弹的速度没有直接关系;当按 $n = K_2 |\dot{r}| \dot{q}$ 导引规律导引时,命中点处的需用法向过载不仅与导弹的速度无关,而且与导弹攻击方向也无关,这样有利于实现全向攻击。

(2)修正比例导引法。为了减少命中点附近的视线角转动速率,使导弹的过载分布更合理,目前许多自寻的导弹大多采用所谓修正比例导引的导引方法。修正比例导引一般对引起视线转动的因素进行补偿,使得由它们产生的弹道需用过载在命中点附近尽量小。目前采用较多的是对导弹纵向加速度和重力项进行补偿。目标纵向加速度和横向机动由于是随机的,用一般方法进行补偿比较困难。

修正比例导引的形式根据设计要求的不同可有多种形式,最常见的是对导弹纵向加速度和重力项进行补偿,使得它们引起的弹道需用过载在命中点为零。例如,可以采取如下形式的修正比例导引:

$$n_{y2} = K\dot{q} - \frac{N}{2g}\dot{v}\tan(\theta - q) + \frac{N}{2}\cos\theta \tag{4.35}$$

式(4.35)即为对导弹纵向加速度和重力项进行补偿的修正比例导引的理论公式,$N$ 称为有效导航比,等号右端第二项为导弹纵向加速度补偿项,等号右端第三项为重力补偿项。其中有效导航比可按下式进行计算:

$$N = \frac{Kg\cos(\theta - q)}{|\Delta \dot{R}|} \tag{4.36}$$

实现这种修正比例导引是可能的,$\dot{v}$ 可通过安装在弹上的纵向加速度计或纵向过载传感器测得,如果攻角不很大,可以认为 $q-\theta$ 近似等于导引头天线转角 $q-\vartheta$,它也是可以从弹上得到的,重力修正项中 $\cos\theta$ 可以取其平均值或适当的常值代替。

# 4.2　弹道优化设计与最优控制问题

弹道与制导优化设计方法在现代复杂战场环境下的高动态攻防对抗中,导弹以最快时间响应,在高度、攻角、动压、末速等多项约束下实现对目标的精确打击,是弹道设计的重点工作。影响导弹飞行弹道的因素很多,除了与导弹的总体方案设计有关外,还与制导控制过程、目标运动规律等相关,因此面向多变量约束的弹道优化设计成为现代导弹设计中的重要内容,对于提高导弹飞行品质以满足既定任务要求具有十分重要的意义及实际工程价值。导弹弹道与制导优化是一个复杂的受约束的非线性优化问题,需要采用最优化理论和方法来求解。优化算法按照发展的时间顺序大致经历了最优控制理论,间接法、直接法以及智能优化算法等阶段,目前,直接法和智能优化算法获得了广泛的应用。

## 4.2.1　最优控制问题

最优控制问题的目的,就是通过一定的算法和手段,生成适当的控制信号,使导弹在此控制参数输入的作用下的运动,满足物理、几何以及设计等约束,同时能够实现最大或最小化特定的性能指标或价值函数。在弹道与制导优化领域的应用中,优化问题是连续形式模型,就是最优控制问题,因此有必要对最优控制问题进行简要分析。

以最优控制问题的 Bolza 形式进行讨论,Meyer 形式与 Lagrange 形式均可方便地通过 Bolza 形式简化得到。最优控制问题的 Bolza 形式如下:

$$J = \Phi\left[x(t_0),t_0,x(t_f),t_f\right] + \int_{t_0}^{t_f} L\left[x(t),u(t),t\right]\mathrm{d}t \tag{4.37}$$

其中,$u(t)\in \mathbf{R}^m$ 为控制变量;$x(t)\in \mathbf{R}^n$ 为状态变量;$t_0$ 和 $t_f$ 为时间的初值和末值,可固定也可自由。系统要满足的动力学约束为

$$\dot{x}(t) = f(x(t),u(t),t),t\in \left[t_0,t_f\right] \tag{4.38}$$

边界条件为

$$\phi(x(t_0),t_0,x(t_f),t_f)=0 \tag{4.39}$$

路径约束为

$$C(x(t),u(t),t)\leqslant 0 \quad,\quad t\in \left[t_0,t_f\right] \tag{4.40}$$

在上述公式中:$\Phi,L,f,\phi,C$ 这些函数的定义如下:

$$\left.\begin{aligned}
&\Phi: \mathbf{R}^n\times \mathbf{R}\times \mathbf{R}^n\times \mathbf{R}\to \mathbf{R}\\
&L: \mathbf{R}^n\times \mathbf{R}^m\times \mathbf{R}\to \mathbf{R}\\
&f: \mathbf{R}^n\times \mathbf{R}^m\times \mathbf{R}\to \mathbf{R}^n\\
&\phi: \mathbf{R}^n\times \mathbf{R}\times \mathbf{R}^n\times \mathbf{R}\to \mathbf{R}^q\\
&C: \mathbf{R}^n\times \mathbf{R}^m\times \mathbf{R}\to \mathbf{R}^c
\end{aligned}\right\} \tag{4.41}$$

以上公式就构成了最优控制的连续 Bolza 问题,其连续 Bolza 问题的时间区间为 $t\in \left[t_0,t_f\right]$。

### 4.2.2　弹道优化设计

弹道优化设计,实质就是求解在满足各种约束条件下的最优控制问题,同时也是一个动态优化问题。早在 20 世纪 50 年代,国外就开始对弹道优化问题进行研究。起初,学者们采用变分法对此问题进行求解,但最优控制问题带有状态量约束和控制量约束,经典变分法不再适用。20 世纪中期,Bellman 和 Pontryagin 分别研究了动态规划法和极大值原理,解决了带有约束的最优控制问题,但对于较复杂的最优控制问题,无法获得解析解。20 世纪 60 年代以后,随着现代控制理论和计算机技术的发展,为弹道优化的研究提供了理论基础和应用计算工具,并使轨迹优化方法逐步向数值方法转变。数值方法根据不同标准可以有不同分类,但习惯上按是否直接对性能指标进行寻优,而将其分为间接法和直接法。

(1)间接法基于经典的变分法或 Pontryagin 极小值原理,将最优控制问题转化成汉密尔顿(Hamiltonian)两点边值问题,并通过响应的数值方法进行求解。间接法的最大优点是解的精度高且满足一阶最优条件,但是,间接法也存在诸多不足,包括推导一阶最优条件困难、收敛半径小、路径约束难以处理等。特别是对于复杂系统的最优控制问题,初始值估计困难使间接法具有较大的局限性。

(2)直接法是将连续的优化问题直接离散并进行参数化,不需要求解出最优值的条件,与间接法不同,直接法将无限维的连续最优控制问题直接转化为有限维的带有代数约束的参数优化问题,也就是人们熟知的非线性规划(NLP)问题。直接法主要由如下三部分组成:①将连续的动力学系统转化为有限的变量和代数约束;②应用参数优化方法数值求解上述的有限维问题;③考核上述求解结果的精度,如有必要,重新离散和优化。

根据离散变量的不同,直接法可分为两类。一类方法只离散控制变量,在优化过程中,用每步求得的控制变量对动力学系统进行积分,以更新约束和价值函数,典型的代表有直接打靶法。另一类方法同时离散状态变量和控制变量,配点法就属于这类方法,它将动力学约束在一系列配点上进行配置,用代数约束取代微分约束。其中正交配点法使用较为广泛,使用正交多项式的根作为其配点。正交配点法也被称为伪谱法,其中最著名的有勒让德伪谱法(LPM)、高斯伪谱法(GPM)、拉道伪谱法(RPM)。

**1.高斯伪谱法**

高斯伪谱法是一种较新的方法,这种方法最初以积分形式的动力学模型发展起来,后来被证明其积分形式与微分形式是等价的。在 2004 年,麻省理工学院的 David Benson 对高斯伪谱法的发展做出了重要贡献,他证明了无论是积分形式还是微分形式的最优控制问题,其离散后得到的非线性规划问题(NLP)的 Karush−Kuhn−Tucker(KKT)条件均与其一阶最优性条件的两点边值问题(HBVP)的离散形式完全等价。因此,求解 NLP 问题得到的结果,满足传统间接法中的最优性条件,进而消除了直接法无法保障解的最优性和难以生成协态估计的缺点。在 2007 年,麻省理工学院的 Geoffery Todd Huntington 在其博士论文中对 Benson 的工作做了进一步扩展,他证明了在动力学约束和路径约束同时存在的条件下,用高斯伪谱法离散得到的 NLP 问题的 KKT 条件仍与其 HBVP 等价。Huntington 还改进了边界点控制量的生成方法,使高斯伪谱法的适用性和能力进一步增强。

高斯伪谱法的一个突出优点,是其能够得到高精度的协态变量。协态变量估计能力对于优化问题解的最优性验证、状态对价值函数的敏感性分析,以及离散网格的细化与重构有重要的作用。相对其他的直接方法,高斯伪谱法以插值代替积分,利用离散点的设置,构造出极为稀疏的约束雅可比矩阵,对于数值优化算法的求解极为有利,能够以较少的离散点、较高的速度、较高的精度得到优化问题的解。

高斯伪谱法较高的求解速度和精确的协态变量估计能力,在理论上,能够利用反解极小值原理的方法构造一定精度的实时优化控制器。在广泛的文献中,高斯伪谱法被认为最具潜力发展成为实时/在线优化算法。

(1)数值近似方法。

1)全局多项式插值近似。高斯伪谱法利用全局插值多项式在整个时间区间 $\tau \in [-1, 1]$ 内对状态、控制、协态变量进行近似。采用拉格朗日插值基函数,当在时间区间上取 $M$ 个插值点 $\tau_1, \cdots, \tau_M$ 时,最优控制问题的状态、控制以及协态变量可近似表示为

$$y(\tau) \approx Y(\tau) = \sum_{i=1}^{M} L_i(\tau) Y(\tau_i) \tag{4.42}$$

式中:$Y(\tau)$ 为 $(M-1)$ 阶插值近似函数;$L_i(\tau)(i=1, \cdots, M)$ 为一系列拉格朗日插值基函数,定义为

$$L_i(\tau) = \prod_{j=1, j \neq i}^{M} \frac{\tau - \tau_i}{\tau_{ii} - \tau_j} = \frac{g(\tau)}{(\tau - \tau_i)\dot{g}(\tau)} \tag{4.43}$$

式中:$g(\tau)$ 为决定插值点的试函数。

基于拉格朗日插值的特点,它十分适用于配点法,即

$$L_i(\tau_j) = \begin{cases} 1, & i = j \\ 0, & i \neq j \end{cases} \tag{4.44}$$

可见在式(4.42)中 $y(\tau_i) = Y(\tau_i)(i=1, \cdots, M)$,也就是对函数的插值近似结果在插值点为精确值,而插值点正是配点法中的大部分配点。

在将连续时间区间进行离散时,一种最直观的方法显然是等间距地取离散点,然而,在多项式近似时,选取等距离散网格有很多不好的性质。如前所述,$(M-1)$ 阶的插值函数需要 $M$ 个插值点,人们自然期望随着插值点的增多,插值函数与函数真值之间的误差会减小。对于等距选取的插值点,这是不能实现的,在插值点增多到一定程度时,会出现龙格现象,即随着插值点的增加,在区间边界处误差会随之增加。

采用非等距的插值点,高斯伪谱法选取为勒让德多项式的根,这种选取方法,使边界处的插值点分布更为稠密,使插值多项式的精度随着插值点的增加单调递增。

2)数值积分方法。除对状态、控制、协态变量近似时用到的插值点外,伪谱法采用另一组离散点来对最优控制问题的动力学约束和性能指标进行精确近似。例如,对性能指标函数式和动力学约束都要进行离散和近似。数值积分采用的离散点同样要使积分近似与积分真值之间的误差尽量小。在伪谱法中采用数值积分格式为

$$\int_a^b f(\tau)\mathrm{d}\tau \approx \sum_{i=1}^{K} \omega_i f(\tau_i) \tag{4.45}$$

式中:$\tau_1, \cdots, \tau_K$ 为区间 $\tau \in [-1, 1]$ 内的积分点;$\omega_i(i=1, \cdots, K)$ 为积分权值。由数值分

析知识可知,采用任意一组 $\tau_1,\cdots,\tau_K$ ,对不高于 $(K-1)$ 阶的多项式,上述积分近似都是精确的。然而,在合理选取积分点时,上述积分的精度可大大改进。众所周知,当给定积分点 $K$ 时,数值积分的最高精度解可由高斯求积公式得到,即高斯求积公式对于不高于 $(2K-1)$ 阶的多项式都是精确的。

在 $K$ 阶高斯求积公式中,$K$ 个积分点为 $K$ 阶勒让德多项式 $P_K(\tau)$ 的根,称为高斯-勒让德点(LG 点),勒让德多项式为

$$P_K(\tau)=\frac{1}{2^K K!}\frac{\mathrm{d}^K}{\mathrm{d}\tau^K}\big[(\tau^2-1)^K\big] \tag{4.46}$$

LG 点分布在区间 $\tau\in[-1,1]$ 内,且在边界处更为稠密,其分布示意如图 4.9 所示。

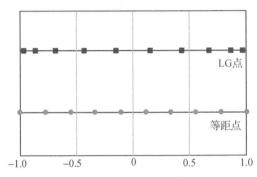

图 4.9　积分点分布示意图

与积分点相应的积分权值为

$$\omega_i=\int_{-1}^1 L_i(\tau)\mathrm{d}\tau=\frac{2}{(1-\tau_i^2)\big[\dot P_K(\tau_i)\big]^2} \quad (i=1,\cdots,K) \tag{4.47}$$

式中:$\dot P_K$ 为 $K$ 阶勒让德多项式的导数。

(2)谱方法与正交配点法。

1)谱方法。谱方法最初用于求解微分方程,是加权余量法(Method of Weight Residuals)的一种,加权余量法是求形如 $u_N=\sum_{i=1}^N a_i\phi_i$ 的微分方程的近似解。加权余量法的关键是试函数(也称展开函数的近似函数)和权函数的选取。试函数是解的傅里叶展开的截断函数,而权函数则用于保障解的精确性。

以一维微分方程边值问题为例,有

$$\left.\begin{array}{l}Lu-f=0,x\in D\\ Bu-g=0,x\in\partial D\end{array}\right\} \tag{4.48}$$

式中:$D$ 为求解域;$\partial D$ 为其边界;$L(x)$ 为微分算子;$B(x)$ 为线性边界算子。选取下列形式的试函数:

$$u_N(x;\boldsymbol a)=\sum_{i=0}^N a_i\phi_i \tag{4.49}$$

作为近似解,$\boldsymbol a$ 是以待定参数 $a_0,a_1,\cdots,a_N$ 为分量的向量,即 $\boldsymbol a=[a_0\ a_1\ \cdots\ a_N]^{\mathrm T}$,$\phi_0,\phi_1,\cdots,\phi_N$ 为基函数,且是一组线性无关的函数,$u_N(x;\boldsymbol a)$ 满足所有的边界条件,即 $Bu_N(x;\boldsymbol a)=g$。

将式(4.49)代入式(4.48),称所得的

$$R(x;\boldsymbol{a})=Lu_N(x;\boldsymbol{a})-f \tag{4.50}$$

为微分方程的"余量"。显然只有当试函数为边值问题式(4.48)的精确解时,余量式(4.50)才为零。

对试函数,可以通过对待定参数 $a_0,a_1,\cdots,a_N$ 的选择,在一定意义下使余量极小化,从而使所得试函数对精确解而言是一个良好的近似。在余量极小化准则中,常取一组权函数 $w_0,w_1,\cdots,w_N$,使余量的加权平均为零,即

$$(w_j,R)=\int_D w_j(x)R(x;\boldsymbol{a})\mathrm{d}x=0,j=0,1,\cdots,N \tag{4.51}$$

这里 $(w_j,R)$ 表示内积,式(4.51)可以看作以权函数 $w_j$ 与余量 $R$ 正交的要求来确定试函数中待定参数 $a_0,a_1,\cdots,a_N$ 的方法,称为"加权余量法",记为 MWR,式(4.51)称为 MWR 准则。

MWR 的步骤可归纳如下:

选取一组满足要求的基函数 $\{\phi_j(x),j=0,1,\cdots,N\}$;

构造试函数 $u_N(x;\boldsymbol{a})=\sum_{i=0}^{N}a_i\phi_i$,其中 $a_0,a_1,\cdots,a_N$ 为待定参数,$u_N(x;\boldsymbol{a})$ 要满足所有边界条件;

选取一组权函数 $\{w_j(x),j=0,1,\cdots,N\}$;

运用 MWR 准则 $(w_j,R)=0,j=0,1,\cdots,N$,得到 $a_0,a_1,\cdots,a_N$ 的代数方程组;

解上述代数方程组,确定待定参数 $a_0,a_1,\cdots,a_N$。

在 MWR 中,待定参数 $a_0,a_1,\cdots,a_N$ 的确定,依赖于权函数 $\{w_j(x),j=0,1,\cdots,N\}$ 的选取,谱方法属加权余量法。

2)正交配点法。配点法中,在求解域 $D$ 内选取 $(N+1)$ 个点 $\{x_j,j=0,1,\cdots,N\}$ 作为配置点,并以 $\delta$ 函数作为权函数,即

$$w_j(x)=\delta(x-x_j),j=0,1,\cdots,N \tag{4.52}$$

$\delta$ 函数,在工程上称为"单位脉冲函数",是一种广义函数,它有如下性质:对任意在 $x=x_j$ 连续的函数 $f(x)$,有

$$\int_a^b f(x)\delta(x-x_j)\mathrm{d}x=\begin{cases}f(x_j),\ x_j\in(a,b)\\0\ ,\ x_j\notin(a,b)\end{cases} \tag{4.53}$$

由 MWR 准则得

$$\int_D w_j(x)R(x;\boldsymbol{a})\mathrm{d}x=\int_D \delta(x-x_j)R(x;\boldsymbol{a})\mathrm{d}x=0$$

即

$$R(x_j;\boldsymbol{a})=0,j=0,1,\cdots,N \tag{4.54}$$

即准则要求余量在 $(N+1)$ 配置点上的值为零,也即微分方程在 $(N+1)$ 个配置点上精确成立。

所谓正交配点法,就是将上述的配点选为正交多项式的根(在此选用勒让德多项式)。由前所述,显见拉格朗日插值基函 $L_i(x)$ 数是一种 $\delta$ 函数,将其选作权函数,则可将优化问

题的状态变量的试函数表示为

$$x(\tau_k) \approx X(\tau_k) = \sum_{i=1}^{M} L_i(\tau_k) X(\tau_i) \quad (k=1,\cdots,K) \tag{4.55}$$

式中：$M$ 为插值点数目；$K$ 为配点数目。进而，状态微分为

$$\dot{x}(\tau_k) \approx \dot{X}(\tau_k) = \sum_{i=0}^{K} \dot{L}_i(\tau_k) X(\tau_i) = \sum_{i=0}^{K} D_{ki} X(\tau_i) \quad (k=1,\cdots,K) \tag{4.56}$$

其中 $D$ 为微分矩阵：

$$D_{ki} = \dot{L}_i(\tau_k) = \begin{cases} \dfrac{(1+\tau_k)\dot{P}_K(\tau_k) + P_K(\tau_k)}{(\tau_k-\tau_i)[(1+\tau_k)\dot{P}_K(\tau_i) + P_K(\tau_i)]} & , \quad i \neq k \\[3mm] \dfrac{(1+\tau_k)\ddot{P}_K(\tau_i) + 2\dot{P}_K(\tau_i)}{2[(1+\tau_k)\dot{P}_K(\tau_i) + P_K(\tau_i)]} & , \quad i \neq k \end{cases} \tag{4.57}$$

这时，考察其余量的 MWR 准则：

$$R_k \equiv \sum_{i=0}^{K} D_{ki} X(\tau_i) - \frac{t_f - t_0}{2} f(X(\tau_k), U(\tau_k), \tau; t_0, t_f) = 0 \quad (k=1,\cdots,K) \tag{4.58}$$

至此可以看出，通过对优化问题的谱方法正交配点配置，将原问题的动力学微分约束转换为了在配点上完全等价代数约束。通过这样的转换，在后续的数值优化过程中，每个迭代步中不必再像直接打靶法那样对动力学约束进行一次积分，省去了大量的计算时间。正交配点法也称为伪谱法。

（3）高斯伪谱法。高斯伪谱法是由 David Benson 在试图改善勒让德伪谱法的协态变量估计精度时首次提出的。其最初是基于积分形式的动力学约束构建的，后来得到证明其对于积分形式和微分形式的动力学约束是完全等价的，进而发展为目前更常见的基于微分的动力学约束的离散格式。

本节详细介绍高斯伪谱法的理论基础。与 Benson 的著作不同，这里同时包含了动力学约束和状态/控制变量的路径约束；着重介绍了其离散后的非线性规划问题（NLP）的拉格朗日乘子与两点边值问题（HBVP）的离散协态变量的映射关系，即证明了其间接与直接离散的等价性。

1）优化问题的高斯伪普离散。利用前面介绍的数学背景，本节用高斯伪谱法将最优控制的连续 Bolza 问题离散为非线性规划问题（NLP）。

与其他伪谱方法一样，高斯伪谱法利用全局插值多项式近似状态变量，插值点为时间区间上的离散点。不同伪谱法之间的一个主要区别，就在于其离散点的选择。对于高斯伪谱法，选择 $K$ 阶勒让德多项式 $P_k(\tau)$ 的 $K$ 个根作为区间内部内离散点，记为 $K = \{\tau_1,\cdots,\tau_K\}$，$K$ 中的点在 $[-1,1]$ 上单调递增。在后面，我们称集合 $K$ 中的元素为 $K$ 阶 LG 点。设 $K_0$ 为 $K$ 的扩展集，$K_0 = K + \{-1\}$。以 $K_0$ 作为插值节点，对状态变量进行 $K$ 阶拉格朗日插值如下：

$$x(\tau) \approx X(\tau) = \sum_{i=0}^{K} L_i(\tau) x(\tau_i) \tag{4.59}$$

其中 $L_i(\tau) = \prod\limits_{j=0, j \neq i}^{K} \dfrac{\tau - \tau_j}{\tau_i - \tau_j}$ 为拉格朗日插值基函数。由拉格朗日插值的性质，状态的近似

与状态的真值在插值点 $K_0$ 上精确相等,即 $x(\tau_i) = X(\tau_i)(i = 0, \cdots, K)$。

注意到,在上述的插值点中,并未包含区间末值 $\tau_f = -1$,然而在最优控制问题中,常常会对状态末值有相关的约束,所以有必要将 $X_f$ 作为非线性规划中的变量。因此,设离散点或称为节点集合 $N = K_0 + \{1\}$。上述的状态估计中不包含 $X_f$,故要构造对于 $X_f$ 的约束,以保证动力学方程的满足,在此通过高斯求积的方法,利用初值构造 $X_f$ 的约束。由系统动力学可得

$$x(\tau_f) = x(\tau_0) + \int_{-1}^{1} f(x(\tau), u(\tau), \tau) \mathrm{d}\tau \tag{4.60}$$

用高斯求积公式表示其离散的形式为

$$X(\tau_f) - X(\tau_0) - \frac{\tau_f - \tau_0}{2} \sum_{k=1}^{K} \omega_k f(X(\tau_k), U(\tau_k), \tau; t_0, t_f) = 0 \tag{4.61}$$

式中:$\omega_k$ 为高斯权;$\tau_k$ 为 LG 点。

初看上去,这样处理状态末值是没必要且较为烦琐的,若在拉格朗日插值中直接加入时间末值 1 作为插值点,则可直接得到状态末值 $X_f$ 的离散格式。其实不然,这种离散构造方法,将会对提高协态变量的估计精度大有好处,关于这点将会在下一小节中具体论述。

式(4.61)的约束保证了状态末值满足动力学约束,对其他离散变量也要施加约束,以使系统动力学在全区间内得到满足。这就是高斯伪谱法的核心步骤,即对动力学方程在 LG 点上进行正交配置。

动力学方程等式左侧为状态变量的微分,利用上述的状态插值来近似其在 LG 点上的微分,即

$$\dot{x}(\tau_k) \approx \dot{X}(\tau_k) = \sum_{i=0}^{K} \dot{L}_i(\tau_k) X(\tau_i) = \sum_{i=0}^{K} D_{ki} X(\tau_i) \quad (k = 1, \cdots, K) \tag{4.62}$$

式中:$D \in \mathbf{R}^{K \times (K+1)}$ 为微分矩阵,与优化问题本身无关,只与 LG 点的选取有关,为拉格朗日插值基函数的微分,表达式为

$$D_{ki} = \dot{L}_i(\tau_k) = \begin{cases} \dfrac{(1+\tau_k)\dot{P}_K(\tau_k) + P_K(\tau_k)}{(\tau_k - \tau_i)[(1+\tau_k)\dot{P}_K(\tau_i) + P_K(\tau_i)]} & , \quad i \neq k \\[4mm] \dfrac{(1+\tau_k)\ddot{P}_K(\tau_i) + 2\dot{P}_K(\tau_i)}{2[(1+\tau_k)\dot{P}_K(\tau_i) + P_K(\tau_i)]} & , \quad i \neq k \end{cases} \tag{4.63}$$

式中:$\tau_k(k = 1, \cdots, K)$ 为集合 $K$ 中的点,$\tau_i(i = 0, 1, \cdots, K)$ 为集合 $K_0$ 中的点。

由上述的状态微分近似,在 LG 点(配点)上对动力学微分方程进行配置:

$$\sum_{i=0}^{K} D_{ki} X(\tau_i) - \frac{t_f - t_0}{2} f(X(\tau_k), U(\tau_k), \tau; t_0, t_f) = 0 \quad (k = 1, \cdots, K) \tag{4.64}$$

同样,对动力学方程在配点上进行配置,而不是在离散点上进行配置,是为了得到更高精度的协态变量。

为了保证离散的一致性,对控制变量也在 LG 点上进行离散。

最后,对性能指标进行处理,对其中的拉格朗日型指标采用高斯求积进行离散,可得

$$J = \Phi(X_0, t_0, X_f, t_f) + \frac{t_f - f_0}{2} \sum_{k=1}^{K} \omega_i g(X_k, U_k, \tau_k; t_0, t_f) \tag{4.65}$$

2)最优控制连续 Bolza 问题的高斯伪普离散格式。整理上面的讨论,可得到最优控制连续 Bolza 问题的高斯伪普离散格式。

求离散的状态变量 $X_i(i \in N)$,控制变量 $U_k(k \in K)$,初始时间 $t_0$,终端时间 $t_f$,使性能指标函数最小,即

$$\min J = \Phi(X_0, t_0, X_f, t_f) + \frac{t_f - f_0}{2} \sum_{k=1}^{K} \omega_i g(X_k, U_k, \tau_k; t_0, t_f) \tag{4.66}$$

同时满足微分方程转换得到的余量函数在配点处值为零:

$$R_k = \sum_{i=0}^{K} D_{ki} X(\tau_i) - \frac{t_f - t_0}{2} f(X(\tau_k), U(\tau_k), \tau; t_0, t_f) = 0 \quad (k=1,\cdots,N) \tag{4.67}$$

终端状态满足动力学约束:

$$R_f = X(\tau_f) - X(\tau_0) - \frac{\tau_f - \tau_0}{2} \sum_{k=1}^{K} \omega_k f(X(\tau_k), U(\tau_k), \tau; t_0, t_f) = 0 \tag{4.68}$$

边界条件约束:

$$\phi(X(\tau_0), t_0, X(\tau_f), t_f) = 0 \tag{4.69}$$

路径约束:

$$C(X_k, U_k, \tau_k; t_0, t_f) \leqslant 0 \quad (k=1,\cdots,N) \tag{4.70}$$

至此,性能指标函数、约束函数就定义了一个非线性规划问题(NLP),其解为连续 Bolza 问题的近似。

**2.序列二次规划法**

(1)序列二次规划算法简介。非线性规划问题是目标函数或约束条件中包含非线性函数的规划问题。一般说来,求解非线性规划问题比求解线性规划问题困难得多。而且,也不像线性规划有单纯形法这一通用方法,非线性规划目前还没有适用于各种问题的一般算法,已有的各种方法都有其特定的适用范围。

序列二次规划算法是目前公认的求解约束非线性优化问题最有效的方法之一。与其他算法相比,序列二次规划法的优点是收敛性好、计算效率高、边界搜索能力强,因此受到了广泛的重视及应用。在序列二次规划法的迭代过程中,每一步都需要求解一个或多个二次规划子问题。一般地,由于二次规划子问题的求解难以利用原问题的稀疏性、对称性等良好特性,随着问题规模的扩大,其计算工作量和所需存储量是非常大的,所以,目前的序列二次规划算法一般只适用于中小规模问题。

(2)序列二次规划算法推导过程。序列二次规划算法是将复杂的非线性约束最优化问题转化为比较简单的二次规划问题求解的算法。所谓二次规划问题,就是目标函数为二次函数,约束函数为线性函数的最优化问题。为此规划问题是最简单的非线性约束最优化问题。

1)序列二次规划算法思想。非线性约束最优化问题:

$$\min f(X) \tag{4.71}$$

$$\text{s.t.} \quad g_u(X) \leqslant 0 (u=1,2,\cdots,p) \tag{4.72}$$

$$h_v(X) = 0 (v=1,2,\cdots,m) \tag{4.73}$$

利用泰勒展开将非线性约束问题式(4.71)~式(4.73)的目标函数在迭代点 $X^k$ 处简化

成二次函数,将约束条件简化成线性函数后得到如下二次规划问题:

$$\min f(X) = \frac{1}{2}[X - X^k]^T \nabla^2 f(X^k)[X - X^k] + \nabla f(X^k)^T[X - X^k] \quad (4.74)$$

$$\text{s.t.} \quad \nabla g_u(X^k)^T[X - X^k] + g_u(X^k) \leqslant 0 (u = 1,2,\cdots,p) \quad (4.75)$$

$$\nabla h_v(X^k)^T[X - X^k] + h_v(X^k) = 0 (v = 1,2,\cdots,m) \quad (4.76)$$

此问题是原约束最优化问题的近似问题,但其解不一定是原问题的可行点。为此,令 $S = X - X^k$,将上述二次规划问题变成关于变量 $S$ 的问题,即

$$\min f(X) = \frac{1}{2}S^T \nabla^2 f(X^k)S + \nabla f(X^k)^T S \quad (4.77)$$

$$\text{s.t.} \quad \nabla g_u(X^k)^T S + g_u(X^k) \leqslant 0 \quad (u = 1,2,\cdots,p) \quad (4.78)$$

$$\nabla h_v(X^k)^T S + h_v(X^k) = 0 \quad (v = 1,2,\cdots,m) \quad (4.79)$$

令

$$H = \nabla^2 f(X^k) \quad (4.80)$$

$$C = \nabla f(X^k) \quad (4.81)$$

$$A_{eq} = [\nabla h_1(X^k) \quad \nabla h_2(X^k) \quad \cdots \quad \nabla h_m(X^k)]^T \quad (4.82)$$

$$A = [\nabla g_1(X^k) \quad \nabla g_2(X^k) \quad \cdots \quad \nabla g_p(X^k)]^T \quad (4.83)$$

$$B_{eq} = [h_1(X^k) \quad h_2(X^k) \quad \cdots \quad h_m(X^k)]^T \quad (4.84)$$

$$B = [g_1(X^k) \quad g_2(X^k) \quad \cdots \quad g_p(X^k)]^T \quad (4.85)$$

将式(4.77)~式(4.79)写成二次规划问题的一般形式,即

$$\min \frac{1}{2}S^T H S + C^T S \quad (4.86)$$

$$\text{s.t.} \quad AS = -B \quad (4.87)$$

$$A_{eq}S = -B_{eq} \quad (4.88)$$

求解此二次规划问题,将其最优解 $S^*$ 作为原问题的下一个搜索方向 $S^k$,并在该方向上进行原约束问题目标函数的约束一维搜索,这样就可以得到原约束问题的一个近似解 $X^{k+1}$。反复这一过程,就可以得到原问题的最优解。

上述思想得以实现的关键在于如何计算函数的二阶导数矩阵 $H$,以及如何求解式(4.47)~式(4.49)所示的二次规划问题。

(3)二次规划问题的求解。二次规划问题的求解分为以下两种情况:等式约束二次规划问题、一般约束二次规划问题。

1)等式约束二次规划问题:

$$\min \frac{1}{2}S^T H S + C^T S \quad (4.89)$$

$$\text{s.t.} \quad A_{eq}S \leqslant -B_{eq} \quad (4.90)$$

其拉格朗日函数为

$$\min L(S,\lambda) = \frac{1}{2}S^T H S + C^T S + \lambda^T(A_{eq}S + B_{eq}) \quad (4.91)$$

由多元函数的极值条件 $\nabla L(S,\lambda) = 0$ 可得

$$HS + C + A_{eq}^T\lambda = 0$$

$$A_{eq}S + B_{eq} = 0$$

写成矩阵形式,即

$$\begin{pmatrix} H & A_{eq}^{T} \\ A_{eq} & 0 \end{pmatrix} \begin{pmatrix} S \\ \lambda \end{pmatrix} = \begin{pmatrix} -C \\ -B_{eq} \end{pmatrix} \tag{4.92}$$

式(4.89)和式(4.90)其实就是以 $[S \quad \lambda]^T$ 为变量的线性方程组,而且变量数和方程数均为 $n+m$。由线性代数可知,此方程要么无解,要么有唯一解。若有解,利用消元变换可以求出该方程的唯一解,记作 $[S^{k+1} \quad \lambda^{k+1}]^T$。根据 K-T 条件,若此解中的乘子向量 $\lambda^{k+1}$ 不全为零,则 $S^{k+1}$ 就是等式约束二次规划问题式(4.43)的最优解 $S^*$。

2)一般约束二次规划问题。对于一般约束下的二次规划问题,在不等式约束条件中找出在迭代点 $X^k$ 处起作用的约束,将等式约束和起作用的不等式约束组成新的约束条件,构成新的等式约束二次规划问题:

$$\min f(X) = \frac{1}{2} S^T H S + C^T S$$

$$\text{s.t.} \sum_{i \in E \cup I_k} \sum_{j=1}^{n} a_{ij} s_j = -b_j \tag{4.93}$$

式中:$E$ 代表等式约束下的集合;$I_k$ 代表不等式约束中起作用的约束的下标集合。

至此,一般约束二次规划问题就转化成了等式约束二次规划问题,可以用同样的方法求解。根据 K-T 条件,若解中对应于原等式约束条件的乘子不全为零,对应起作用的不等式约束条件的乘子大于等于零,则 $S^{k+1}$ 就是等式约束二次规划问题的最优解 $S^*$。

综上所述,在迭代点 $X^k$ 上先进行矩阵 $H^k$ 变更,再构造和求解相应的二次规划子问题,并将该子问题最优解 $S^*$ 作为下一次迭代的搜索方向 $S^k$。然后在该方向上对原非线性约束最优化问题目标函数进行约束一维搜索,得到下一个迭代点 $X^k$,并判断收敛精度是否满足。重复上述过程,直到迭代点 $X^{k+1}$ 最终满足终止准则,得到原非线性约束最优化问题的最优解为止。

3)序列二次规划算法的迭代步骤。

第 1 步:给定初始点 $X^0$,收敛精度 $\varepsilon$,令 $H^0 = I$,置 $k=0$;

第 2 步:将原问题在迭代点 $X^k$ 处简化成二次规划问题式(4.42);

第 3 步:求解上述二次规划问题,并令 $S^k = S^*$;

第 4 步:在方向 $S^k$ 上对原问题目标函数进行约束一维搜索,得到下一个迭代点 $X^{k+1}$;

第 5 步:终止判断:若 $X^{k+1}$ 满足给定精度的终止准则,则 $X^{k+1}$ 作为最优解,$f(X^{k+1})$ 作为目标函数的最优代价,终止计算;否则,转第 6 步;

第 6 步:按照 DFP 或 BFGS 法修正 $H^{k+1}$,令 $k=k+1$,转第 2 步。

**3.遗传算法**

遗传算法的起源可追溯到 20 世纪 60 年代初期。1967 年,美国密歇根大学 J. Holland 教授的学生 Bagley 在他的博士论文中首次提出了遗传算法这一术语,并讨论了遗传算法在博弈中的应用,但早期研究缺乏带有指导性的理论和计算工具的开拓。1975 年,J. Holland 等人提出了对遗传算法理论研究极为重要的模式理论,出版了专著《自然系统和人工系统的适配》,在书中系统阐述了遗传算法的基本理论和方法,推动了遗传算法的发展。20 世纪 80

年代后,遗传算法进入兴盛发展时期,被广泛应用于自动控制、生产计划、图像处理、机器人等研究领域。

(1)遗传算法思想概述。遗传算法是模拟达尔文生物进化论的自然选择和遗传学机理的生物进化过程的计算模型,是一种通过模拟自然进化过程搜索最优解的方法。

假使一个岛上有一群蝴蝶,与此同时,也存有天敌蜥蜴会捕食蝴蝶。就此可以利用遗传算法模拟分析蝴蝶的生存与进化情况。

1)对性状进行编码(初始化种群)。假设蜥蜴在捕食蝴蝶时,蝴蝶的颜色会影响蜥蜴的捕食效率。例如,红色、黄色等鲜艳色的蝴蝶更容易被捕食,而灰色、褐色的蝴蝶相对不容易被捕食。这时我们可以对蝴蝶的颜色之一性状进行编码。

由于性状由染色体上的基因所决定,所以可以通过二进制编码或者浮点编码法对蝴蝶的染色体进行编码,如灰色记为10010010110,红色记为11101101000。

2)适应度函数(计算适应度)。已经知道不同颜色的蝴蝶被捕食的概率不同,也就是说,不同蝴蝶的适应函数存在着区别,适应度函数也称评价函数,是根据目标函数确定的用于区分群体中个体好坏的标准。适应度函数总是非负的,而目标函数可能有正有负,故需要在目标函数与适应度函数之间进行变换。

评价个体适应度的一般过程如下:

A.对个体编码串进行解码处理后,可得到个体的表现型。

B.由个体的表现型可计算出对应个体的目标函数值。

C.根据最优化问题的类型,由目标函数值按一定的转换规则求出个体的适应度。

这时,我们可以赋给不同颜色的蝴蝶以不同的生存适应度(其区间值为[0,10]),如灰色蝴蝶的适应度记为8,红色蝴蝶的适应度记为2。

3)选择函数(物竞天择)。遗传算法中的选择操作就是用来确定如何从父代群体中按某种方法选取哪些个体,以便遗传到下一代群体。选择操作用来确定重组或交叉个体,以及被选个体将产生多少个子代个体。前面说了,我们希望颜色偏浅的蝴蝶存活下来,并尽可能繁衍更多的后代。但我们都知道,在自然界中,适应度高的蝴蝶越能繁衍后代,但这也是从概率上说的而已。毕竟有些适应度低的蝴蝶也可能逃过蜥蜴的眼睛。

关于这种概率关系,我们可以使用轮盘赌选择——是一种回放式随机采样方法。每个个体进入下一代的概率等于它的适应度值与整个种群中个体适应度值和的比例。

4)染色体交叉和基因突变(遗传与变异)。遗传算法的交叉操作,是指对两个相互配对的染色体按某种方式相互交换其部分基因,从而形成两个新的个体。适用于二进制编码个体或浮点数编码个体的交叉算子有单点交叉、多点交叉、均匀交叉等。

遗传算法中的变异运算,是指将个体染色体编码串中的某些基因座上的基因值用该基因座上的其他等位基因来替换,从而形成新的个体。适用于二进制编码或浮点数编码的个体有基本位变异、均匀变异、高斯变异等。一般来说,变异算子操作的基本步骤如下:

A.对群中所有个体以事先设定的变异概率判断是否进行变异。

B.对进行变异的个体随机选择变异位进行变异。遗传算法引入变异的目的有两个:一是使遗传算法具有局部的随机搜索能力。当遗传算法通过交叉算子已接近最优解邻域时,利用变异算子的这种局部随机搜索能力可以加速向最优解收敛。显然,此种情况下的变异概率应取较小值,否则接近最优解的积木块会因变异而遭到破坏。二是使遗传算法可维持群体多样性,以防止出现未成熟收敛现象。此时收敛概率应取较大值。

C.终止条件。当最优个体的适应度达到给定的阈值,或者最优个体的适应度和群体适应度不再上升,或者迭代次数达到预设的代数时,算法终止。预设的代数一般设置为100~500代。

(2)遗传算法的数学原理。

1)模式定理。模式是一个描述字符串集的模板,该字符串集中的串的某些位置上存在相似性。不失一般性,我们考虑二值字符集 {0,1} ,由此可以产生通常的0,1字符串。现在我们增加一个符号" * ",称作"无关符"或"通配符",即" * "既可以被当作0,也可以被当作1。

定义1:[模式]基于三值字符集 {0,1,*} 所产生的能描述具有某些结构相似性的0、1字符串集的字符串称为模式。例如模式 *0001 代表 {00001,10001} 。

定义2:[模式阶]模式 $H$ 中确定位置的个数称作该模式的模式阶,记作 $O(H)$。例如 $O(011*1*)=4$ 和 $O(0*****)=1$。

定义3:[定义距]模式 $H*$ 中的第一个确定位置和最后一个确定位置之间的距离称作该模式的定义距,记作 $\delta(H)$。

A.选择算子对模式的影响。记 $m(H,t)$ 为模式 $H$ 在第 $t$ 代的个体数,$f(H)$ 为模式 $H$ 所有样本的平均适应度。一个串被选择的概率 $P_i=f(H)/\sum f_i$,则有 $m(H,t+1)=m(H,t)\cdot n\cdot f(H)/\sum f_i$,记种群平均适应度 $f^2=\sum f_i/n$,则 $m(H,t+1)=m(H,t)\cdot f(H)/f^2$,假定模式 $H$ 的平均适应度一直高于种群平均适应度,且高出部分为 $cf^2$,则

$$m(H,t+1)=\frac{m(H,t)\cdot(f^2+cf^2)}{f^2}=m(H,t)\cdot(1+c) \tag{4.94}$$

假设从 $t=0$ 开始,$c$ 保持为常值,则由 $m(H,t+1)=m(H,0)\cdot(1+c)^t$ 可见,在选择算子作用下,平均适应度高于种群平均适应度的模式将呈指数级增长。而平均适应度低于种群平均适应度的模式将呈指数级减少。

B.交叉算子对模式的影响。考虑单点交叉算子,模式 $H$ 只有当交叉点落在定义距之外才能生存。因此 $H$ 的生存概率 $P_s=1-P_c\cdot\delta(H)/(l-1)$,当然,交叉点落在定义距之内时,也有可能不破坏模式 $H$,则 $P_s\geqslant 1-P_c\cdot\delta(H)/(l-1)$,于是

$$m(H,t+1)\geqslant m(H,t)\cdot\frac{f(H)}{f^2}\cdot\left(1-\frac{P_c\cdot\delta(H)}{l-1}\right)$$

C.变异算子对模式的影响。考虑按位变异,已知每个基因发生变异的概率为 $P_m$,则一个阶数为 $O(H)$ 的模式得以保存的概率为

$$P_s=(1-P_m)^{O(H)}\geqslant 1-O(H)P_m$$

则

$$m(H,t+1)\geqslant m(H,t)\cdot\frac{f(H)}{f^2}\cdot\left(1-\frac{P_c\cdot\delta(H)}{l-1}-O(H)P_m\right) \tag{4.95}$$

可以得到下述结论:

定理1:低阶、低定义距的模式的数量将在种群中指数增长(这种类型的模式被称为基

因块或积木块)。

2)相关的假设与分析。

A.积木块假设:个体的基因块通过选择、交叉、变异等遗传因子的作用,能够相互拼接在一起,形成适应度更高的个体编码串。

B.隐含并行性:在遗传算法的运行过程中,每代都处理了 $M$ 个个体,但由于一个个体编码串中隐含有多种不同的模式,所以算法实际上却是处理了更多模式。

以二进制编码符号串为例,长度为 $l$ 的编码串中隐含有 $2^l$ 种模式,这样,规模为 $M$ 的群体中就可能隐含有 $2^l \sim M \cdot 2^l$ 种不同的模式。随着进化进程的进行,这些模式的一些定义长度较长的模式被破坏掉,而另一些定义长度较短的模式却能生存下来。也就是说,遗传算法不能有效处理 $2^l \sim M \cdot 2^l$ 种模式个数。我们得出的结论则是:遗传算法所处理的有效模式总数约与群体规模 $M$ 的三次方成正比。

C.收敛性分析:

定理 2:基本遗传算法收敛于最优解的概率小于 1。

定理 3:使用保留最佳个体策略的遗传算法能收敛于最优解的概率为 1。

(3)遗传算法的分析评价。

1)特点。

A.算法从问题解的串集开始搜索,而不是从单个解开始。这是遗传算法与传统优化算法的极大区别。传统优化算法是从单个初始值迭代求最优解的,容易误入局部最优解。遗传算法从串集开始搜索,覆盖面大,利于全局择优。

B.遗传算法同时处理群体中的多个个体,即对搜索空间中的多个解进行评估,减少了陷入局部最优解的风险,同时算法本身易于实现并行化。

C.遗传算法基本上不用搜索空间的知识或其他辅助信息,而仅用适应函数值来评估个体,在此基础上进行遗传操作。适应度函数不仅不受连续可微的约束,而且其定义域可以任意设定。这一特点使得遗传算法的应用范围大大扩展。

D.遗传算法不是采用确定性规则,而是采用概率的变迁规则来指导它的搜索方向。

E.具有自组织、自适应和自学习性。遗传算法利用进化过程获得的信息自行组织搜索时,适应度大的个体具有较高的生存概率,并获得更适应环境的基因结构。

此外,算法本身也可以采用动态自适应技术,在进化过程中自动调整算法控制参数和编码精度,比如使用模糊自适应法。

2)算法的不足。

A.编码不规范及编码存在表示的不准确性。

B.单一的遗传算法编码不能全面地将优化问题的约束表示出来。考虑约束的一个方法就是对不可行解采用阈值,这样,计算的时间必然增加。

C.遗传算法通常的效率比其他传统的优化方法低。

D.遗传算法容易过早收敛。

E.遗传算法对算法的精度、可行度、计算复杂性等方面,还没有有效的定量分析方法。

**4.粒子群算法**

(1)粒子群算法简介。粒子群算法是由 Kennedy 和 Eberhart 等人于 1995 年提出的一种新的全局优化算法。它的仿生基点是模拟鸟群觅食行为而发展起来的一种基于群体协作的随机搜索算法。为便于说明粒子群算法的基本原理，不妨作如下假设：一群鸟在一个区域理随机搜索食物，而在这个区域里只有一块食物，所有的鸟都不清楚这块食物具体在哪里，然而却能判断自己与这块食物之间的距离。因此在这种情况下，它们找到食物最有效的办法就是寻找当前与食物之间距离最短的鸟的区域，然后根据在寻找食物的过程中自身累积的经验和到食物距离最短的鸟的经验，那么整个鸟群就能很容易地找到食物的具体位置。

粒子群算法通常的数学描述为：设在一个 $D$ 维空间中，由 $m$ 个粒子组成的种群 $\boldsymbol{X} = (x_1, \cdots, x_i, \cdots, x_D)$，其中第 $i$ 个粒子位置为 $\boldsymbol{x}_i = (x_{i1}, x_{i2}, \cdots, x_{iD})^{\mathrm{T}}$，其速度为 $\boldsymbol{v}_i = (v_{i1}, v_{i2}, \cdots, v_{iD})^{\mathrm{T}}$。粒子本身所找到（或者称为经历过）的最优解，即个体极值点为 $\boldsymbol{p}_i = (p_{i1}, p_{i2}, \cdots, p_{iD})^{\mathrm{T}}$，这是个体本身"认知"的提现；另一个是整个种群目前找到（或者称为经历过）的最优解，即种群极值点为 $\boldsymbol{p}_{\mathrm{g}} = (p_{\mathrm{g}1}, p_{\mathrm{g}2}, \cdots, p_{\mathrm{g}D})^{\mathrm{T}}$，按照追随当前最优粒子的原理，粒子将根据下式更新自己的速度和位置：

$$\left.\begin{aligned} v_i(t+1) &= v_i(t) + c_1 r_1 (p_i(t) - x_i(t)) + c_2 r_2 (p_{\mathrm{g}}(t) - x_i(t)) \\ x_i(t+1) &= x_i(t) + v_i(t+1) \end{aligned}\right\} \tag{4.96}$$

其中个体极值点 $p_i(t)$ 的更新规则为

$$p_i(t) = \begin{cases} p_i(t-1), f(p_i(t)) > f(p_i(t-1)) \\ x_i(t)，其他 \end{cases} \tag{4.97}$$

种群极值点 $p_{\mathrm{g}}(t)$ 的更新规则为

$$p_{\mathrm{g}}(t+1) = \mathrm{argmin}\{f(p_i(t)) | i = 1, 2, \cdots, n\} \tag{4.98}$$

在上述方程中，$c_1$ 和 $c_2$ 分别调节粒子飞向自身所经历过最优位置和全局最优位置的步长，同时为了防止粒子移动出搜索范围以及更好地进行局部遍历搜索，一般将限定移动速度的范围。

（2）标准粒子群优化算法。为了改进粒子群算法的收敛性问题，Shi 和 Eberhart 于 1998 年首次在速度进化方程中引入惯性权重，即给予粒子速度一个权系数 $\omega$ 来维护全局和局部搜索能力的平衡，提高算法的搜索能力。这时粒子的速度和位置更新方程如下：

$$v_i(t+1) = \omega v_i(t) + c_1 r_1 (p_i(t) - x_i(t)) + c_2 r_2 (p_{\mathrm{g}}(t) - x_i(t)) \tag{4.99}$$

$$x_i(t+1) = x_i(t) + v_i(t+1) \tag{4.100}$$

式中：参数 $\omega$ 称为惯性权重（基本粒子群算法就是惯性权重 $\omega$ 为 1 时的特殊情况），通过调整其大小可以平衡算法的局部搜索能力和全局搜索能力：$\omega$ 取值较大时有利于全局搜索，较小时有利于局部搜索。

（3）粒子群算法的分类。

1）标准粒子群算法的变形。标准粒子群算法的变形。在这个分支中主要是对标准粒子群算法的惯性因子、收敛因子（约束因子）、"认知"部分的 $c_1$、"社会"部分的 $c_2$ 进行变化与调节，希望获得好的效果。

惯性因子的原始版本是保持不变的，后来有人提出"随着算法迭代的进行，惯性因子需要逐渐减小"的思想。算法开始阶段，大的惯性因子可使算法不容易陷入局部最优；到算法的后期，小的惯性因子可以使收敛速度加快，使收敛更加平稳，不至于出现震荡现象。对于收敛因子，经过证明：如果收敛因子取 0.729，可以确保算法的收敛，但是不能保证算法收敛到全局最优。经过测试,取收敛因子为 0.729 效果较好。对于社会和认知系数 $c_2$、$c_1$,也有人提出:$c_1$ 先大后小而 $c_2$ 先小后大的思想。

2)混合粒子群优化算法。粒子群算法的混合,这个分支主要是将粒子群算法与各种算法相混合,有人将它与模拟退火算法相混合,有人将它与单纯形方法相混合,但是最多的是将它与遗传算法相混合,根据遗传算法的 3 种不同算法可以生成 3 种不同的混合算法。

混合粒子群优化算法的思路源于模拟退火算法的马尔可夫链分析。按照马尔可夫链的观点,模拟退火算法是在梯度下降算法的基础上,引入噪声项以增加寻优过程跳出局部极小的概率,从而利于算法搜索到全局最优。因此,对模拟退火算法的马尔可夫思路进行逆向思维,在粒子群算法中引入梯度下降寻优,即形成混合粒子群优化算法。

$$\left.\begin{aligned} v_i(t+1) &= \omega v_i(t) + c_1 r_1(p_i(t) - x_i(t)) + c_2 r_2(p_g(t) - x_i(t)) \\ x_i(t+1) &= x_i(t) + v_i(t+1) \\ p_g &= p_g - \eta f'(p_g) \end{aligned}\right\} \tag{4.101}$$

式中:$f'(p_g)$ 为在 $p_g$ 点对目标函数求导;$\eta$ 为梯度下降修正系数。

3)二进制粒子群算法。最初的粒子群算法是从解决连续优化问题发展起来的。后来 Eberhart 等人为解决工程实际中的组合优化问题,又提出了粒子群算法的离散二进制版本。他们在提出的模型中,将粒子的每一维及粒子本身的历史最优、全局最优限制为 1 或 0,而速度不做这种限制。用速度更新位置时,设定一个阈值,当速度高于该阈值时,粒子的取值为 1,反之取 0。二进制粒子群算法与遗传算法在形式上很相似,但实验结果显示,在大多数测试函数中,二进制粒子群算法比遗传算法速度快,尤其是在问题的维数增加时。

4)协同粒子群算法。协同粒子群算法将粒子的 $D$ 维分到 $D$ 个粒子群中,每个粒子群优化一维向量,评价适应度时将这些分量合并为一个完整的向量。例如第 $i$ 个粒子群,除第 $i$ 个分量外,其他 $D-1$ 个分量都设为最优值,不断用第 $i$ 个粒子群中的粒子替换第 $i$ 个分量,直到得到第 $i$ 维的最优值,其他维相同。协同粒子群在某些问题上有更快的收敛速度,但该算法容易被欺骗。

(4)粒子群算法步骤。标准粒子群算法的一般实现步骤如下:

第 1 步:参数初始化,对粒子群的初始位置和速度进行随机设置;

第 2 步:计算每个粒子的适应值;

第 3 步:对于每个粒子的适应值与所经历过的最优位置进行比较,以及个体最优位置的更新;

第 4 步:对每个粒子的适应值进行比较,选取群体最优位置,进行更新;

第 5 步:根据速度和位置进化方程式(4.60)和式(4.61)对粒子的速度和位置进行进化;

第 6 步:如果没有满足结束条件,则返回第 2 步。

**5.蚁群算法**

蚁群算法是由意大利学者 M. Dorigo 等人于 20 世纪 90 年代首先提出来的。该算法采用了分布式并行计算机制,易于与其他优化算法相结合,且具有鲁棒性较强、正反馈等优点,是进化算法中的一种启发式全局优化算法。

(1)蚁群算法思想概述。生物学家们通过对蚂蚁的生活习性的研究发现,后面的蚂蚁之所以能沿着某条前面蚂蚁爬过的路径爬行，是因为蚂蚁之间会传递信息。而传递的信息则是指蚂蚁在所爬行过的路径上留下某种化学物质。这种物质可以称作"信息素"。另外，我们发现在蚂蚁爬行的众多路线上，不管过去多长时间，某条路线上的蚂蚁也会越来越多。这是因为蚂蚁在爬行过程会留下信息素。信息素也会随着时间以一定程度地不断挥发，另外又不断有不同数量的新信息素在增加。这样，每条路径上有或多或少的信息素，蚂蚁又会依据数量不同的信息素来选择要走的路径。因此，随着信息素数量在增多，越来越多的蚂蚁选择这条路；随着这条路径上的蚂蚁不断增加，这条路上的信息素也会跟着不断增加。反之，随着某条较差的路径上的信息素渐渐减少，该条路径被蚂蚁选择的可能性就会渐渐变小。而蚂蚁越少，路上也越得不到新的信息素。这是一个反馈机制。

如果用蚂蚁的行走路径表示待优化问题的可行解，整个蚂蚁群体的所有路径构成待优化问题的解空间。路径较短的蚂蚁释放的信息素量较多，随着时间的推进，较短的路径上累积的信息素浓度逐渐增高，选择该路径的蚂蚁个数也愈来愈多。最终，整个蚂蚁会在正反馈的作用下集中到最佳的路径上，此时对应的便是待优化问题的最优解。蚁群算法就是一个通过反馈机制排除差解、寻找最优解的执行过程。

(2)蚁群算法的描述。下面以一般 TSP 问题为例分析该算法的模型。设城市数目为 $N$，蚂蚁为 $M$ 只。蚂蚁个体选择不重复的城市，信息素和启发因子决定了蚂蚁选择的城市。$\tau_{ij}$ 是指蚂蚁从第 $i$ 座城市到第 $j$ 座城市后路径 $ij$ 上的信息素，当每访问一座城市后，$\tau_{ij}$ 都会按照一定的方法被更新；而 $\eta_{ij}$ 是指路径 $ij$ 上的启发因子，等于城市 $i$ 和 $j$ 之间的路径长度的倒数，即 $\eta_{ij}=1/d_{ij}$。蚂蚁根据记忆功能选择下一座没有访问过的城市，这里表现为禁忌表 $\text{tabu}_k$，每次选择完城市，蚂蚁都要把该城市保存到该列表中。接下来，蚂蚁继续按一定的规则选择访问的城市，直到该旅行中的所有城市都访问完毕。接着又一个循环开始。蚂蚁选择城市的转移概率用公式表达为

$$p_{ij}^k(t)=\frac{\tau_{ij}^\alpha(t)\eta_{ij}^\beta}{\sum_{j\in N_i^k}\tau_{ij}^\alpha(t)\eta_{ij}^\beta} \tag{4.102}$$

式中：$\alpha$ 和 $\beta$ 表示的是重要程度；$p_{ij}^k(t)$ 表示的是在时刻 $t$，第 $k$ 只蚂蚁在第 $i$ 座城市选择到第 $j$ 座城市的概率；$N_i^k$ 表示的是没有访问过的城市。

而蚂蚁产生信息素的表达式为

$$\tau_{ij}(t+n)=\rho\tau_{ij}(t)+\sum_{k=1}^m\Delta\tau_{ij}^k \tag{4.103}$$

初始时刻 $\Delta\tau_{ij}^k=C$，在该循环中所得 $\Delta\tau_{ij}^k$ 的表达方式有三种，分别为

$$\Delta\tau_{ij}^k=\begin{cases}Q/L_k, & \text{若在本次循环中，蚂蚁 }k\text{ 经过路径 }ij\\0, & \text{其他}\end{cases} \tag{4.104}$$

$$\Delta\tau_{ij}^k=\begin{cases}Q/d_{ij}, & \text{若蚂蚁 }k\text{ 在时刻 }t\text{ 到 }t+1\text{ 经过路径 }ij\\0, & \text{其他}\end{cases} \tag{4.105}$$

$$\Delta\tau_{ij}^k=\begin{cases}Q, & \text{若蚂蚁 }k\text{ 在时刻 }t\text{ 到 }t+1\text{ 经过路径 }ij\\0, & \text{其他}\end{cases} \tag{4.106}$$

其他时刻 $\Delta\tau_{ij}^k=0$。式中：$\rho$ 表示信息素残留因子，$0<\rho<1$；$L_k$ 表示一次旅行结束后蚂蚁

$k$ 目前访问的总路径长度；$d_{ij}$ 表示路径 $ij$ 的长度；$Q$ 是常数。

第一种表达方式是 ant cycle 算法，其信息素是在每次循环完毕更新的，后面两种分别是 ant density 和 ant quantity 算法，其信息素是在每走一步就更新的。由于第一种表达方式具有全局性，所以第一种表达方式比后面两种更优。

（3）蚁群算法的改进。城市选择概率和信息素规则对蚁群算法的寻优性能具有很重要的影响。选择概率不同，蚂蚁选择的路径就不同。信息素的大小不仅表现了路径好坏，而且这也是反馈机理的主要元素，使得蚂蚁选择较好的路径。因此针对蚁群算法具有收敛速度慢、精度不高等弊端，在此分别对算法中的选择城市的概率规则和信息素公式加以改进。

1）引入扰动因子 $q$。城市之间的距离是路径转移概率的一个重要组成部分。如果这个城市离蚂蚁所在地越近，蚂蚁就越可能选择该城市。然而，在整个运行过程中，由于蚁群的正反馈会产生误差解，从而误导蚁群向错误的方向寻解，对整个算法的性能造成影响。也就是说，一直选择蚂蚁最近的城市，最后选择的路径不一定是最优路径。故引入扰动因子对状态转移规则加以改进，将概率公式改进为如下式所示：

$$p_{ij}^{k} = \begin{cases} \dfrac{\tau_{ij}^{\alpha} \eta_{ij}^{\beta}(t)}{\sum\limits_{j \in \text{allowed}} \tau_{ij}^{\alpha} \eta_{ij}^{\beta}(t)}, q \geqslant q_0 \\ \dfrac{\eta_{ij}(t)}{\sum\limits_{j \in \text{allowed}} \tau_{ij}^{\alpha} \eta_{ij}^{\beta}(t)}, q < q_0 \\ 0, \text{其他} \end{cases} \tag{4.107}$$

由于蚁群算法容易陷入局部极小，所以在此引进了一个能见度 $q$，蚂蚁 $k$ 从城市 $i$ 选择城市 $j$ 时，先产生 $[0,1]$ 均匀分布的随机数 $q$，再遵循公式选择，$q_0$ 是设定的值，当 $q \geqslant q_0$ 时，城市选择概率由启发信息（即距离的导数和信息素这两个部分）组成。而当 $q < q_0$ 时，则只由信息素的运算组成选择概率，从而排除了由正反馈导致产生的误差解。这个改进扩大了解的搜寻空间，有效地避免了蚁群算法过早陷入局部最优解。

2）引入城市数目。假如，蚂蚁在实际旅行的最开始选择了一个距离比较远的城市（由于路径选择的规则或者是一些城市任务），也许会导致在后面旅行过程中连续选择错误，最后就是一个不满意的旅行。而一个好的开始也可能导致不好的结果。而信息素反映着蚁群访问路径的好坏，因此刚开始的时候，信息素的作用就显得很重要。而当蚁群已经访问完了大部分要访问的城市后，此时路径的选择对整个寻优路径已经没有多大影响了，因此此时信息素的作用也无关紧要了。因此让城市的信息素对蚂蚁的选择在旅行开始时占很大的作用，而在快要结束旅行时减小它们的影响是符合逻辑的。

从转移概率公式可知，信息素和启发因子都起着很重要的作用，但是倘若城市的信息素或者启发因子其中一者的变化差异不大，这部分的作用则不明显，另一部分则成为主要影响因素，其作用就会变得更明显。因此在此通过引入城市数目对信息素的改进，使得蚁群收敛更快。将信息素公式进行改进有两种改进方式，第一种是将式（4.103）改为

$$\tau_{ij} = (1-\rho)\tau_{ij} + \frac{K \cdot cc \cdot \tau_0}{\text{CI}_{\eta}^{cc}}$$

其中：cc 是指现在的城市数目，即蚂蚁到现在为止经过的城市数；CI 是指现在所在的城市到

要选择的城市的路径长度；$K$ 和 $\eta$ 是常数，决定着城市数目 cc 和路径长度 CI 在更新信息素的影响程度。

第二种改进方式是将式(4.103)改为

$$\tau_{ij} = \tau_{ij} + \tau_0 e^{-\frac{5cc}{M}}$$

其中：cc 是指现在的城市数目；$M$ 是常数。当 cc = $M$ 时，第二部分趋近于 $0$（$e^{-\frac{5cc}{M}} = 0$）。

当城市数目 cc 越大时，信息素变化越小，即经过一定数目的城市后，信息素基本不变。改进后，刚开始访问的时候，蚂蚁选择城市的概率先是以信息素的大小起主要作用，蚂蚁受信息素的影响选择路径。随着访问的城市越来越多，后面的城市选择空间越来越小，这时城市距离的好坏决定了蚂蚁选择的路径。

(4)蚁群算法步骤。蚁群算法的一般实现步骤如下：

第 1 步：蚁群的初始化；

第 2 步：建立一个禁忌表，然后将蚂蚁的初始选择的城市放入表中；

第 3 步：根据状态转移概率公式(4.102)，蚂蚁移动到下一城市，且把已经路过的城市加入禁忌表；

第 4 步：蚂蚁移动后，按式(4.107)更新该路径的信息素；

第 5 步：若禁忌表满了，则清空禁忌表，进入下一次循环中，即返回步骤第 2 步；

第 6 步：若满足给定的最大迭代次数，那么算法结束，得到最佳路径。

## 4.2.3　弹道优化模型与流程

在建立导弹的优化目标函数时，需要根据导弹的作战任务需求进行综合考虑，而多个目标之间可能存在相互影响。例如：从攻击目标的过程出发，希望飞行时间最短；从飞行弹道的品质出发，希望过载相对较小；另外还包括射程、精度等不同的技术指标之间的相互协调等。如果采用单目标优化模型，难以反映出导弹优化的综合效果，因此通常需要采用多目标优化方法建立导弹优化模型，以平衡多个设计目标和影响因素。

### 1.目标函数

在弹道优化过程中，目标参数的选择与导弹的类型及作战任务相关。当以射程为主要技术指标时，目标函数为

$$\max J = x_f \tag{4.108}$$

其中：$x_f$ 为飞行结束时刻的射程。

对飞行时间和导弹响应过程有关的飞行任务，可以飞行时间 $t_f$ 最短为目标函数，即

$$\min J = t_f \tag{4.109}$$

导弹在飞行结束时的脱靶量是弹道方案设计阶段的一个重要的指标。根据弹道设计的要求，可选取脱靶量作为优化指标。如果考虑到飞行过程的过载要求，也可以过载作为优化目标。

为了综合成单一的目标函数 $J$，根据目标函数的重要程度和相互关联程度，引入"权系数"$a_i$，则目标函数表示为

$$\left.\begin{array}{l} J = \sum_{i=0}^{n} a_i J_i, a_i > 0 \\[2mm] \sum_{i=0}^{n} a_i = 1 \end{array}\right\} \tag{4.110}$$

**2.优化变量**

在优化设计中,优化变量要选择对目标函数影响较大、敏感性较高的参数组合,而对于影响较小的参数则可忽略。选择的优化变量之间应该是线性且相互独立的,同时参数易于调整。通过这种原则下的变量选择,以降低优化过程中的寻优次数及算法复杂度,尽量减少迭代优化时间。

不同导弹类型下,影响弹道的参数很多,对于垂直发射、拦截运动目标的导弹,转弯时间、攻角变化规律、控制系统参数、制导律等都可作为优化变量。

**3.约束条件**

对于导弹的飞行过程,常用的约束条件包括以下几种。

(1)速度约束:导弹在一定的速度范围内才能正常工作。拦截高机动目标时,导弹的速度不能低于设计值,否则无法完成机动飞行命中目标,因此导弹应具有较高的末端马赫数 $Ma_{End}$。

(2)攻角约束:飞行过程中,攻角在一定的范围内才能保证导弹具有较好的气动性能,因此攻角范围为 $a_{min} \leqslant a \leqslant a_{max}$。

(3)过载约束:导弹飞行过程中,需用过载 $n_y$ 应小于可用过载,以保证导弹具有一定的机动性。

(4)其他约束:根据导弹的设计不同,可能还要针对弹体运动的角速度、操纵舵偏转速率、飞行高度、弹道倾角等参数进行约束。

**4.优化流程**

在建立优化设计的目标函数、优化变量、约束条件后,即建立了弹道设计的优化模型,弹道优化针对该优化模型采用数学方法进行求解。

以直接法为例,针对建立的优化模型,开展以下工作:

(1)离散变换:直接法首先需要采用参数化方法将连续空间的最优控制问题转化为非线性规划(Nonlinear Programming,NLP)问题,此部分成为离散变换;通过离散变换,将由微分方程组所描述的最优控制问题转化为可以应用非线性规划方法求解的静态参数优化问题。伪谱法(又称正交配点法)是一种近年来发展迅速、应用较多的一种同时离散控制变量和状态变量的直接法,有着参数量少、精度高、收敛快和对初值不敏感的特点。

(2)非线性规划:针对非线性规划问题,采用数值方法或非数值方法求解。常用的数值算法如罚函数法、序列二次规划(SQP)法等,非数值算法如遗传算法、模拟退火法、神经网络法等。

通过上述流程,将连续的弹道优化分析转换为非线性规划问题,实现弹道优化设计。

# 4.3 超低空弹道优化设计

## 4.3.1 最佳发射角装订优化设计原则

防空导弹初制导段通常以一定的倾角倾斜发射转弯,采用发射参数装订的方法,即根据布儒斯特角的要求,通过相应的数学优化方法确定导弹的发射倾角,导引头捕获目标后,导弹按传统的比例导引法导引导弹飞向目标。

初制导段采用最佳发射角装订,控制导弹在接近目标的关键弹目距离时使擦地角接近布儒斯特角。根据导弹的实际工作状态,其涉及空间中的变量较多,如目标的飞行马赫数 $Ma_T$、目标飞行高度 $H_T$、弹目之间的初始距离 $R_0$,以及要求的布儒斯特角 $q_B$ 变化范围等都对弹道和修正的参数有影响,给弹道优化和设计带来较大的难度。在修正方案中,根据设计的准则和原则,在多个影响参数空间设计时进行以下考虑:

(1)仅装订发射倾角以满足简化原则。虽然设计空间比较宽,但是设计方案中尽量减少调节参数的个数。通过针对导弹的多轮计算对比与优化,结合方案的设计特点,通过装订发射倾角,能够实现布儒斯特角的约束,因此不再构造中段修正模型。

(2)尽量减小过载。过载大小与导弹的转弯速率相关,如果导弹的转弯速率过大,必然产生较大的法向加速度,从而产生较大过载。在方案设计中,只进行发射时刻倾角装订,导引律与原有方案相同,以不增加到导弹的过载需求。

(3)单一导引律实现平稳过度。不进行导引律本身的修订,导弹工作过程相关参数保持不变,可保证导弹弹道过渡平稳。

按照上述设计思路,通过多轮参数设计与优化,构造发射倾角的装订模型。

设弹目初始距离 20 km,目标速度 $Ma_T = 0.7$,目标高度 10 m,图 4.10 分别为初始发射倾角 30°、45°、60° 和 75° 时的弹道及擦地角的变化规律,可以看到:在弹目距离 5.5 km 处,可分别实现 15°、22°、29° 和 37° 的最佳发射角;发射倾角越大,导弹飞行过程中达到的高度越大,与之对应,弹目之间的擦地角也随发射倾角而变化,也就是说,通过调节导弹的初始发射角,可以达到调节擦地角的目的。

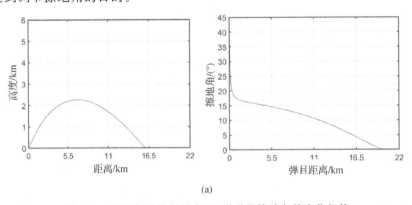

(a)

**图 4.10 不同初始发射倾角下,弹道及擦地角的变化规律**

(a)发射角 30°

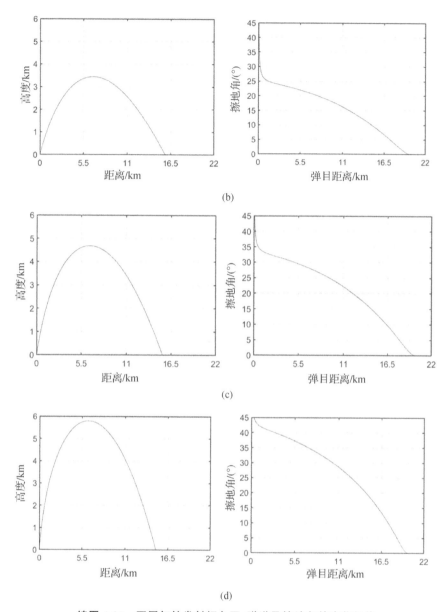

**续图 4.10　不同初始发射倾角下,弹道及擦地角的变化规律**

(b)发射角 $45°$ ;(c)发射角 $60°$ ;(d)发射角 $75°$

因此,初制导段采用最佳发射角装订,可以控制当导弹在接近目标的关键弹目距离时,使擦地角接近布儒斯特角。

## 4.3.2　最佳发射角装订优化设计原理

初制导段采用参数初始值装订法,即根据不同的目标参数(目标速度、高度、预测命中点位置等)和布儒斯特角的大小等约束条件,对导弹的发射参数进行优化研究和设计,通过改变导弹的初始发射角,控制当导弹在接近目标的关键弹目距离时,使擦地角接近布儒斯特角。通过大量的仿真计算得到的弹道样本,采用二阶响应面拟合方法,给出导弹发射参数针对不同的目标参数和布儒斯特角时导弹跟踪参数模型,发射参数初始值装订法的技术途径如图 4.11 所示,在完成布儒斯特角导弹跟踪发射参数模型的基础上,对于给定的目标参数和环境布儒斯特角,为实现布儒斯特弹道仿真计算,只需要把导弹仿真模型中原来的初始发射角修改为按拟合出的模型计算的初始发射角即可。

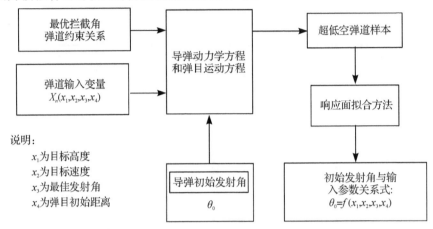

图 4.11　最佳发射角装订优化方法的技术途径

因此,在应用最佳发射角装订优化法实现超低空超低空优化弹道时,不改变制导控制系统本身,不需要增加弹上导引系统测量目标的信息,只需要在发射前对导弹发射角进行装订,工程实现技术简单,同时也不会降低导弹的抗干扰性能。初值装订法适用于导弹的初制导段,可以通过发射倾角的参数装订实现弹道和擦地角修正。

**1.最佳发射角装订模型**

对于拦截超低空目标的导弹初制导段,导弹发射后爬升转弯,进入波束制导范围后,通过导引头指令,进行比例导引飞行。容易理解,要满足最佳发射角约束,当目标较远时,应当使导弹飞行高度更高;对于近距离目标,则达到的飞行高度降低,才能适应角度约束的需求。对于已经定型的导弹而言,发动机工作时间、转弯时间等已经确定,可以通过初始发射角度 $\theta_0$ 的变化,来改变导弹的最大飞行高度,从而调整飞行过程中弹目视线的变化规律:

$$\theta_0 = f(q_B, R_0, Ma_T, H_T) \tag{4.111}$$

式中:$R_0$ 为发射时刻导弹与目标之间的距离;$Ma_T$ 为目标的飞行马赫数;$H_T$ 为目标的飞行高度;$q_B$ 为在特定(如导引头开机时)的弹目距离 $R_n$ 下,要求达到的布儒斯特角。

**2.参数 $R_0$、$Ma_T$、$H_T$、$q_B$ 变化对初始发射角 $\theta_0$ 的影响**

根据典型样本点的计算结果,分析目标运动参数及初始弹道倾角 $\theta_0$、特征距离下达到布儒斯特角之间相互影响规律。

(1)不同弹目初始距离下,初始发射角 $\theta_0$ 与最佳发射角关系。图 4.12 对比了不同弹目初始距离时 $\theta_0$ 与 $q_B$ 的关系。由计算结果看:①当目标飞行高度 10 m,飞行速度 $Ma_T = 0.1$ 时,不同弹目初始距离下,随着发射倾角的增加,特征距离时达到的布儒斯特角数值也增大,两者之间近似呈线性变化的趋势。不同初始距离下,最小布儒斯特角可以达到 5°以内。随着初始距离增加,相同的发射倾角下能够达到的布儒斯特角也增大,但是随着距离的增加,这种变化趋势放缓。当弹目初始距离 7 km 时,通过调节发射倾角,布儒斯特角的范围可以在 4°~25°的范围内变化;当初始距离 20 km 时,最佳发射角的变化范围可以达到 8°~42°。②当目标飞行高度 10 m、飞行速度 $Ma_T = 0.7$ 时,曲线变化规律一致,而随着发射倾角的增加,擦地角增大,两者之间接近线性关系,初始弹目距离越大则能够实现的最佳发射角变化范围越大。③目标飞行高度 80 m、飞行速度 $Ma_T = 0.1$ 时,发射倾角 $\theta_0$ 与布儒斯特角变化趋势与目标高度 10 m、飞行速度 $Ma_T = 0.1$ 基本一致,最佳发射角数值上有些差异。总之,发射倾角 $\theta_0$ 随最佳发射角增大、弹目初始距离增大而增大。

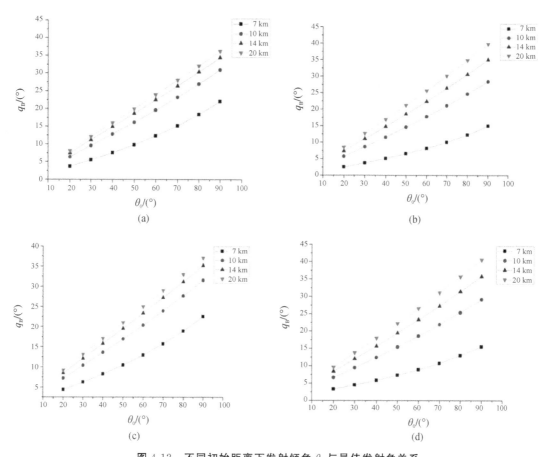

图 4.12　不同初始距离下发射倾角 $\theta_0$ 与最佳发射角关系

(a) $H_T = 10$ m, $Ma_T = 0.1$; (b) $H_T = 10$ m, $Ma_T = 0.7$; (c) $H_T = 80$ m, $Ma_T = 0.1$; (d) $H_T = 80$ m, $Ma_T = 0.7$

　　(2)不同目标高度下,初始发射角 $\theta_0$ 与最佳发射角关系。设目标飞行速度 $Ma_T = 0.1$,图 4.13 对比了不同目标高度时 $\theta_0$ 与 $q_B$ 的关系。由计算结果看,高度对初始发射角、能够实现的最佳发射角的影响相对较小,不同高度曲线的一致性较高。目标飞行高度 80 m 时最佳发射角略大于飞行高度 10 m 的最佳发射角。

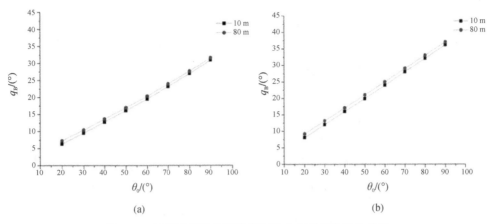

**图 4.13　不同目标高度下发射倾角 $\theta_0$ 与最佳发射角关系**

(a)$R_0 = 10$ km；(b)$R_0 = 20$ km

（3）不同目标速度下，初始发射角 $\theta_0$ 与最佳发射角关系。设目标高度 10 m，图 4.14 对比了不同目标速度时 $\theta_0$ 与 $q_B$ 的关系。由计算结果看：当弹目初始距离 10 km 时，飞行速度 $Ma_T = 0.7$ 的最佳发射角小于 $Ma_T = 0.1$ 的工况；而当初始距离 20 km 时，飞行速度 $Ma_T = 0.7$ 的最佳发射角大于 $Ma_T = 0.1$ 的工况。在两个不同的工况下，曲线的差异在 $1° \sim 3.5°$ 之间。

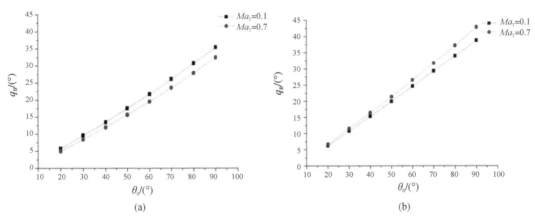

**图 4.14　不同目标速度下发射倾角 $\theta_0$ 与最佳发射角关系**

(a)$R_0 = 10$ km；(b)$R_0 = 20$ km

（4）不同发射倾角下，擦地角及弹道的变化规律。设目标速度 $Ma_T = 0.1$、飞行高度 10 m，图 4.15 分别对比了弹目初始距离 7 km、20 km 时两个发射倾角下的弹道和擦地角变化：①弹目初始距离 7 km 时，从弹道看，当初始发射倾角较小（25°）时，弹道高度低，飞行过程中擦地角小；当初始发射倾角较大（80°）时，弹道高度增大，飞行过程中擦地角也增加，但是由于目标距离近，导弹爬升的过程时间有限，因此最大高度 2.5 km，这就限制了擦地角的进一步增加，也就是说，近距离下能够实现的布儒斯特角较小。②弹目初始距离 20 km 时，从弹道和擦地角变化规律看,发射倾角越大,弹道高度越大,擦地角的数值增大,发射倾角 80°、弹目距离 5.5 km 时的布儒斯特角可达到 38°。③对比弹目距离 7 km 和 20 km 的工况可以看到,发射倾角的影响规律是相似的,但是 20 km 时由于飞行时间增加,导弹能达到的高度更高,最佳发射角的范围显著增大。

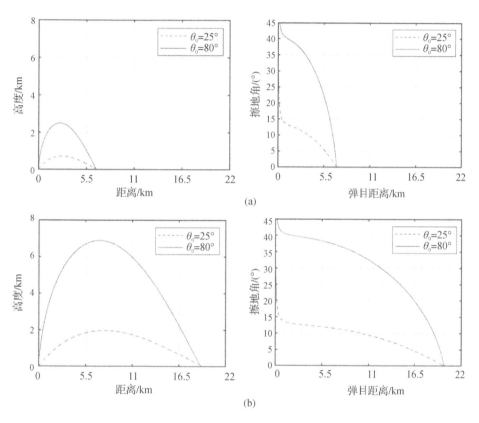

**图 4.15　不同初始倾角下,弹道与擦地角对比**

(a)$R_0 = 7$ km;(b)$R_0 = 20$ km

(5)不同目标速度下,擦地角及弹道的变化规律。设目标高度 10 m、发射倾角 80°,图 4.16 分别对比了弹目初始距离 10 km、20 km 时两个目标速度下的弹道和擦地角变化:①从初始距离 10 km 的结果看,当目标速度高时,根据导引律设计,为命中目标,相对于低马赫数的工况,导弹转弯的时间更早,弹道的最大高度低。从擦地角的变化看,由于弹目距离近,在特征点(5.5 km)时目标速度 $Ma_T = 0.1$ 工况的导弹位置更高,所以擦地角更大。②弹目初始距离 20 km 时,从飞行弹道看,两个不同速度下的相对关系与初始距离 10 km 的相同,但是由于距离远飞行时间长,弹道高度显著增加。从擦地角的变化看,$Ma_T = 0.7$ 工况下初始擦地角因弹道高度小而低于 $Ma_T = 0.1$ 的状态,但在弹道后段由于目标飞行速度快,擦地角增加更为迅速,当弹目距离 5.5 km 时已经高于 $Ma_T = 0.1$ 的状态。

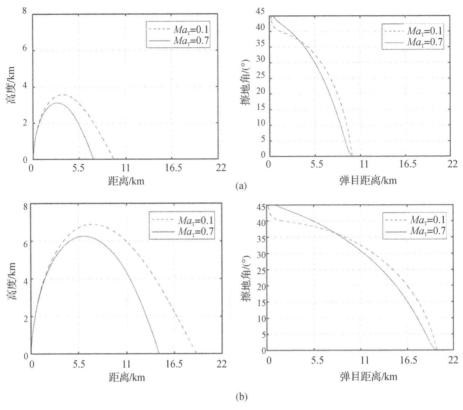

**图 4.16　不同目标速度下，弹道与擦地角对比**

(a)$R_0=10$ km；(b)$R_0=20$ km

### 3.初始角度 $\theta_0$ 优化求解方法

通过建立响应面模型求解方程式(4.111)：即按 $R_0$、$Ma_T$、$H_T$、$q_B$ 四个参数进行幂函数展开，通过多样本点，采用牛顿迭代优化计算确定待定的展开系数。

响应面方法是试验设计与数理统计相结合的优化方法。当试验结果与已知参数间的函数关系为隐式时，通过响应面法可以设计试验结果与参数变量间的关系，并在试验测量或数值分析的基础上对指定的设计点集合进行连续的试验，求得参数变量的系数，最终建立响应与参变量间的函数关系，再在此基础上进行优化。通过响应面模型的合适选择，可以拟合复杂的响应关系，具有良好的鲁棒性。

设 $q_B=x_1$、$R_0=x_2$、$Ma_T=x_3$、$H_T=x_4$，则式(4.111)变为

$$\theta_0=f(x_1,x_2,x_3,x_4) \tag{4.112}$$

一般来说，函数 $\theta_0$ 不能明确表达或是非常复杂，很难直接利用式(4.112)进行优化设计。这就需要设计者根据具体的实际情况，选择一组简单初等函数构造回归响应模型来模拟表达真实函数 $\theta_0$，便于进行进一步的操作。设广义模型表达式为

$$\theta_0=c_1X_1(x_1,x_2,x_3,x_4)+c_2X_2(x_1,x_2,x_3,x_4)+\cdots+c_mX_m(x_1,x_2,x_3,x_4)+\varepsilon \tag{4.113}$$

式中：$\varepsilon$ 为统计误差，一般假设它满足均值为零的正态分布，即 $E(\varepsilon)=0$，这样它和自由变量

将没有关系；$\boldsymbol{X}=(X_1,X_2,\cdots,X_m)$ 为基函数，$m$ 为展开项数，这些函数可以是幂函数、三角函数，也可以是各种多项式，如埃尔米特多项式、拉盖尔多项式、费歇尔多项式、切比雪夫多形式；$\boldsymbol{c}=(c_1,c_2,\cdots,c_m)$ 为 $m$ 个待定系数。显然，当 $\boldsymbol{X}$ 是一组幂函数时，如果幂函数的阶数取为 $n$，则式(4.113)称为 4 元 $n$ 阶多项式模型。通常选择一阶多项式为响应面模型很难反映真实的响应情况；而选择大于二阶的多项式虽然有较高的拟合精度，但是由于它包含较多的项，需要付出较大的计算代价，尤其是在多变量的情况下，拟合响应面要花费的计算时间将是无法承受的。因此对于很多工程问题，我们一般采用二阶多项式($n=2$)为响应面模型，相对来说，二阶模型形式比较灵活，对真实响应近似程度较好，此时基函数和式(4.112)变为

$$
\left.
\begin{aligned}
X_1(x_1,x_2,x_3,x_4)&=1\\
X_2(x_1,x_2,x_3,x_4)&=x_1\\
X_3(x_1,x_2,x_3,x_4)&=x_2\\
X_4(x_1,x_2,x_3,x_4)&=x_3\\
X_5(x_1,x_2,x_3,x_4)&=x_4\\
X_6(x_1,x_2,x_3,x_4)&=x_1^2\\
X_7(x_1,x_2,x_3,x_4)&=x_2^2\\
X_8(x_1,x_2,x_3,x_4)&=x_3^2\\
X_9(x_1,x_2,x_3,x_4)&=x_4^2\\
X_{10}(x_1,x_2,x_3,x_4)&=x_1x_2\\
X_{11}(x_1,x_2,x_3,x_4)&=x_1x_3\\
X_{12}(x_1,x_2,x_3,x_4)&=x_1x_4\\
X_{13}(x_1,x_2,x_3,x_4)&=x_2x_3\\
X_{14}(x_1,x_2,x_3,x_4)&=x_2x_4\\
X_{15}(x_1,x_2,x_3,x_4)&=x_3x_4
\end{aligned}
\right\}
\tag{4.114}
$$

$$
\begin{aligned}
\theta_0=&c_1+c_2x_1+c_3x_2+c_4x_3+c_5x_4+\\
&c_6x_1^2+c_7x_2^2+c_8x_3^2+c_9x_4^2+\\
&c_{10}x_1x_2+c_{11}x_1x_3+c_{12}x_1x_4+c_{13}x_2x_3+c_{14}x_2x_4+c_{15}x_3x_4+\varepsilon
\end{aligned}
\tag{4.115}
$$

若保留常数项、一阶项和二阶二次方项，而舍掉二阶交叉项，则式(4.115)变为

$$
\begin{aligned}
\theta_0=&c_1+c_2x_1+c_3x_2+c_4x_3+c_5x_4+\\
&c_6x_1^2+c_7x_2^2+c_8x_3^2+c_9x_4^2+\varepsilon
\end{aligned}
\tag{4.116}
$$

值得指出的是，应用二阶多项式模型构造响应面模型，待定系数的个数与变量个数的二次方成正比，在较少变量的情况下，模型精度和计算量都是可以接受的，在多变量的情况下，系数的个数将增长得非常快，这样就会大大限制响应面方法的应用范围。若采用不含交叉项的二阶多项式模型，系数的个数与变量个数为线性关系，减少了大量的交叉项，同时又不改变二阶多项式特性，这样就便于应用于多变量情况。采用不含交叉项的二阶多项式模型和完全二阶多项式相比，拟合同一响应空间精度会有所降低，若是要求达到同样的精度，就

需要缩小设计空间,以弥补舍掉交叉项带来的损失。而且对于求解二阶响应模型的待定系数 $c$ 比较简单,采用最小二乘法就能把参数求解出来;许多工程实践也证明了采用二阶响应模型求解的有效性,能通过较少的计算量得到较好的结果。

通常我们首先将二阶模型转化为一阶线性模型来处理。令

$$\left.\begin{array}{l} x_5 = x_1^2, x_6 = x_2^2, x_7 = x_3^2, x_8 = x_4^2 \\ x_9 = x_1 x_2, x_{10} = x_1 x_3, x_{11} = x_1 x_4, x_{12} = x_2 x_3, x_{13} = x_2 x_4, x_{14} = x_3 x_4 \end{array}\right\} \quad (4.117)$$

并重新调整系数编号,则将式(4.116)化为线性模型,即

$$\begin{aligned} \theta_0 = {} & c_0 + c_1 x_1 + c_2 x_2 + c_3 x_3 + c_4 x_4 + \\ & c_5 x_5 + c_6 x_6 + c_7 x_7 + c_8 x_8 + \\ & c_9 x_9 + c_{10} x_{10} + c_{11} x_{11} + c_{12} x_{12} + c_{13} x_{13} + c_{14} x_{14} + \varepsilon \end{aligned} \quad (4.118)$$

式(4.118)共有 15 个待定系数,需要选定 $n_s(n_s \geqslant 15)$ 组样本点来进行试验,进而确定值的大小。在样本点计算中,采用以下的方法满足优化准则:

(1)通过针对中近程和中远程不同方案的特点分析,确定采用参数修正或初值装订的可行性,在建模过程中无论是修正参数还是装订参数,均通过一个参数实现,以简化模型。同时,修正模型中不引入新的信号,而是基于原有的数据构建模型。

(2)在修正方案的设计过程中,尽量增加转弯段的时间,避免产生急速转弯的状态,从而尽量减小飞行过程中的过载,以满足过载约束的准则。另外,在地面附近,空气密度较大,可用过载较高,为发挥导弹性能提供了有利条件。

(3)在修正方案的设计和初值装订过程中,模型不产生参数的跳变,如导航比连续变化等,从而保证弹道过程较为平滑,飞行参数如攻角等连续变化。

设总的试验次数为 $n_s$,为了方便,响应面模型可用如下矩阵形式表示:

$$\boldsymbol{\theta}_0 = \boldsymbol{X}\boldsymbol{c} + \boldsymbol{\varepsilon} \quad (4.119)$$

通常 $\boldsymbol{\theta}_0$、$\boldsymbol{\varepsilon}$ 为 $(n_s \times 1)$ 维向量,$\boldsymbol{X}$ 为 $n_s \times 15$ 维矩阵,$\boldsymbol{c}$ 为 15 维向量,即

$$\boldsymbol{\theta}_0 = (\theta_0^{(1)} \ \theta_0^{(2)} \ \cdots \ \theta_0^{(n_s)})^{\mathrm{T}} \quad (4.120)$$

$$\boldsymbol{X} = \begin{bmatrix} x_1^{(1)} & \cdots & x_{14}^{(1)} \\ \vdots & & \vdots \\ x_1^{(n_s)} & \cdots & x_{14}^{(n_s)} \end{bmatrix} \quad (4.121)$$

$$\boldsymbol{c} = (c_0 \ c_1 \ \cdots \ c_{14})^{\mathrm{T}} \quad (4.122)$$

$$\boldsymbol{\varepsilon} = (\varepsilon_0 \ \varepsilon_1 \ \cdots \ \varepsilon_{14})^{\mathrm{T}} \quad (4.123)$$

我们希望求解得到的最小二乘估计值 $\boldsymbol{c}$ 满足下式最小:

$$L = \sum_{i=1}^{n_s} \varepsilon_i^2 = \boldsymbol{\varepsilon}^{\mathrm{T}}\boldsymbol{\varepsilon} = (\boldsymbol{\theta}_0 - \boldsymbol{X}\boldsymbol{c})^{\mathrm{T}}(\boldsymbol{\theta}_0 - \boldsymbol{X}\boldsymbol{c}) \quad (4.124)$$

将式(4.124)展开,有

$$L = \boldsymbol{K}_x^{\mathrm{T}}\boldsymbol{\theta}_0 - \boldsymbol{c}^{\mathrm{T}}\boldsymbol{X}^{\mathrm{T}}\boldsymbol{\theta}_0 - \boldsymbol{\theta}_0^{\mathrm{T}}\boldsymbol{X}\boldsymbol{c} + \boldsymbol{c}^{\mathrm{T}}\boldsymbol{X}^{\mathrm{T}}\boldsymbol{X}\boldsymbol{c} \quad (4.125)$$

对式(4.125)进行分析,$\boldsymbol{c}^{\mathrm{T}}\boldsymbol{X}^{\mathrm{T}}\boldsymbol{\theta}_0$ 是 $(1 \times 1)$ 矩阵或者为一个标量,因此它的转置 $(\boldsymbol{c}^{\mathrm{T}}\boldsymbol{X}^{\mathrm{T}}\boldsymbol{\theta}_0)^{\mathrm{T}} = \boldsymbol{\theta}_0^{\mathrm{T}}\boldsymbol{X}\boldsymbol{c}$ 也具有同样的性质,则式(4.125)可化简为

$$L = \boldsymbol{\theta}_0^{\mathrm{T}}\boldsymbol{\theta}_0 - 2\boldsymbol{c}^{\mathrm{T}}\boldsymbol{X}^{\mathrm{T}}\boldsymbol{\theta}_0 + \boldsymbol{c}^{\mathrm{T}}\boldsymbol{\theta}_0^{\mathrm{T}}\boldsymbol{X}\boldsymbol{c} \quad (4.126)$$

选择合适的向量 $\boldsymbol{c}$ 使 $L$ 取最小值,则取 $L$ 对 $\boldsymbol{c}$ 的导数,使导数为零的向量 $\boldsymbol{c}$ 为所求:

$$\frac{\partial L}{\partial \boldsymbol{c}}\bigg|_{\boldsymbol{c}^*} = -2\,\boldsymbol{X}^{\mathrm{T}}\,\boldsymbol{\theta}_0 + 2\,\boldsymbol{X}^{\mathrm{T}}\boldsymbol{X}\boldsymbol{c}^* = 0 \tag{4.127}$$

简化为

$$\boldsymbol{X}^{\mathrm{T}}\boldsymbol{X}\boldsymbol{c}^* = \boldsymbol{X}^{\mathrm{T}}\,\boldsymbol{\theta}_0 \tag{4.128}$$

则所要求得的待求参数 $\boldsymbol{c}^*$ 为：

$$\boldsymbol{c}^* = (\boldsymbol{X}^{\mathrm{T}}\boldsymbol{X})^{-1}\,\boldsymbol{X}^{\mathrm{T}}\,\boldsymbol{\theta}_0 \tag{4.129}$$

最小二乘法得到系数的协方差矩阵为

$$\mathrm{cov}(c_i, c_j) = \sigma^2\,(\boldsymbol{X}^{\mathrm{T}}\boldsymbol{X})^{-1} \tag{4.130}$$

总之,弹道优化设计时,需要根据弹道设计指标,采用一定的准则选取合适的试验样本来减小系数的协方差。求得响应面模型后还需要进行响应面分析,若是响应模型达不到精度要求,则需要重新设计。弹道设计与优化的过程,实际上是要根据修正模型的形式,确定参数 $\boldsymbol{\theta}_0$ 与飞行条件的函数关系。根据分析,这种函数关系复杂,无法获得显式解,需要通过试验设计,计算典型样本方案,并在此基础上构造响应面模型。

# 4.4 超低空弹道设计算例及分析

## 4.4.1 弹道修正策略

根据飞行弹道的特点,可以将弹道分为以下两段:

(1)初制导段。导弹根据布儒斯特角的要求所确定的发射角倾斜发射后,即开始按导弹本身的动力学特性飞行。转弯过程中,只要能够满足导引头的截获条件,即进入中、末飞行段。

(2)中、末制导段。导弹的中、末飞行段采用比例导引飞行,此飞行段中不对导弹的擦地角进行调整,弹道的擦地角完全由导弹的初始发射角和发射段弹道、目标特性和比例导引法的参数确定,也就是说,根据目标参数通过改变导弹的初始发射角,使导弹弹道中段在接近目标的关键弹目距离时,擦地角接近布儒斯特角。末端弹目距离较近,擦地角变化速率大,且导引头已经可以区分目标和镜像,因此无法也无须保证最佳发射角。此时,更重要的是对于拦截精度(脱靶量)的要求。

综合前面的分析可知,在飞行包线内的弹目初始距离、目标速度、目标高度等,都对初始倾角 $\theta_0$ 与特征弹目距离能够达到的最佳发射角值有较大影响,其中,弹目初始距离的影响最大、目标速度的影响较小、目标高度很小,而且这种影响具有显著的非线性关系,影响因素多且复杂,需要在建模过程中根据大量样本点结果进行优化,并通过数学处理以实现较高的模型精度。以所有样本点构统一的模型,考虑提高精度,构建具有二阶基函数的响应面模型,其中取最佳发射角和弹目初始距离的二次幂、目标速度和目标高度的一次幂,因而比例导引系数 $K_x$ 的响应面模型形式为

$$\begin{aligned}
\theta_0 = {}& C_0 + C_1 q_{\mathrm{B}} + C_2 R_0 + C_3 Ma_{\mathrm{T}} + C_4 H_{\mathrm{T}} + \\
& C_5 q_{\mathrm{B}}^2 + C_6 R_0^2 + C_7 q_{\mathrm{B}} R_0 + C_8 q_{\mathrm{B}} Ma_{\mathrm{T}} + \\
& C_9 q_{\mathrm{B}} H_{\mathrm{T}} + C_{10} R_0 Ma_{\mathrm{T}} + C_{11} R_0 H_{\mathrm{T}} + C_{12} Ma_{\mathrm{T}} H_{\mathrm{T}}
\end{aligned} \tag{4.131}$$

式中:$Ma_T$为目标马赫数;$H_T$为目标高度;$q_B$为最佳发射角,单位为(°);$R_0$为初始距离,单位为 km。

### 4.4.2 单段模型

【仿真条件1】根据拦截超低空目标的要求,初制导段弹道优化的参数取值范围为:初始弹目距离 5～25 km;目标速度范围 5～300 m/s;目标高度范围 5～200 m。针对上述飞行包线范围,以弹目距离 5.5 km 时满足最佳发射角约束要求为目标,开展方案设计与优化,最佳发射角在 5°～40°范围之间变化。在典型样本点计算结果基础上,构建以上发射倾角与最佳发射角的响应面模型。根据研究,如果采用所有的样本点构造发射倾角 $\theta_0$ 的单段响应面模型,由于参数非线性较强,响应面模型精度较差,样本的总方差达到 960。

【仿真条件2】根据拦截超低空目标的要求,弹道优化的参数取值范围为:弹目距离 5～25 km;目标速度范围 $Ma_T$ 为 0.2～0.9;目标高度范围 5～150 m。针对上述飞行包线范围,以弹目距离 4 km 时满足最佳发射角约束要求为目标,开展方案设计与优化,最佳发射角在 5°～40°范围之间变化。在典型样本点计算结果基础上,构建发射倾角与布儒斯特角的响应面模型。根据研究,如果采用所有的样本点进行构造,生成单段模型精度较差,总方差达到 62。

### 4.4.3 两段模型

【仿真条件1】根据拦截超低空目标的要求,初制导段弹道优化的参数取值范围为:初始弹目距离 5～25 km;目标速度范围 5～300 m/s;目标高度范围 5～200 m。针对上述飞行包线范围,以弹目距离 5.5 km 时满足最佳发射角约束要求为目标,开展方案设计与优化,最佳发射角在 5°～40°范围之间变化。采用分段建模的方法,在更小的参数范围内获得较高的模型精度以减小误差。通过多轮迭代计算,将最佳发射角范围为 5°～40°的要求分为 5°～20°和 20°～40°两段,构造二阶的耦合响应面,根据样本点数学计算,两段模型的主要系数见表 4.2。根据计算最大方差均降低到 10 以内。

表 4.2 仿真条件 1 两段模型响应面参数

| 参 数 | 最佳发射角范围/(°) | |
|---|---|---|
| | 5～20 | 20～40 |
| $C_0$ | 20.70 | 28.15 |
| $C_1$ | −6.50 | −6.07 |
| $C_2$ | −4.45 | −6.73 |
| $C_3$ | 17.29 | 34.05 |
| $C_4$ | −0.06 | −0.053 |

针对以上建立的修正优化模型,选择 3 组不同参数,进行模型校验。

工况 1:目标飞行速度 $Ma_T=0.2$,飞行高度 30 m,弹目初始距离 12 km,要求飞行过程弹目 5.5 km 时擦地角到达 17°。根据响应面模型和表 4.2 中的模型参数及其适应角度范围,计算得到的发射倾角为 42.3°。按照计算参数装订发射倾角,弹目距离 5.5 km 时,擦地角为 17.32°,接近目标数值,且擦地角持续增大,实现了"穿越"的效果,如图 4.17 所示。

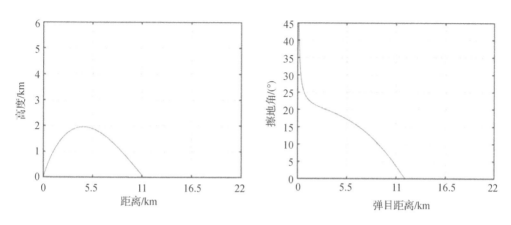

图 4.17　工况 1 的弹道与擦地角变化

工况 2:目标飞行速度 $Ma_T=0.1$,飞行高度 30 m,弹目初始距离 17 km,要求飞行过程弹目 5.5 km 时擦地角到达 28°。根据表 4.2 中的模型参数及其适应角度范围,计算得到的发射倾角为 59.5°。按照计算参数装订发射倾角,弹目距离 5.5 km 时,擦地角为 27.93°,接近目标数值,且擦地角持续增大,实现了"穿越"的效果,如图 4.18 所示。

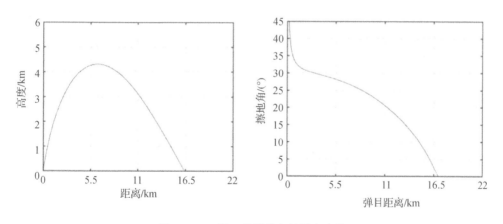

图 4.18　工况 2 的弹道与擦地角变化

工况 3:目标飞行速度 $Ma_T=0.6$,飞行高度 30 m,弹目初始距离 19 km,要求飞行过程弹目 5.5 km 时擦地角到达 37°。根据表 4.2 中的模型参数及其适应角度范围,计算得到的发射倾角为 76.88°。按照装订的发射倾角,弹目距离 5.5 km 时,擦地角为 37.26°,接近目标数值,且擦地角持续增大,实现了"穿越"的效果,如图 4.19 所示。

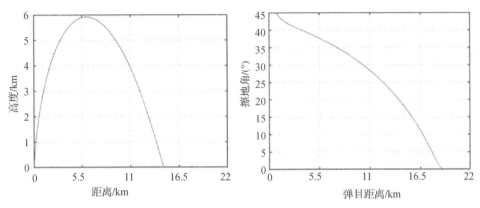

图 4.19　工况 3 的弹道与擦地角变化

【仿真条件 2】根据拦截超低空目标的要求,初制导段弹道优化的参数取值范围为:弹目初始距离 20 km;目标速度范围 $Ma_T=0.2\sim0.9$;目标高度范围 5~150 m。针对上述飞行包线范围,以弹目距离 4 km 时满足最佳发射角约束要求为目标,开展方案设计与优化,最佳发射角在 5°~40°范围之间变化。采用分段建模的方法,通过分段在更小的参数范围内获得较高的模型精度以减小误差。通过多轮迭代计算,将最佳发射角范围为 5°~40°分为 5°~20°和 20°~40°两段,构造二阶的耦合响应面模型,根据样本点数学计算,两段的主要项系数见表 4.3。根据计算结果特性分析,将模型分成两段,则每段的总方差均降低到 10 以内。

表 4.3　仿真条件 2 两段模型响应面参数

| 参　数 | 最佳发射角范围/(°) | |
| --- | --- | --- |
| | 5~20 | 20~40 |
| $C_0$ | 1.625 | −15.16 |
| $C_1$ | −8.15 | −7.75 |
| $C_2$ | −1.80 | −2.37 |
| $C_3$ | 22.14 | 29.63 |
| $C_4$ | −0.14 | −0.093 |

针对以上建立的优化模型,选择 3 组不同参数,进行模型校验。

工况 1:目标飞行速度 $Ma_T=0.4$,飞行高度 50 m,弹目距离 22 km,要求弹目距离 4 km 时擦地角达到 20°。根据表 4.3 中的模型参数及其适应角度范围,计算得到初始 $\theta_0$ 为 40.21°。按照 $\theta_0$ 计算结果装订发射倾角,计算得到弹目距离 4 km 时擦地角为 20.26°,且擦地角持续增大,实现了"穿越"的效果,如图 4.20 所示。

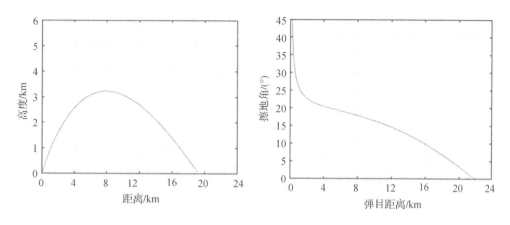

**图 4.20　工况 1 的弹道与擦地角变化**

工况 2：目标飞行速度 $Ma_T = 0.4$，飞行高度 100 m，弹目距离 16 km，要求弹目距离 4 km 擦地角达到 $30°$。根据表 4.3 中的模型参数及其适应角度范围，计算得到初始 $\theta_0$ 为 $56.20°$。按照 $\theta_0$ 计算结果装订发射倾角，计算得到弹目距离 4 km 时擦地角为 $29.82°$，且擦地角持续增大，实现了"穿越"的效果，如图 4.21 所示。

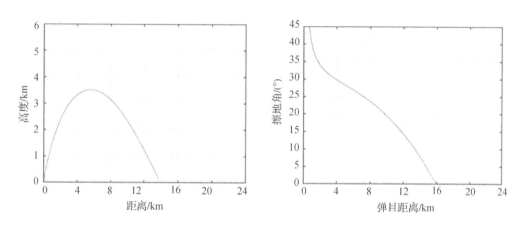

**图 4.21　工况 2 的弹道与擦地角变化**

工况 3：目标飞行速度 $Ma_T = 0.8$，飞行高度 15 m，弹目距离 24 km，要求弹目距离 4 km 时擦地角达到 $35°$。根据构造的响应面模型，计算得到初始 $\theta_0$ 为 $65.3°$。根据表 4.3 中的模型参数及其适应角度范围，按照此初值计算得到的发射倾角为 $73.38°$，按照此初值计算得到弹目距离 4 km 时擦地角为 $34.93°$，与目标值一致，且擦地角持续增大，实现了"穿越"的效果，如图 4.22 所示。

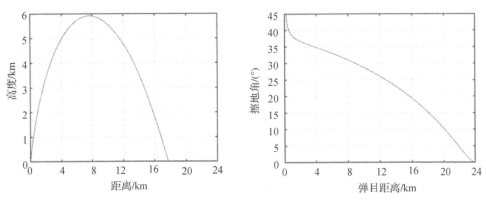

图 4.22　工况 3 的弹道与擦地角变化

# 4.5　本 章 小 结

本章介绍了防空导弹导引方法,建立了弹道优化与最优控制问题的模型,分析了弹道及制导优化流程,对目前广泛应用的间接法进行了分析,介绍了离散方法中的高斯伪谱法,以及求解非线性规划问题的序列二次规划法、遗传算法、粒子群算法、蚁群算法等,可为弹道与制导优化设计提供方法参考。基于建立的弹道设计方法和优化设计准则,开展满足最佳发射角约束的建模与参数优化设计,针对不同的弹道特点建立了参数装订的响应面模型,并开展典型工况弹道仿真与验证。典型弹道设计仿真表明,基于本书建立的模型,能够通过参数装订实现最佳发射角约束要求,表明了设计方法的可行性。

# 第5章　基于导引律修正的超低空优化弹道设计方法

在一般的弹道设计过程中,主要以实现对目标的快速有效拦截为设计目标。但是,对于拦截超低空目标而言,雷达导引头对目标的有效探测是一个十分重要的问题,基于布儒斯特角约束进行弹道优化设计,以实现雷达导引头对超低空目标的有效探测,是拦截超低空目标的特殊需求和技术途径。

## 5.1　基于比例导引律弹道的一般规律

根据飞行弹道特点,在不同飞行阶段,弹目运动相对关系和雷达导引头工作状态各不相同,飞行弹道能否满足布儒斯特角约束需求,首先需要加以分析。

对于中段和末段采用比例导引律的弹道方程如下式所示,擦地角的变化规律与弹目距离、目标状态等相关:

$$\frac{\mathrm{d}\theta}{\mathrm{d}t} = K \frac{\mathrm{d}q}{\mathrm{d}t} \tag{5.1}$$

设对弹目初始距离 30 km、目标飞行速度 $Ma_\mathrm{T}=0.75$、飞行高度 20 m 的工况进行仿真计算,典型弹道特性如图 5.1 所示。从图 5.1(a)的弹道看,采用比例导引律时弹道呈抛物线形状,垂直发射后导弹按照一定规律方案转弯,进入中制导段在比例导引下继续爬升转弯,达到最高点后向目标俯冲飞行;如图 5.1(b)所示,弹目距离随时间增加而减小,发射初段导弹爬升,弹目距离减小的速率相对较小,弹道后半段进入俯冲攻击时,弹目距离快速减小;从图 5.1(c)看,飞行过程中弹目视线角随飞行时间持续增大;从图 5.1(d)看,弹目距离较大时擦地角相对较小,随着弹目距离的减小,擦地角数值持续增大,导弹接近目标时擦地角的数值急剧增加。

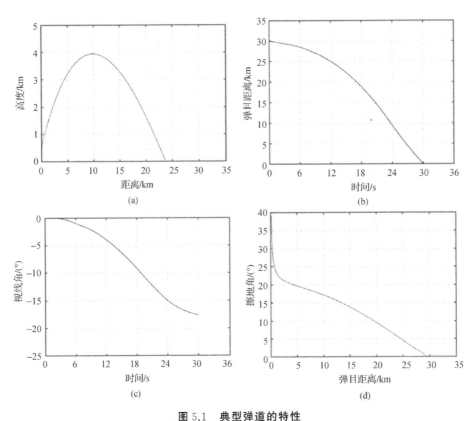

**图 5.1　典型弹道的特性**

(a)飞行弹道;(b)弹目距离随时间变化;(c)弹目视线角随时间变化;(d)擦地角与弹目距离的关系

图 5.2 分别计算弹目距离 10 km、20 km、30 km 和 40 km 时弹道和擦地角的变化规律。计算结果表明,不同初始距离下,导弹的飞行弹道相似,但参数变化过程不同。弹目初始距离越大,导弹的最大飞行高度越高,飞行时间越长。擦地角随距离的变化规律均呈现持续增大的趋势,但是具体数值变化过程不同,尤其是初始距离 10 km 时,在飞行末段(弹目距离 5 km 以内),擦地角明显高于其他工况。

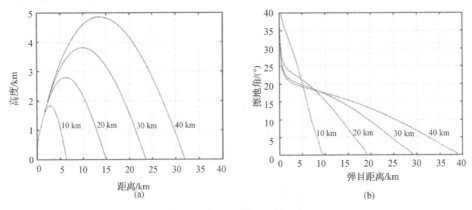

**图 5.2　弹道与擦地角**

(a)不同初始弹目距离时弹道对比;(b)擦地角与弹目距离的关系

由上述结果对比看,发射初始距离影响飞行过程,但是,在一定的初始距离和目标飞行状态下,飞行弹道是固定的,擦地角变化规律也确定。当弹目初始距离变化时,擦地角变化规律也改变,这种变化与弹目关系之间有对应性。换言之,如果需要在不同的初始关系下改变擦地角变化规律,以满足布儒斯特角约束,需要通过弹道的重新设计引入新的调节变量来实现。

## 5.2　超低空弹道优化设计

### 5.2.1　超低空优化弹道设计原则

目标运动的特点决定了超低空目标拦截弹道的形式,目标贴近地面或水面飞行,导弹可在较高的高度飞行,通过雷达导引头下视探测目标。在超低空目标拦截过程中,初始段导弹垂直或以一定的仰角由地面发射,中末段飞行时通过弹上雷达导引头探测目标信息,对目标进行俯冲攻击。在初段转弯后,进行中末段飞行的过程中,雷达导引头为了对付超低空多径信号的干扰,需要将导引头波束擦地角控制到接近最佳发射角的方向。

总体而言,为实现对超低空目标的有效拦截,其弹道和导引律需要开展最佳发射角约束下的改进设计。在中末制导段,通过对比例导引律进行修正,实现擦地角在距离目标特定距离时调整到最佳发射角附近的目的。因此,以布儒斯特角为约束条件、弹目视线角(或擦地角)为优化参数,抑制超低空多径,采用比例导引律修正方法,保证中末交班时导引头截获目标、方向调整到布儒斯特角:

$$\frac{d\theta}{dt}=K\frac{dq}{dt}+x \tag{5.2}$$

对于超低空目标拦截而言,影响弹道的涉及因素较多,最终的结果可能受到多个参数的交互影响。在参数优化过程中,需要明确优化设计的准则。根据分析,弹道优化设计需要满足以下的一些准则:

(1)简单性原则:构造的修正方案要相对简单,修正模型的表达式可以复杂,但修正参数数量尽量小,同时还不能引入额外的参数需求。

(2)过载约束准则:需要保证助推段和中制导段需用过载在合理的范围内。

(3)平滑过渡准则:助推初段和中制导段,以及中制导段和末制导平滑过渡。

以上的准则,在实际中有相互耦合关系,需要根据任务要求及导弹的技术指标进行权衡。在进行参数设计准则优化时,对于多变量的计算结果,建立响应面模型,是一种可行的技术路线。

### 5.2.2　导引律修正优化原理

防空导弹大多采用比例导引律。当导弹按照比例导引法飞行时,擦地角基本取决于导弹发射的初始信息,并没有最佳发射角的约束要求,一般无法满足最佳发射角约束,因此飞行弹道并不具备最佳发射角约束的特征。如果要求擦地角 $q_B$ 按照最佳发射角的要求进行变化,考虑通过导引律修正法的途径实现,如图 5.3 所示。根据实际的使用环境,以及最佳发射角的大小要求,优化过程中保证在弹目距离某一数值下到达最佳发射角度约束要求,并实现"穿越"的效果。

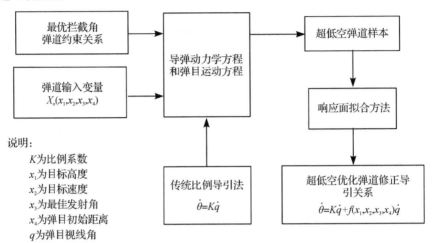

说明:
$K$ 为比例系数
$x_1$ 为目标高度
$x_2$ 为目标速度
$x_3$ 为最佳发射角
$x_4$ 为弹目初始距离
$q$ 为弹目视线角

**图 5.3　导引律修正优化方法的技术途径**

因此,导引律修正法用于中末段弹道修正,能满足布儒斯特角的要求,但与传统的比例导引法比较,弹上导引系统需要测量目标距离、速度、方向等参数,在加入这些参数的同时,也会带来干扰信号,对弹上导引系统要求较高。如果飞行包线范围宽,则模型可能较复杂。导引律修正法针对导引律进行改进,从而给制导控制系统增加额外的量,并增加系统的难度,但是,修正方案并未增加新的变量,只在软件和算法层面实现,工程上的可实现性高。

**1.比例导引律修正模型**

在比例导引律的基础上,通过引入补偿量,对比例导引律进行修正,从而使得导引弹目视线角调整和保持在最佳发射角附近。为简化系统结构,提高系统稳定性,不希望对现有的雷达导引头及导引律进行重新设计,对于传统比例导引律的改进不能引入新的控制变量和新的新的导引律形式。因此,可以在现有比例导引律的基础上,通过引入补偿量,对比例导引律进行修正,使导弹攻击过程中视线角满足最佳发射角约束。修正后的导引关系可写为

$$\frac{\mathrm{d}\theta}{\mathrm{d}t} = K\,\frac{\mathrm{d}q}{\mathrm{d}t} + x = (K + f)\,\frac{\mathrm{d}q}{\mathrm{d}t} = K_{\mathrm{f}}\,\frac{\mathrm{d}q}{\mathrm{d}t} \tag{5.3}$$

式中:$x$ 为修正量,核心在于确定修正量 $x$ 的形式。上述导引律修正的方法,是通过引入修正项实现的,因此修正量 $x$ 就要包含最佳发射角预期值。

基于上述分析,问题即转变为:如何构造补偿量 $x$,在不增加新的反馈信号的前提下,使导弹按照改进的导引律实现最佳发射角约束要求。为满足平滑过渡和兼顾过载约束,修正

量 $x$ 进行分段设计,经验公式为

$$x = \begin{cases} 10K\dot{q}(R_{\text{Mid}} + R_\text{n} - R)/R_{\text{Mid}}, R \geqslant 0.9R_{\text{Mid}} + R_\text{n} \\ K\dot{q}, 0.5R_{\text{Mid}} + R_\text{n} \leqslant R \leqslant 0.9R_{\text{Mid}} + R_\text{n} \\ 2K\dot{q}(R - R_\text{n})/R_{\text{Mid}}, R \leqslant 0.5R_{\text{Mid}} + R_\text{n} \end{cases} \tag{5.4}$$

式中:常数 $R_{\text{mid}}$ 为转弯结束后与预期达到目标布儒斯特角的特征点之间的距离。

联立式(5.3)和式(5.4),有

$$\frac{\text{d}\theta}{\text{d}t} = K_\text{f} \frac{\text{d}q}{\text{d}t} \tag{5.5}$$

$$K_\text{f} = (1 + K'_\text{f})K \tag{5.6}$$

$$K_\text{x} = KK'_\text{f} \tag{5.7}$$

$$K'_\text{f} = \begin{cases} 10(R_{\text{Mid}} + R_\text{n} - R)/R_{\text{Mid}}, R \geqslant 0.9R_{\text{Mid}} + R_\text{n} \\ 1, 0.5R_{\text{Mid}} + R_\text{n} \leqslant R \leqslant 0.9R_{\text{Mid}} + R_\text{n} \\ 2(R - R_\text{n})/R_{\text{Mid}}, R \leqslant 0.5R_{\text{Mid}} + R_\text{n} \end{cases} \tag{5.8}$$

式中:参数 $K_\text{x}$ 为修正比例系数,为无量纲数,它与发射时候的状态及目标特性相关,可以表达为如下的关系式:

$$K_\text{x} = f(q_\text{B}, R_0, Ma_\text{T}, H_\text{T}) \tag{5.9}$$

式中:$R_0$ 为发射时刻导弹与目标之间的距离;$Ma_\text{T}$ 为目标的飞行马赫数;$H_\text{T}$ 为目标的飞行高度;$q_\text{B}$ 为在特定(如导引头开机时)的弹目距离 $R_\text{n}$ 下,要求达到的最佳发射角值。

上述修正模型中,修正特征参数 $K_\text{x}$ 与弹目的初始距离、期望达到最佳发射角、特定的弹目距离、目标飞行状态等有关。这些模型需要通过仿真计算与优化过程建立。因此,超低空优化弹道优化设计的关键是确定比例导引修正系数 $K_\text{x}$。

**2.参数 $R_0$、$Ma_\text{T}$、$H_\text{T}$、$q_\text{B}$ 变化对比例导引修正系数 $K_\text{x}$ 的影响**

试验样本数根据飞行剖面的参数变化进行选取,包括弹目距离、目标飞行速度、目标飞行高度、预期达到的最佳发射角约束数值,以及参数 $K_\text{x}$ 的取值变化等。其中 $K_\text{x}$ 与布儒斯特角数值的取值有对应关系,计算过程中,针对上述参数变化范围取多个样本点。针对选取的每一组样本点,开展弹道仿真计算,并获取特征距离下的擦地角数值。根据典型样本点的计算结果,分析目标运动参数及 $K_\text{x}$ 取值、最佳发射角之间相互影响的规律。

(1)不同弹目初始距离下,比例导引修正系数 $K_\text{x}$ 与最佳发射角 $q_\text{B}$ 的关系。设目标飞行高度 20 m,图 5.4 对比了不同弹目初始距离、目标速度时 $K_\text{x}$ 与 $q_\text{B}$ 的关系。弹目初始距离 10 km、目标飞行马赫数分别为 0.1 和 0.75 时,最佳发射角分别能在 $10°\sim25°$ 和 $13°\sim18°$ 的小范围内变化;弹目初始距离 40 km、目标飞行马赫数分别为 0.1 和 0.75 时,都可以实现 $4.0°\sim38°$ 的最佳发射角变化。不同弹目初始距离下,随着修正参数 $K_\text{x}$ 取值的增加,特征距离(弹目 5 km)时达到的最佳发射角减小。这就表明,比例导引系数越大则能够实现的最佳发射角越小,弹目初始距离越大则能够实现的最佳发射角变化范围越大。

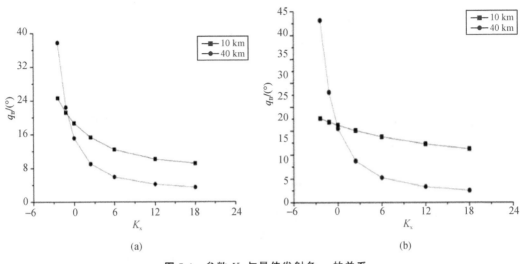

**图** 5.4　**参数** $K_x$ **与最佳发射角** $q_B$ **的关系**

(a)$Ma_T=0.1$；(b)$Ma_T=0.75$

(2)不同目标速度下，比例导引修正系数 $K_x$ 与最佳发射角 $q_B$ 的关系。设目标高度 20 m，图 5.5 对比了弹目初始距离 10 km 和 40 km 下不同目标速度对最佳发射角的影响。弹目初始距离 10 km 时，目标速度对最佳发射角影响较小，$Ma_T=0.75$ 时的曲线变化相对 $Ma_T=0.1$ 更为平缓，当 $K_x$ 取值小于 2、目标速度小时最佳发射角大，$K_x$ 取值大于 2、目标速度小时最佳发射角也小。弹目初始距离 40 km 时，目标速度的变化对最佳发射角基本没有太大影响。

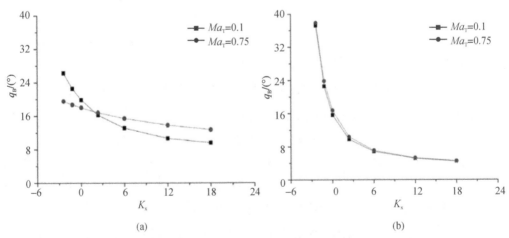

**图** 5.5　**不同目标速度下参数** $K_x$ **与最佳发射角** $q_B$ **的关系**

(a)$R_0=10$ km；(b)$R_0=40$ km

(3)不同目标高度下，比例导引修正系数 $K_x$ 与最佳发射角 $q_B$ 的关系。目标速度 $Ma_T=0.1$，图 5.6 对比了弹目初始距离 10 km 和 40 km 下不同高度下最佳发射角的变化。从计算结果看，高度对最佳发射角的影响相对较小，不同高度对应的变化曲线一致性较高，数值上略有差异。飞行高度 100 m 时最佳发射角值略大于飞行高度 20 m 的工况。

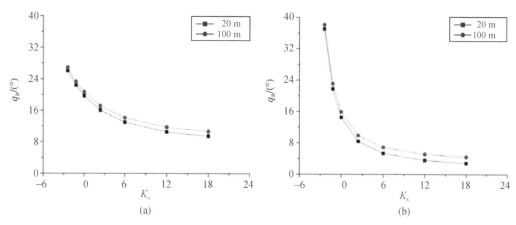

**图 5.6　不同目标高度下参数 $K_x$ 与最佳发射角 $q_B$ 的关系**

(a)$R_0 = 10$ km;(b)$R_0 = 40$ km

(4)不同 $K_x$、$R_0$ 下,擦地角及弹道的变化规律。设目标速度 $Ma_T = 0.1$、目标飞行高度 20 m,图 5.7 分别对比了弹目初始距离 10 km、40 km 时不同 $K_x$ 取值下的擦地角、弹道变化。从弹道看,导弹采用垂直发射的方式,要在后段满足较大的布儒斯特角约束,应该增加弹道高度。当 $R_0 = 10$ km 时,$K_x = -2.5$(取值小)在 5 km 的特征距离点擦地角仅能达到约 $27.5°$,$K_x = 15$(取值大)在 5 km 的特征距离点擦地角仅能达到约 $12°$;当 $R_0 = 40$ km 时,$K_x = -2.5$(取值小)在 5 km 的特征距离点擦地角能超过 $40°$,$K_x = 15$(取值大)在 5 km 的特征距离点擦地角降低到 $5°$。因此,根据以上计算结果,对比弹目距离 10 km 和 40 km 的飞行过程来看,初始弹目距离 10 km 时距离太近,中段能够修正的时间十分有限,特征距离 5 km 下擦地角变化范围较小;弹目距离 40 km 时,有较多的时间进行弹道修正,因此可以实现较大的最佳发射角变化范围。这就表明,初始距离越大、比例导引系数越小则弹道越高、修正时间越长,初始距离越大则在 5 km 的特征距离点擦地角变化范围越大。

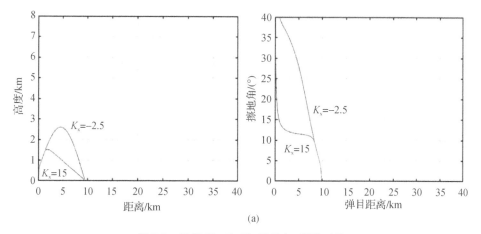

**图 5.7　不同 $K_x$、$R_0$ 下,擦地角、弹道对比**

(a)$R_0 = 10$ km

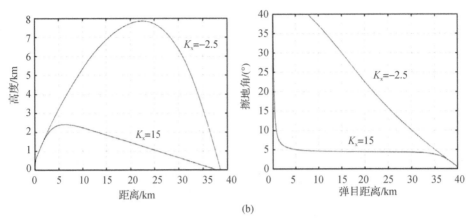

续图 5.7　不同 $K_x$、$R_0$ 下，擦地角、弹道对比

(b)$R_0$＝40 km

（5）不同最佳发射角下，擦地角及弹道的变化规律。设弹目初始距离 30 km、目标飞行速度 $Ma_T$＝0.75、目标飞行高度 20 m，图 5.8 分别对比了特征距离 5 km 下，达到 12°、23°、34°最佳发射角约束时的弹道和擦地角变化规律。计算结果显示，要使得最佳发射角数值较小，则要求导弹爬升的高度相对较低，也就是说，助推段结束后，要尽快转弯飞行，控制导弹的最大飞行高度，通过参数修正，导弹快速转弯完成后，朝向目标飞行，后段弹道较为平直；从擦地角的变化规律看，当弹目距离较远时擦地角迅速减小，中段擦地角变化较为缓慢。对比不同的最佳发射角约束值计算结果，随着角度增大，修正方案的方案段完成后转弯过程缓慢，弹道最大高度增加，从而增加飞行后段的弹目视线角和擦地角。而且，随着擦地角增加，弹道后段擦地角变化曲线斜率也更大，在弹目距离 5 km 时能达到的擦地角增加。

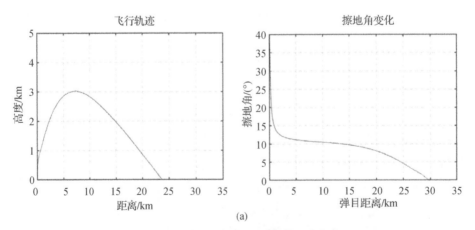

图 5.8　不同最佳发射角下，擦地角、弹道对比

（a）最佳发射角 12°

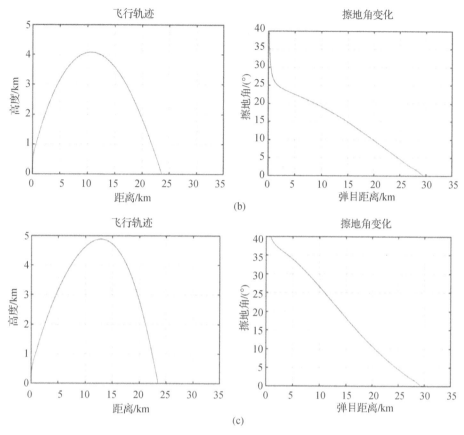

续图 5.8　不同最佳发射角下,擦地角、弹道对比

(b)最佳发射角 23°;(c)最佳发射角 34°

### 3.比例导引修正系数 $K_x$ 优化求解方法

通过弹道特性的研究,以及修正系数 $K_x$ 影响飞行和弹道参数变化过程,参数优化的问题转变为建立 $K_x$ 的计算模型问题[见式(5.9)]。

根据分析,修正系数 $K_x$ 和弹目初始距离 $R_0$、目标的飞行速度 $Ma_T$ 和高度 $H_T$,以及预期的最佳发射角 $q_B$ 等之间存在耦合关系,因此,弹道设计与优化的过程,实际上是要根据修正模型的形式,确定参数 $K_x$ 与飞行条件的函数关系。由于这种函数关系复杂,无法获得显式解,需要通过试验设计,计算典型样本方案,并在此基础上构造响应面模型。

响应面建模数学方法在 4.3.2 节中已经介绍,在此不再赘述。

### 4.弹道优化流程

根据实际的使用环境,以及最佳发射角的大小要求,优化过程中保证在弹目距离某一数值下到达最佳发射角度约束要求,并实现"穿越"的效果。

开展基于弹道优化的导引律修正方法研究,按照以下的流程开展:

(1)确定优化用的计算样本点。根据导弹的工作包线,分析影响的敏感参数,确定优化条件及样本点,作为优化的数据基础。

(2)针对样本点弹道仿真与优化。针对确定的样本点,开展弹道仿真,分析不同参数变化情况下的飞行弹道,进行对比和分析,提取最佳的设计参数。

(3)基于优化结果建立代理模型。基于弹道仿真的结果,建立弹道优化的响应面代理模型。

(4)方法验算。针对建立的响应面模型,选择飞行包线内的特征点,开展代理模型的可行性校验,检验模型适应性。

在样本点计算中,采用以下的方法满足优化准则:

(1)通过针对中近程和中远程不同方案的特点分析,确定采用参数修正或初值装订的可行性,在建模过程中无论是修正参数还是装订参数,均通过一个参数实现,简化模型。同时,修正模型中不引入新的信号,基于原有的数据构建模型。

(2)在修正方案设计过程中,尽量增加转弯段的时间,避免产生急速转弯的状态,从而尽量减小飞行过程中的过载,以满足过载约束的准则。另外,在地面附近,由于空气密度较大、可用过载较高,为发挥导弹性能提供了有利条件。

(3)在修正方案设计和初值装订过程中,模型不产生参数的跳变,如导航比连续变化等,从而保证弹道过程较为平滑,飞行参数如攻角等连续变化。

# 5.3 超低空弹道设计算例及分析

## 5.3.1 弹道修正策略

导弹整个飞行过程中弹道修正的策略如图 5.9 所示,在中制导后段和末制导前段进行参数修正,其余可以按照程序转弯及比例导引律开展。

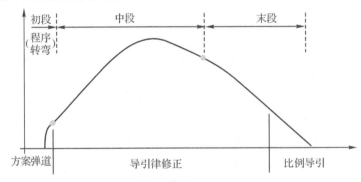

图 5.9 弹道修正策略

**1.初制导段转弯**

初始转弯段采用程序控制。导弹以预定的仰角发射,到达一定高度后向来袭目标方面转弯飞行。此过程中,通过合理的参数设置,保证转弯结束后擦地角接近最佳发射角,从而为中段的导引飞行提供较好的初始条件。假设导弹从地面发射,按照发动机工作过程及弹道变化特点,可将导弹的方案飞行段分为助推段、转弯段。在弹道设计及计算中,对各段作如下假设:①各飞行段加速度为常值;②助推段弹道倾角为常值;③转弯段弹道倾角按照飞

行时间或高度变化。基于以上假设,方案飞行中各段设计如下:

(1)助推段。导弹发射后,在助推器作用下,按照给定的弹道倾角(弹道倾角为常值)加速爬升。记助推器工作时间为 $t_1$,则弹道倾角和加速度变化规律为:当 $0 \leqslant t < t_1$ 时,$\theta(0) = \theta_0$、$a(t) = a_T$。

(2)转弯段。助推器工作结束后,导弹按照预定程序开始转弯。转弯段弹道倾角的变化规律可按飞行时间给出。飞行方案中给出转弯段时长,转弯过程中弹道倾角按照时间变化。记转弯段结束时间为 $t_2$,为满足飞行过程中弹道倾角和弹道倾角变化率连续,转弯段弹道倾角变化规律须满足以下条件:转弯段开始时,弹道倾角 $\theta(t_1) = \theta_0$,弹道倾角变化率 $\dot{\theta}(t_1) = 0$;转弯段结束时,弹道倾角变化率 $\dot{\theta}(t_2) = 0$。工程中可采用多种形式的变化规律满足以上条件,此处根据上述要求设计一三次样条曲线,转弯段弹道倾角变化规律可写为:当 $t_1 \leqslant t \leqslant t_2$ 时,$\theta(t) = a(t - t_1)^3 + b(t - t_1)^2 + c(t - t_1) + d$。采用按时间的转弯方案时,可对导弹的转弯时间进行控制及优化,但难以控制转弯段结束后导弹的平飞高度。如对导弹的平飞高度有严格要求,则可在方案飞行段中再引入高度控制回路。

**2.中制导优化**

在中制导段,通过对比例导引律的补偿和修正,使擦地角在距离目标特定距离时调整到最佳发射角附近,以最大限度地减少地杂波的干扰。以布儒斯特角为约束条件、弹目视线角(或擦地角)为优化参数,抑制多径,采用修正比例导引法,保证中末交班时导引头截获目标、方向调整到布儒斯特角。

**3.末制导控制**

导引头的作用距离一般为 $10 \sim 15$ km,在方案设计中,要求弹目某一距离达到布儒斯特角约束,因此末制导段的前半部分,仍然采用与中制导段相同的修正方案,而后则采取一般比例导引律,直到弹目交汇,命中目标。根据中远程导弹的飞行过程,以及对擦地角变化的约束,要求某一距离左右时擦地角满足布儒斯特角的要求,因此末制导段的前半部分,仍然进行导引律的修正,而实现特定距离穿越后,则进入一般的比例导引。导引头开机,在线估计弹目相对运动及目标位置信息;采用修正比例导引法,控制导弹以布儒斯特角攻击目标。通过在中段的参数修订,擦地角在一定距离下满足布儒斯特角约束要求后,到命中目标的末段飞行过程,不再进行参数修正,采用原有的比例导引法。

综合前面的分析可知,在飞行包线内的弹目初始距离、目标速度、目标高度等,都对比例导引系数修正 $K_x$ 与弹目距离 5 km 时能够达到的布儒斯特角约束值有较大影响,其中,弹目初始距离的影响最大、目标速度的影响较小、目标高度的影响很小,而且这种影响具有显著的非线性关系,影响因素多且复杂,需要在建模过程中根据大量样本点结果进行优化,并通过数学处理以实现较高的模型精度。以所有样本点构建统一的模型,考虑提高精度,构建具有二阶基函数的响应面模型,其中取最佳发射角和弹目初始距离的二次幂、目标速度和目标高度的一次幂,因而比例导引修正系数 $K_x$ 的响应面模型形式为

$$K_x = C_0 + C_1 q_B + C_2 R_0 + C_3 Ma_T + C_4 H_T + C_5 q_B^2 + C_6 R_0^2 +$$
$$\qquad C_7 q_B R_0 + C_8 q_B Ma_T + C_9 q_B H_T + C_{10} R_0 Ma_T + C_{11} R_0 H_T + C_{12} Ma_T H_T \qquad (5.10)$$

式中:$Ma_T$ 为目标马赫数;$H_T$ 为目标高度,单位为 m;$q_B$ 为最佳发射角,单位为(°);$R_0$ 为初

始距离,单位为 km。

## 5.3.2　单段弹道模型

【仿真条件 1】根据拦截超低空目标的要求,中制导段超低空优化弹道优化的参数取值范围为:初始弹目距离 10～40 km;目标速度范围 5～300 m/s;目标高度范围 5～100 m。针对上述飞行包线范围,以弹目距离 5 km 时满足最佳发射角约束要求为目标,开展方案设计与优化,最佳发射角在 5°～40°范围之间变化。根据样本点构造的响应面模型,采用最小二乘估计值优化方法,确定待定系数,见表 5.1。

表 5.1　仿真条件 1 单段模型响应面参数

| 参　数 | 数　值 |
|---|---|
| $C_0$ | 76.59 |
| $C_1$ | 9.35 |
| $C_2$ | −0.68 |
| $C_3$ | −0.81 |
| $C_4$ | 0.037 |

根据分析,基于样本点构造的单段模型,计算总方差为 128.12,方差数值较大,表明模型相对样本点总体误差较大,也就是说,单段模型适用的最佳发射角变化范围比较窄。结合前面的参数影响分析可知,这是由于多个参数对最佳发射角的影响为非线性,构建单段模型会增加数学拟合过程中的误差。

【仿真条件 2】根据拦截超低空目标的要求,中制导段超低空优化弹道优化的参数取值范围为:初始弹目距离 7～20 km;目标速度范围 5～300 m/s;目标高度范围 5～100 m。针对上述飞行包线范围,以弹目距离 5.5 km 时满足最佳发射角约束要求为目标,开展方案设计与优化,最佳发射角在 7°～40°范围之间变化。根据样本点构造的响应面模型,采用最小二乘估计值优化方法,确定待定系数,见表 5.2。

表 5.2　仿真条件 2 单段模型响应面参数

| 参　数 | 数　值 |
|---|---|
| $C_0$ | 66.55 |
| $C_1$ | 7.66 |
| $C_2$ | −0.59 |
| $C_3$ | −0.66 |
| $C_4$ | 0.032 |

根据分析,基于样本点构造的单段模型,计算方差为 109.07,方差数值较大,表明模型相对样本点总体误差较大。结合本文前面的参数影响分析可知,这是由于多个参数对布儒斯特角的影响为非线性,构建单段模型会增加数学拟合过程中的误差。

### 5.3.3　三段弹道模型

由于单段模型在精度上较差,所以应根据最佳发射角范围变化分段设计。通过仿真计算,对比两段和三段模型,三段模型的精度更高,下面对此加以讨论。

【仿真条件1】根据拦截超低空目标的要求,中制导段超低空优化弹道优化的参数取值范围为:初始弹目距离 10~40 km;目标速度范围 5~300 m/s;目标高度范围 5~100 m。针对上述飞行包线范围,以弹目距离 5 km 时满足最佳发射角约束要求为目标,开展方案设计与优化,最佳发射角在 5°~40° 范围之间变化。采用分段建模的方法,通过分段在更小的参数范围内获得较高的模型精度以减小误差。通过多轮迭代计算,将最佳发射角范围为 5°~40° 分为 5°~15°、15°~25° 和 25°~40° 三段,构造二阶的耦合响应面模型,根据样本点数学计算,三段模型的系数见表 5.3。

**表 5.3　仿真条件 1 三段模型响应面参数**

| 参　数 | 最佳发射角范围/(°) | | |
| --- | --- | --- | --- |
| | 5~15 | 15~25 | 25~40 |
| $C_0$ | 109.66 | 27.64 | 6.18 |
| $C_1$ | 11.67 | 2.09 | 0.71 |
| $C_2$ | $-3.48$ | $-0.13$ | 0.87 |
| $C_3$ | $-0.099$ | $-1.74$ | $-5.18$ |
| $C_4$ | 0.18 | 0.028 | 0.007 6 |

将上述三段模型与单段模型的样本点总方差进行对比,三段模型的各段的总方差都在 10 以内,远小于单段模型值。

根据样本点特性分析,以上建立了响应面模型,需要根据实际过程进一步明确其参数的应用和变化范围。

针对以上建立的修正优化模型,选择三组不同参数,进行模型校验。

工况 1:设目标飞行速度 $Ma_T=0.2$,飞行高度 20 m,弹目初始距离 12 km,要求飞行过程弹目 5 km 时擦地角达到 15°。根据响应面模型和表 5.3 中给出的模型系数,以及其适应角度范围,计算得到的修正参数 $K_x=4.902\,6$。根据上述计算参数进行弹道仿真,计算得到弹目距离 5 km 时的擦地角为 15.18°,接近预期角度值。而且,从擦地角的变化规律来看,随着弹目距离的不断减小,擦地角逐渐增加,实现了"穿越"的效果,如图 5.10 所示。

工况 2:目标飞行速度 $Ma_T=0.1$,飞行高度 30 m,弹目初始距离 14 km,要求飞行过程弹目 5 km 时擦地角达到 28°。根据响应面模型和表 5.3 中给出的模型系数,以及其适应角度范围,计算得到的修正参数 $K_x=0.109\,5$。根据上述工况 2 计算参数进行弹道仿真,计算得到弹目距离 5 km 时的擦地角为 27.73°,接近预期角度值,误差仅为 0.27°。随着弹目距离的不断减小,擦地角逐渐增加,实现了"穿越"的效果,如图 5.11 所示。

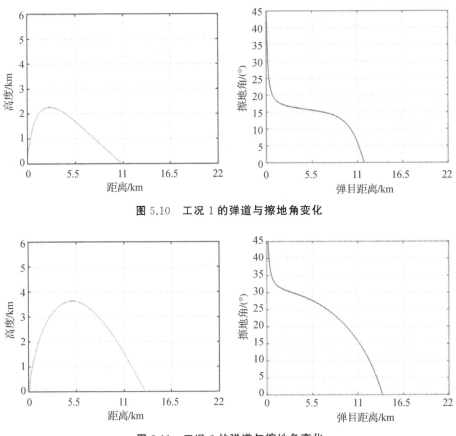

图 5.10　工况 1 的弹道与擦地角变化

图 5.11　工况 2 的弹道与擦地角变化

工况 3：目标飞行速度 $Ma_T = 0.6$，飞行高度 30 m，弹目初始距离 18 km，要求飞行过程弹目 5 km 时擦地角达到 37°。根据响应面模型和表 5.3 中给出的模型系数，以及其适应角度范围，计算得到的修正参数 $K_x = -0.810\ 6$。根据工况 3 计算参数，进行弹道仿真，计算得到弹目距离 5 km 时的擦地角为 37.13°，接近预期角度值。随着弹目距离的不断减小，擦地角逐渐增加，实现了"穿越"的效果，如图 5.12 所示。

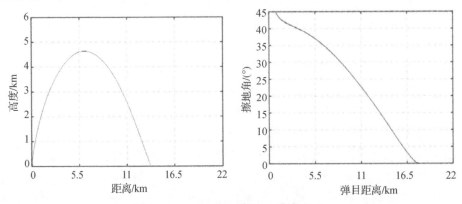

图 5.12　工况 3 的弹道与擦地角变化

【仿真条件 2】根据拦截超低空目标的要求,中制导段超低空优化弹道优化的参数取值范围为:初始弹目距离 7～20 km;目标速度范围 5～300 m/s;目标高度范围 5～100 m。针对上述飞行包线范围,以弹目距离 5.5 km 时满足最佳发射角约束要求为目标,开展方案设计与优化,最佳发射角在 7°～40°范围之间变化。采用分段建模的方法,通过分段在更小的参数范围内获得较高的模型精度以减小误差。通过多轮迭代计算,将最佳发射角范围为 7°～40°分为 7°～15°、15°～25°和 25°～40°三段,构造二阶的耦合响应面模型,根据样本点数学计算,三段模型的系数见表 5.4。

表 5.4　仿真条件 2 三段模型响应面参数

| 参　数 | 最佳发射角范围/(°) | | |
|---|---|---|---|
| | 7～15 | 15～25 | 25～40 |
| $C_0$ | 121.75 | 26.93 | 6.16 |
| $C_1$ | 12.96 | 2.03 | 0.70 |
| $C_2$ | −3.86 | −0.11 | 0.87 |
| $C_3$ | −0.11 | −1.69 | −5.16 |
| $C_4$ | 0.19 | 0.027 | 0.007 5 |

对比上述三段模型与单段模型的样本点均方差,见表 5.5。可以看到,采用三段模型后,可以显著地降低样本点计算均方差,从而提升响应面模型精度。

表 5.5　仿真条件 2 均方差对比

| 单段模型 | 三段模型第一段 | 三段模型第二段 | 三段模型第三段 |
|---|---|---|---|
| 107.07 | 0.864 0 | 3.754 4 | 8.068 8 |

另外,进一步对比分析响应面阶次对精度的影响,针对分段模型的第三段,分别构造二阶、三阶和四阶响应面模型,将模型的均方差对比列于表 5.6 中。可以看到,由于分段后在每一段内的参数变化一致性较好,不同阶次模型方差接近,所以从模型的复杂程度和精度上综合考虑,采用二阶模型即可。当然,二阶模型中也包含了不同参数的耦合影响。

表 5.6　仿真条件 2 不同阶次模型均方差对比

| 二　阶 | 三　阶 | 四　阶 |
|---|---|---|
| 8.068 8 | 7.765 3 | 7.875 1 |

根据样本点特性分析,以上建立了响应面模型,需要根据实际过程进一步明确其参数的应用和变化范围。通过分析可以看到,弹目初始距离 7 km 时,根据目标飞行速度的不同,或无法进行参数修正,或者在低速目标下能进行修正但可以达到的布儒斯特角范围十分有限,这种特性在近距离下是客观存在的,且边界处非线性特性很强,鉴于此,初始弹目距离 10 km 以下时不建议采用模型进行修正。

针对以上建立的修正优化模型,选择三组不同参数,进行模型校验。

工况 1：目标飞行速度 $Ma_T = 0.2$，飞行高度 30 m，弹目初始距离 12 km，要求飞行过程弹目 5.5 km 时擦地角达到 16°。根据响应面模型和表 5.6 中给出的模型系数，以及其适应角度范围，计算得到的修正参数 $K_x = 4.590\,5$。根据上述计算参数进行弹道仿真，计算得到弹目距离 5.5 km 时的擦地角为 16.08°，接近预期角度值。而且，从擦地角变化规律看，随着弹目距离的不断减小，擦地角逐渐增加，实现了"穿越"的效果，如图 5.13 所示。

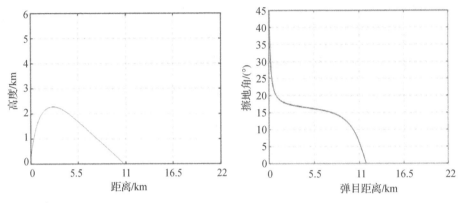

图 5.13　工况 1 的弹道与擦地角变化

工况 2：目标飞行速度 $Ma_T = 0.1$，飞行高度 30 m，弹目初始距离 14 km，要求飞行过程弹目 5.5 km 时擦地角达到 29°。根据响应面模型和表 5.6 中给出的模型系数，以及其适应角度范围，计算得到的修正参数 $K_x = 0.182\,5$。根据上述工况 2 计算参数进行弹道仿真，计算得到弹目距离 5.5 km 时的擦地角为 28.83°，接近预期角度值，误差仅为 0.17°。随着弹目距离的不断减小，擦地角逐渐增加，实现了"穿越"的效果，如图 5.14 所示。

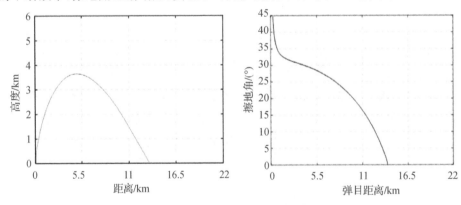

图 5.14　工况 2 的弹道与擦地角变化

工况 3：目标飞行速度 $Ma_T = 0.6$，飞行高度 30 m，弹目初始距离 18 km，要求飞行过程弹目 5.5 km 时擦地角达到 35°。根据响应面模型和表 5.6 中给出的模型系数，以及其适应角度范围，计算得到的修正参数 $K_x = -0.987\,1$。根据工况 3 计算参数，进行弹道仿真，计算得到弹目距离 5.5 km 时的擦地角为 35.14°，接近预期角度值。随着弹目距离的不断减小，擦地角逐渐增加，实现了"穿越"的效果，如图 5.15 所示。

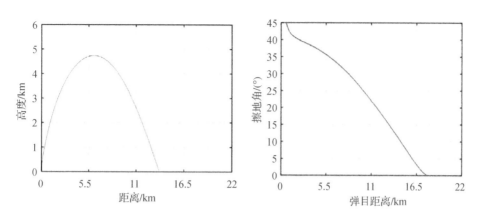

**图 5.15　工况 3 的弹道与擦地角变化**

【仿真条件 3】根据拦截超低空目标的要求，中制导段超低空优化弹道优化的参数取值范围为：命中距离 20 km；目标速度范围 $Ma_T=0.2\sim0.9$；目标高度范围 5~150 m。针对上述飞行包线范围，以弹目距离 4 km 时满足最佳发射角约束要求为目标，开展方案设计与优化，最佳发射角在 7°~37°范围之间变化。采用分段建模的方法，通过分段在更小的参数范围内获得较高的模型精度以减小误差。通过多轮迭代计算，将最佳发射角范围为 7°~37°分为 7°~15°、15°~28°和 28°~40°三段，构造二阶的耦合响应面模型，根据样本点数学计算，三段模型的系数见表 5.7。

**表 5.7　仿真条件 3 三段模型响应面参数**

| 参　数 | 最佳发射角范围/(°) | | |
| --- | --- | --- | --- |
| | 7~15 | 15~28 | 28~40 |
| $C_0$ | 96.12 | 27.11 | 10.02 |
| $C_1$ | 9.83 | 1.69 | 0.52 |
| $C_2$ | −2.36 | −0.49 | 0.022 |
| $C_3$ | −0.57 | 1.07 | −1.19 |
| $C_4$ | 0.25 | 0.038 | 0.009 8 |

针对以上建立的修正优化模型，选择三组不同参数，进行模型校验。

工况 1：目标飞行速度 $Ma_T=0.4$，飞行高度 50 m，弹目初始距离 22 km，要求弹道距离 4 km 时擦地角达到 20°。按照构造的响应面模型，导引律修正的参数 $K_x$ 为 2.395 3。针对上述工况进行仿真，按照 $K_x$ 数值进行导引律修正，弹目距离 4 km 时，擦地角为 19.92°，接近目标数值,且弹擦地角持续减小,实现了"穿越"效果,如图 5.16 所示。

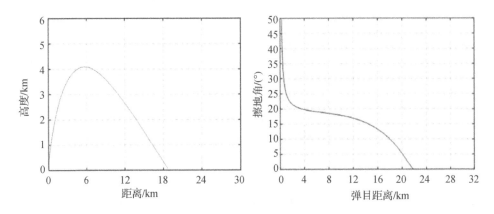

图 5.16　工况 1 的弹道与擦地角变化

工况 2:目标飞行速度 $Ma_T=0.4$,飞行高度 50 m,弹目距离 22 km,要求弹目距离 4 km 时擦地角达到 40°。按照构造的响应面模型,计算的导引律修正参数 $K_x$ 为 $-1.101\ 1$。按照 $K_x$ 数值进行导引律修正,弹目距离 4 km 时,计算得到的擦地角为 39.77°,接近目标数值,且擦地角持续增大,实现了"穿越"的效果,如图 5.17 所示。

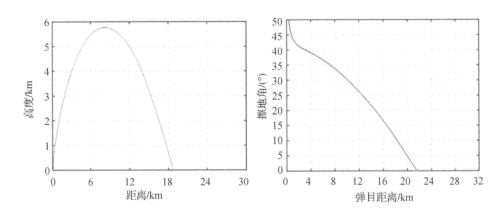

图 5.17　工况 2 的弹道与擦地角变化

工况 3:目标飞行速度 $Ma_T=0.8$,飞行高度 50 m,弹目距离 25 km,要求弹目距离 4 km 时擦地角达到 12°。按照构造的响应面模型,导引律修正模型的参数 $K_x$ 为 8.609 8。按照模型计算的 $K_x$ 数值进行导引律修正,弹目距离 4 km 时,擦地角为 11.86°,接近目标数值,且擦地角持续增大,实现了"穿越"的效果,如图 5.18 所示。

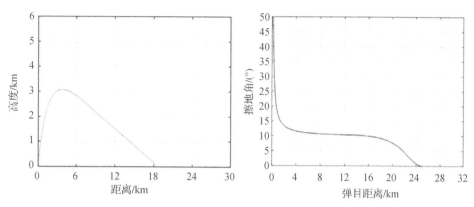

图 5.18　工况 3 的弹道与擦地角变化

# 5.4　本 章 小 结

本章基于建立的弹道设计方法和优化设计准则,开展满足布儒斯特角约束的建模与参数优化设计,针对不同的弹道特点,分别建立了导引律修正的响应面模型,并开展典型工况弹道仿真与验证。结构表明,基于本书建立的模型,能够通过参数的修正实现布儒斯特角约束要求,表明了设计方法的可行性。

# 第6章　布儒斯特弹道抗超低空镜像效果评估

布儒斯特弹道是将布儒斯特角作为弹道优化约束条件的弹道。因为不同环境对应的布儒斯特角不同,所以布儒斯特弹道应当能够匹配不同的环境,主要是环境介电常数所决定的环境布儒斯特角。本章将通过典型算例,比较不同目标与环境参数对布儒斯特弹道与传统弹道的导弹探测特性和脱靶量的影响。

如图 6.1 所示,当导弹在攻击目标时,导弹与目标连线的仰角及导弹与镜像目标连线的仰角随运动时间不断发生改变,布儒斯特弹道优化的目的就是要让弹镜仰角位于布儒斯特角附近。这样,多径干扰就会始终处于比较低的量级,对导弹探测跟踪时的角跟踪影响就比较小,因此也就有利于改善最终的脱靶量。

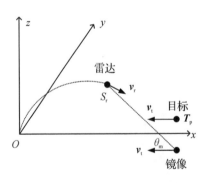

图 6.1　运动状态下雷达与目标相互位置关系

## 6.1　目标参数的影响

### 6.1.1　目标速度

**1.计算条件**

(1)目标模型:导弹模型如图 6.2 所示,目标轴线始终与速度矢量方向一致。

图 6.2　目标模型

（2）环境模型：环境面轮廓起伏为 $H_x = 1 \times 10^{-6}$ m、$L_x = 0.18$ m，小起伏 $h = 0.001$ m、$l_x = 0.1$ m，环境相对介电常数为 $\varepsilon_r = 6 - j4$。

（3）运动参数：目标位置矢量为 $T_p (20 \times 10^3$ m, 0, 50 m)，速度矢量为 ($v_x$, 0, 0)，且目标以匀速向前运动，弹道沿着一定弹道探测并跟踪目标。

（4）雷达参数为：主动体制，工作频率在 K 波段，入射和接收均为 VV 极化，调频带宽 10 MHz，雷达起始位置为坐标原点。

**2.计算结果**

环境相对介电常数 $\varepsilon_r = 6 - j4$ 决定了环境的布儒斯特角为 20°，将该角度作为布儒斯特弹道优化的约束条件就能得到布儒斯特弹道，它与传统弹道下的计算结果比较如图 6.3 所示。两种弹道下的目标速度分量 $v_x$ 均为 $-80$ m/s。从图中可以看出，布儒斯特弹道由于采用了布儒斯特角约束，导弹飞行高度会比传统弹道较低，主要就是为了满足弹镜连线仰角 $\theta_m$ 在布儒斯特角附近。

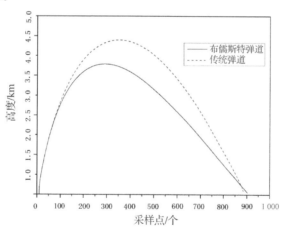

图 6.3　布儒斯特弹道与传统弹道的比较

图 6.4 给出了不同目标速度（即 $v_x$ 为 $-50$ m/s 和 $-80$ m/s）时的计算结果。

（1）由于目标速度不同，导弹与目标运动全过程的总时间是不同的。传统弹道中导弹飞行高度较大，飞行时间较长，布儒斯特弹道中导弹飞行高度较小，飞行时间较短。

（2）从图 6.4（a）（b）中可以看出，布儒斯特弹道与传统弹道下的弹目仰角与弹镜仰角随飞行时间的不同而有差异，也就是雷达波束照射目标的入射角不同，目标功率也就不同；同一采样时刻两种弹道下的弹目距离也不同，这就使得目标功率随采样时刻的变化而产生比较大的差异;随着弹目不断地接近,目标功率呈现增加的趋势。

(3)从图 6.4(c)(d)(e)(f)中可以看出,布儒斯特弹道的弹镜连线仰角 $\theta_m$ 会扫过环境的布儒斯特角,而传统弹道的弹镜连线仰角偏离布儒斯特角且比环境布儒斯特角要大。由于布儒斯特弹道对应的仰角 $\theta_m$ 扫过环境布儒斯特角,而该角度附近对应的多径较小,信干比较大。

(4)从图 6.4(g)(h)可以看出,当多径干扰比较大时,镜像目标较明显,强度较大,其类目标特性比较强,这时可以认为导弹探测与跟踪的是目标与镜像目标两者的合成,等效目标中心就会在目标周围不断发生变化,这样导致的结果就是导弹跟踪目标时,弹目连线的俯仰差偏离中心值较大,也就会影响导弹对目标的命中效果。

(5)当 $v_x = -80$ m/s 时,布儒斯特弹道下导弹最终的脱靶量是 0.48 m,而传统弹道下导弹最终的脱靶量是 57 m;当 $v_x = -50$ m/s 时,布儒斯特弹道下导弹最终的脱靶量是 1.31 m,而传统弹道下导弹最终的脱靶量是 114 m。

综上所述,在不同的目标速度下,布儒斯特弹道与传统弹道相比,多径干扰比较小,探测跟踪时的俯仰角误差较小,跟踪效果好,反映在最终的效果上就是脱靶量较小。这说明,布儒斯特弹道能够减小多径干扰对导弹探测跟踪的影响。

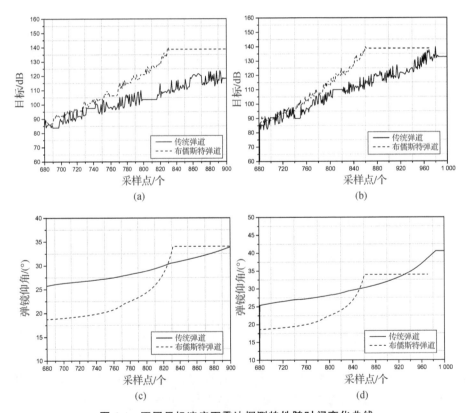

图 6.4 不同目标速度下雷达探测特性随时间变化曲线

(a) $v_x = -80$ m/s,目标;(b) $v_x = -50$ m/s,目标;

(c) $v_x = -80$ m/s,弹镜仰角;(d) $v_x = -50$ m/s,弹镜仰角

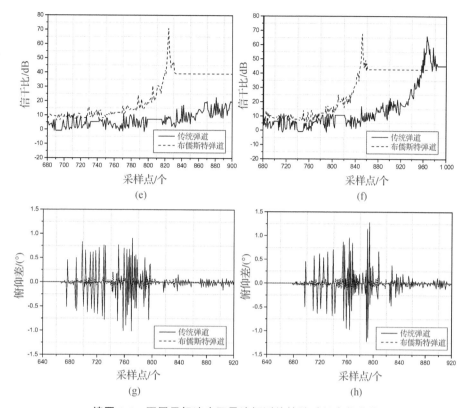

续图 6.4   不同目标速度下雷达探测特性随时间变化曲线

(e) $v_x = -80$ m/s,信干比;(f) $v_x = -50$ m/s,信干比;

(g) $v_x = -80$ m/s,俯仰差;(h) $v_x = -50$ m/s,俯仰差

## 6.1.2   发射距离

**1.计算条件**

(1)目标模型:导弹模型如图 6.2 所示,目标轴线始终与速度矢量方向一致。

(2)环境模型:环境面轮廓起伏为 $H_x = 1 \times 10^{-7}$ m、$L_x = 0.18$ m,小起伏 $h = 0.01$ m、$l_x = 0.1$ m,环境相对介电常数为 $\varepsilon_r = 6 - j4$。

(3)运动参数:目标位置矢量为 $T_p(D_x, 0, 50 \text{ m})$,速度矢量为 $(-40 \text{ m/s}, 0, 0)$,且目标以匀速向前运动,弹道沿着一定弹道探测并跟踪目标。

(4)雷达参数为:主动体制,工作频率在 K 波段,入射和接收均为 VV 极化,调频带宽 10 MHz;雷达起始位置为坐标原点。

**2.计算结果**

图 6.5 给出了不同发射距离下布儒斯特弹道与传统弹道的比较。当目标的发射距离发生变化时,布儒斯特弹道曲线要低于传统弹道曲线,并且当目标发射距离发生变化时,弹道的曲线会略微发生变化,这表明弹道具有适应目标发射距离的能力。

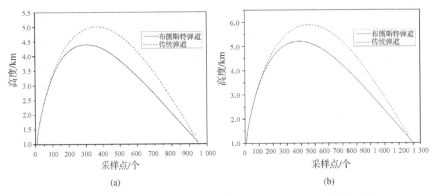

图 6.5　不同目标发射距离下布儒斯特弹道与传统弹道的比较

(a)$D_x = 20$ km;(b)$D_x = 25$ km

图 6.6 给出了不同目标发射距离,两种弹道下目标功率、信干比、弹镜仰角及俯仰差的比较。

(1)从图 6.6(a)(b)中可以看出,当目标发射距离改变时,布儒斯特弹道下的目标功率比传统弹道下的大,且距离为 20 km 时,布儒斯特弹道下的目标功率增加较快。

(2)从图 6.6(c)(d)中可以看出,当目标发射距离改变时,布儒斯特弹道的弹镜仰角在 20°附近,接近环境布儒斯特角,传统弹道则偏离该角度。

(3)从图 6.6(e)(f)(g)(h)中可以看出,两种发射距离下,传统弹道的多径干扰较大,信干比整体比较小,镜像目标的影响变大,雷达探测的其实是目标与镜像目标两者的合成,等效散射中心在目标与镜像目标两线上不断变化,这直接导致雷达导引头测得的目标俯仰差变大。而布儒斯特弹道的弹镜仰角接近布儒斯特角,这时的多径干扰较小,信干比整体比较大,镜像目标的影响减小,等效散射中心更靠近能量比较大的目标,这时雷达导引头测得的目标俯仰差变小。

(4)当发射距离 $D_x$ 为 20 km 时,布儒斯特弹道下导弹最终的脱靶量是 1.61 m,而传统弹道下导弹最终脱靶;当发射距离 $D_x$ 为 25 km 时,布儒斯特弹道下导弹最终的脱靶量是 0.62 m,而传统弹道下导弹最终脱靶。

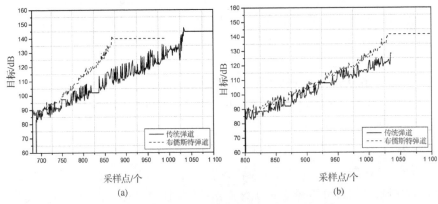

图 6.6　不同发射距离下雷达探测特性随时间变化曲线

(a)$D_x = 20$ km,目标;(b)$D_x = 25$ km,目标

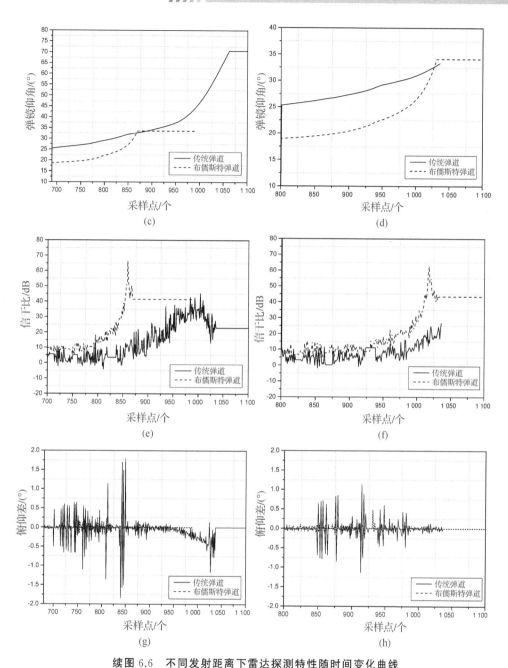

续图 6.6　不同发射距离下雷达探测特性随时间变化曲线

(c)$D_x=20$ km,弹镜仰角;(d)$D_x=25$ km,弹镜仰角;(e)$D_x=20$ km,信干比;(f)$D_x=25$ km,信干比;
(g)$D_x=20$ km,俯仰差;(h)$D_x=25$ km,俯仰差

## 6.1.3　目标高度

**1.计算条件**

(1)目标模型:导弹模型如图 6.2 所示,目标轴线始终与速度矢量方向一致。

（2）环境模型：环境面轮廓起伏为 $H_x=1\times10^{-7}$ m、$L_x=0.18$ m，小起伏 $h=0.001$ m、$l_x=0.1$ m，环境相对介电常数为 $\varepsilon_r=6-j4$。

（3）运动参数：目标位置矢量为 $T_p$(20 km,0,H)，速度矢量为（$-80$ m/s，0，0），且目标以匀速向前运动，弹道沿着一定弹道探测并跟踪目标。

（4）雷达参数为：主动体制，工作频率在 K 波段，入射和接收均为 VV 极化，调频带宽 10 MHz，雷达起始位置为坐标原点。

**2.计算结果**

图 6.7 给出了不同目标高度下布儒斯特弹道与传统弹道的比较。当目标高度发生变化时，布儒斯特弹道曲线要低于传统弹道曲线，并且当目标高度发生变化时，弹道的曲线会略微发生变化，这表明弹道具有适应目标高度的能力。

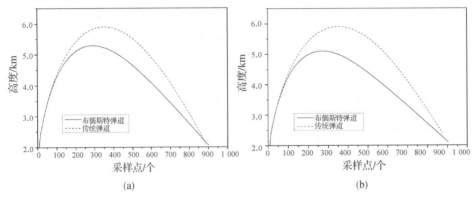

（a）　　　　　　　　　　　（b）

**图 6.7　不同目标高度下布儒斯特弹道与传统弹道的比较**

（a）$H=50$ m；（b）$H=100$ m

图 6.8 给出了不同目标高度，两种弹道下目标功率、信干比、弹镜仰角及俯仰差的比较。

（1）从图 6.8(a)(b)中可以看出，当目标高度改变时，布儒斯特弹道下的目标功率比传统弹道下的大，且当目标高度为 50 m 时，布儒斯特弹道下的目标功率增加较快。

（2）从图 6.8(c)(d)中可以看出，当目标高度改变时，布儒斯特弹道的弹镜仰角在 20°附近，接近环境布儒斯特角，传统弹道则偏离该角度。

（3）从图 6.8(e)(f)(g)(h)中可以看出，两种目标高度下，传统弹道的多径干扰较大，信干比整体比较小，镜像目标的影响变大，等效散射中心在目标与镜像目标两线上不断变化，这直接导致雷达导引头测得的目标俯仰差变大。而布儒斯特弹道的弹镜仰角接近布儒斯特角，这时的多径干扰较小，信干比整体比较大，镜像目标的影响减小，等效散射中心更靠近能量比较大的目标，这时雷达导引头测得的目标俯仰差变小，并且当目标高度 50 m 时，在采样点 740 处，布儒斯特弹道信干比出现了局部最大值，当目标高度 100 m 时，在采样点 700 处，布儒斯特弹道信干比出现了局部最大值，这主要是由于在这些采样点处，弹镜仰角对应的是布儒斯特角，该处的多径干扰较小；当目标高度 50 m 时，在采样点 820 处，布儒斯特弹道信干比也出现了局部最大值，这主要是因为该处对应的弹镜仰角约为 28°，目标位于天线主波束内，镜像目标位于旁瓣的局部最小值处造成的，当目标高度为 100 m 时，在采样点 780 处，布儒斯特弹道信干比也出现了局部最大值，也是因为天线旁瓣的局部最小值对镜像目标功率的加权造成的。

（4）当目标高度为 50 m 时，布儒斯特弹道下导弹最终的脱靶量是 0.48 m，而传统弹道下导弹最终脱靶；当目标高度为 100 m 时，布儒斯特弹道下导弹最终的脱靶量是 2.69 m，而传统弹道下导弹最终脱靶。

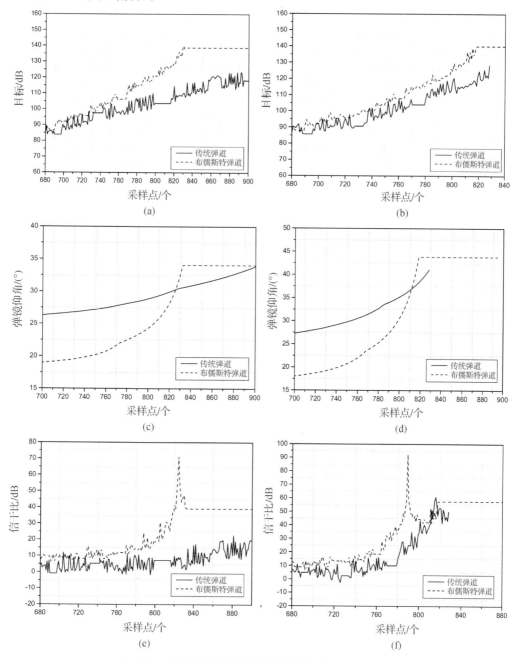

**图 6.8　不同目标高度下雷达探测特性随时间变化曲线**

(a) $H = 50$ m，目标；(b) $H = 100$ m，目标；(c) $H = 50$ m，弹镜仰角；(d) $H = 100$ m，弹镜仰角；

(e) $H = 50$ m，信干比；(f) $H = 100$ m，信干比

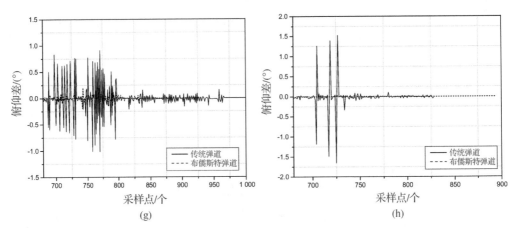

续图 6.8　不同目标高度下雷达探测特性随时间变化曲线

(g)$H=50$ m,俯仰差;(h)$H=100$ m,俯仰差

## 6.1.4　目标类型

**1.计算条件**

(1)目标模型:目标轴线始终与速度矢量方向一致,模型 1 如图 6.2 所示,模型 2 如图6.9 所示。

(2)环境模型:环境面轮廓起伏为 $H_x=1\times10^{-6}$ m、$L_x=0.18$ m,小起伏 $h=0.01$ m、$l_x=0.1$ m,环境相对介电常数为 $\varepsilon_r=6-j4$。

(3)运动参数:目标位置矢量为 $\boldsymbol{T}_p(20$ km,$0,H)$,速度矢量为$(-80$ m/s,$0,0)$,且目标以匀速向前运动,弹道沿着一定弹道探测并跟踪目标。

(4)雷达参数:主动体制,模型 1 工作频率在 K 波段,模型 2 工作频率在 X 波段,入射和接收均为 VV 极化,调频带宽 10 MHz,雷达起始位置为坐标原点。

图 6.9　模型 2

**2.计算结果**

图 6.10 给出了不同目标类型条件下布儒斯特弹道与传统弹道的比较。当目标类型发生变化时,布儒斯特弹道曲线要低于传统弹道曲线。

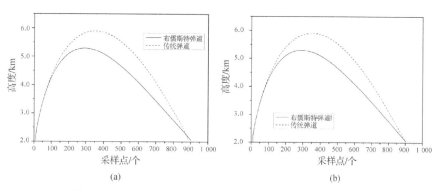

**图 6.10 不同目标类型下布儒斯特弹道与传统弹道的比较**

(a)模型 1;(b)模型 2

图 6.11 给出了不同目标类型,两种弹道下目标功率、信干比、弹镜仰角及俯仰差的比较。

(1)从图 6.11(a)(b)中可以看出,当目标为模型 1 时,与传统弹道相比,布儒斯特弹道下的目标功率较大;而当目标为模型 2 时,两种弹道下的目标功率相差不大,这主要是由于目标功率随入射角度变化不敏感所造成的。

(2)从图 6.11(c)(d)中可以看出,当目标模型改变时,布儒斯特弹道的弹镜仰角掠过环境布儒斯特角,传统弹道的弹镜仰角的偏离布儒斯特角。

(3)从图 6.11(e)(f)中可以看出,当目标类型改变时,由于布儒斯特弹道的弹镜仰角掠过布儒斯特角,多径干扰较小,信干比较大,而传统弹道的多径干扰较大,信干比较小。

(4)当目标为模型 1 时,布儒斯特弹道下的俯仰差较小,传统弹道下的俯仰差较大;当目标为模型 2 时,布儒斯特弹道下的俯仰差在前半段较大,且俯仰差的均值在 0° 上下变化,传统弹道下的俯仰差则较小,且俯仰差的均值在前半段则小于 0°,波束仰角大于弹目仰角。

(5)当目标为模型 1 时,布儒斯特弹道下导弹最终的脱靶量是 0.48 m,而传统弹道下导弹最终脱靶;当目标为模型 2 时,布儒斯特弹道下导弹最终的脱靶量是 1.82 m,而传统弹道下导弹最终的脱靶量是 3.18 m。

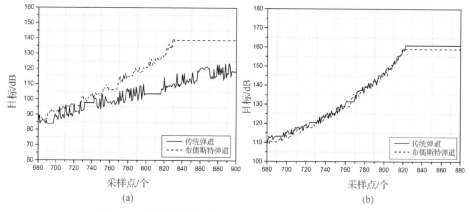

**图 6.11 不同目标类型下雷达探测特性随时间变化曲线**

(a)模型 1,目标;(b)模型 2,目标

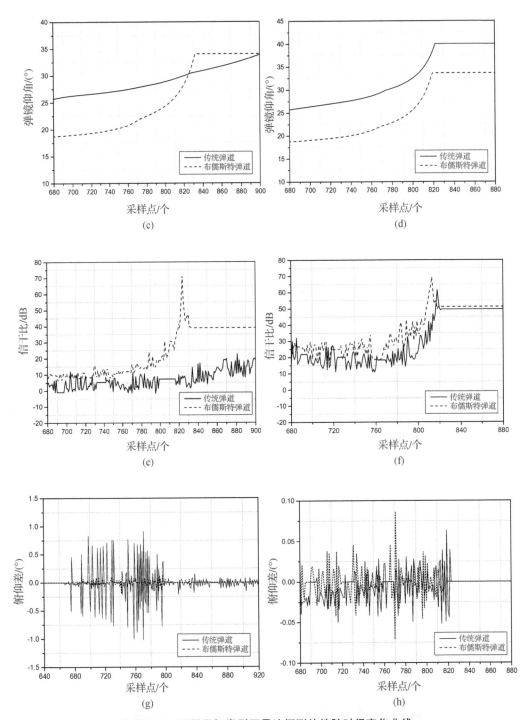

续图 6.11　不同目标类型下雷达探测特性随时间变化曲线
(c)模型 1,弹镜仰角;(d)模型 2,弹镜仰角;(e)模型 1,信干比;(f)模型 2,信干比;
(g)模型 1,俯仰差;(h)模型 2,俯仰差

# 6.2　环境参数的影响

## 6.2.1　介电常数

**1.计算条件**

(1)目标模型:导弹模型如图 6.2 所示,目标轴线始终与速度矢量方向一致。

(2)环境模型:环境面轮廓起伏为 $H_x = 1 \times 10^{-7}$ m、$L_x = 0.18$ m,小起伏 $h = 0.001$ m、$l_x = 0.1$ m。

(3)运动参数:目标位置矢量为 $T_p$($20 \times 10^3$ m,0,50 m),速度矢量为($-50$ m/s,0,0),且目标以匀速向前运动,弹道沿着一定弹道探测并跟踪目标。

(4)雷达参数:主动体制,工作频率在 K 波段,入射和接收均为 VV 极化,调频带宽 10 MHz,雷达起始位置为坐标原点。

**2.计算结果**

图 6.12 分别给出了不同介电常数下布儒斯特弹道与传统弹道的比较。当环境相对介电常数 $\varepsilon_r$ 为 $6-j4$ 时,对应的环境布儒斯特角为 20°,当环境相对介电常数 $\varepsilon_r$ 为 $3-j0.2$ 时,对应的环境布儒斯特角为 30°。从图中可以看出,当 $\varepsilon_r = 3-j0.2$ 时,对应的布儒斯特弹道比传统弹道的曲线略微要高些,当 $\varepsilon_r = 6-j4$ 时,对应的布儒斯特弹道比传统弹道的曲线要低。

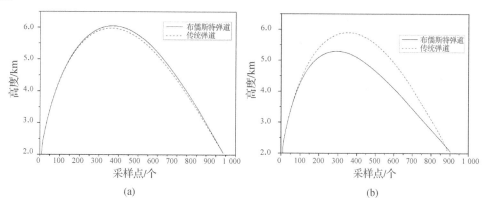

**图 6.12　不同相对介电常数下布儒斯特弹道与传统弹道的比较**

(a)$\varepsilon_r = 3-j0.2$;(b)$\varepsilon_r = 6-j4$

图 6.13 给出了不同环境介电常数,两种弹道下目标功率、信干比、弹镜仰角及俯仰差的比较。

(1)从图 6.13(a)(b)中可以看出,当 $\varepsilon_r$ 为 $3-j0.2$ 时,两种弹道的形状相似,弹镜仰角 $\theta_m$ 相差较小,目标功率相差也较小;当 $\varepsilon_r$ 为 $6-j4$ 时,两种弹道的形状相差较大,目标功率相差也较大。

(2)从图 6.13(c)(d)(e)(f)中可以看出,当 $\varepsilon_r$ 为 $3-j0.2$ 时,布儒斯特弹道的高度比传统

弹道的要高,弹镜仰角 $\theta_m$ 的曲线斜率较小,曲线整体离环境布儒斯特角 $30°$ 较近,这样就使得信干比也会略微有所改善;当 $\varepsilon_r$ 为 $6-j4$ 时,布儒斯特弹道的高度比传统弹道的要低,弹镜仰角 $\theta_m$ 更加接近环境布儒斯特角 $20°$,信干比的改善非常明显。

(3)从图 6.13(g)(h)中可以看出,当 $\varepsilon_r$ 为 $3-j0.2$ 时,由于两种弹道的形状类似,所以两者的俯仰差曲线也相差不大;而 $\varepsilon_r$ 为 $6-j4$ 时,布儒斯特弹道对于多径的抑制效果比较明显,对俯仰差的改善也比较明显。

(4)当 $\varepsilon_r$ 为 $3-j0.2$ 时,布儒斯特弹道下导弹最终的脱靶量是 $2.43\ \mathrm{m}$,而传统弹道下导弹最终的脱靶量是 $3.28\ \mathrm{m}$;当 $\varepsilon_r$ 为 $6-j4$ 时,布儒斯特弹道下导弹最终的脱靶量是 $1.31\ \mathrm{m}$,而传统弹道下导弹最终的脱靶量是 $114\ \mathrm{m}$。

综上所述,不同的介电常数对应不同的布儒斯特角,不同的布儒斯特角决定了不同的布儒斯特弹道形状。布儒斯特弹道下的多径干扰比较弱,对俯仰差的影响比较小,脱靶量通常也比较小。

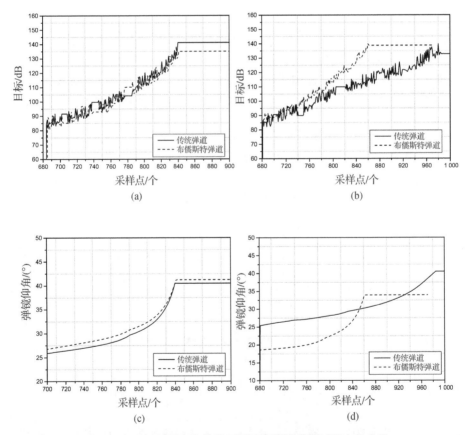

图 6.13　不同相对介电常数下雷达探测特性随时间变化曲线

(a)$\varepsilon_r=3-j0.2$,目标;(b)$\varepsilon_r=6-j4$,目标;

(c)$\varepsilon_r=3-j0.2$,弹镜仰角;(d)$\varepsilon_r=6-j4$,弹镜仰角

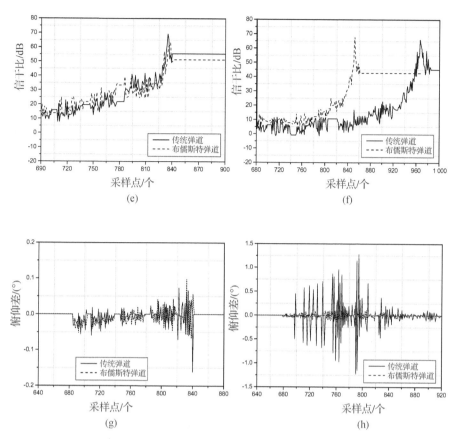

续图 6.13 不同相对介电常数下雷达探测特性随时间变化曲线

(e)$\varepsilon_r=3-j0.2$,信干比;(f)$\varepsilon_r=6-j4$,信干比;(g)$\varepsilon_r=3-j0.2$,俯仰差;(h)$\varepsilon_r=6-j4$,俯仰差

## 6.2.2 大起伏均方根高度

**1.计算条件**

(1)目标模型:导弹模型如图 6.2 所示,目标轴线始终与速度矢量方向一致。

(2)环境模型:环境面轮廓起伏为 $L_x=0.18$ m,小起伏 $h=0.01$ m、$l_x=0.1$ m,环境相对介电常数为 $\varepsilon_r=6-j4$。

(3)运动参数:目标位置矢量为 $T_p$（$20\times10^3$ m,0,70 m）,速度矢量为（$-30$ m/s, 0, 0）,且目标以匀速向前运动,弹道沿着一定弹道探测并跟踪目标。

(4)雷达参数:主动体制,工作频率在 K 波段,入射和接收均为 VV 极化,调频带宽 10 MHz,雷达起始位置为坐标原点。

**2.计算结果**

图 6.14 分别给出了不同环境大起伏均方根高度 $H_x$ 时布儒斯特弹道与传统弹道的比

较。由图中可以看出:大均方根高度不同时,布儒斯特弹道整体低于传统弹道,且布儒斯特弹道和传统弹道的形状变化非常很小。这是因为布儒斯特弹道的优化条件是环境的布儒斯特角,所以布儒斯特弹道的形状主要由布儒斯特角或环境介电常数决定,当环境的统计参数改变时,弹道形状的变化也就非常小。

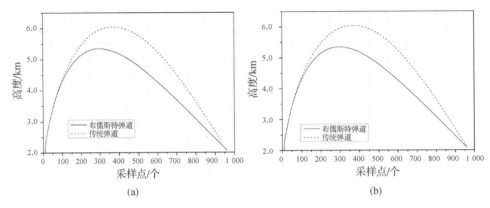

图 6.14　不同大均方根高度下布儒斯特弹道与传统弹道的比较

(a)$H_x = 1 \times 10^{-7}$ m;(b)$H_x = 1$ m

图 6.15 给出了不同环境大均方根高度,两种弹道下目标功率、信干比、弹镜仰角及俯仰差的比较。

(1)从图 6.15(a)(b)可以看出,大均方根高度变化时,两种弹道下目标功率的变化较小。

(2)从图 6.15(c)(d)可以看出,大均方根高度变化时,布儒斯特弹道与传统弹道的变化均较小,这是因为布儒斯特弹道主要是由布儒斯特角决定的。

(3)从图 6.15(e)(f)中可以看出,当环境大均方根高度增加时,环境面变得粗糙,环境的镜像作用较弱,多径比较小,目标功率基本不变,信干比也随着增加,也说明平坦环境的多径较强;并且布儒斯特弹道与传统弹道相比,信干比较强,多径较弱。

(4)从图 6.15(g)(h)可以看出,当环境大均方根高度增加时,多径干扰较小,俯仰差较小,说明多径干扰的影响较小;当大均方根高度较小时,多径干扰较强,传统弹道下的俯仰差较大,导致最终的脱靶量也很大,布儒斯特弹道能够改善信干比和俯仰差,最终的脱靶量也得到了改善。

(5)当 $H_x = 1 \times 10^{-7}$ m 时,布儒斯特弹道下导弹最终的脱靶量是 0.13 m,而传统弹道下导弹的脱靶量很大,说明已经脱靶;当 $H_x = 1$ m 时,布儒斯特弹道下导弹最终的脱靶量是 0.04 m,而传统弹道下导弹最终的脱靶量是 1.36 m。

综上所述,大均方根高度主要影响多径干扰的强度,大均方根高度较小时多径干扰较强,且布儒斯特弹道能够改善信干比,多径干扰较小。

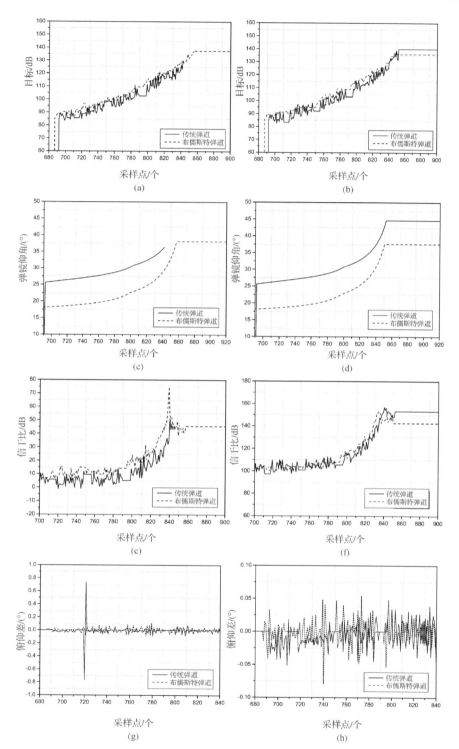

图 6.15　不同大均方根高度下雷达探测特性随时间变化曲线

(a)$H_x=1\times10^{-7}$ m,目标;(b)$H_x=1$ m,目标;(c)$H_x=1\times10^{-7}$ m,弹镜仰角;(d)$H_x=1$ m,弹镜仰角;

(e)$H_x=1\times10^{-7}$ m,信干比;(f)$H_x=1$ m,信干比;(g)$H_x=1\times10^{-7}$ m,俯仰差;(h)$H_x=1$ m,俯仰差

## 6.2.3 小起伏均方根高度

**1.计算条件**

(1)目标模型:导弹模型如图 6.2 所示,目标轴线始终与速度矢量方向一致。

(2)环境模型:环境面轮廓起伏为 $H_x=1\times10^{-6}$ m、$L_x=0.18$ m,小起伏 $l_x=0.1$ m,环境相对介电常数为 $\varepsilon_r=6-j4$。

(3)运动参数:目标位置矢量为 $T_p$($20\times10^3$ m,0,50 m),速度矢量为($-80$ m/s,0,0),且目标以匀速向前运动,弹道沿着一定弹道探测并跟踪目标。

(4)雷达参数:主动体制,工作频率在 K 波段,入射和接收均为 VV 极化,调频带宽 10 MHz,雷达起始位置为坐标原点。

**2.计算结果**

图 6.16 分别给出了不同环境小起伏均方根高度 $h_x$ 时布儒斯特弹道与传统弹道的比较。由图中可以看出:小均方根高度不同时,布儒斯特弹道整体低于传统弹道,且大部分时间内布儒斯特弹道和传统弹道的形状变化非常很小。这主要是因为环境布儒斯特角未发生变化,即弹道优化条件未发生改变,导弹前半段的飞行过程中传统弹道与布儒斯特弹道随小均方根高度的变化不明显。

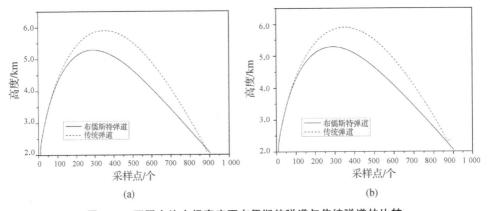

图 6.16　不同小均方根高度下布儒斯特弹道与传统弹道的比较
(a)$h_x=0.001$ m;(b)$h_x=0.1$ m

图 6.17 给出了不同环境小均方根高度,两种弹道下目标功率、信干比、弹镜仰角及俯仰差的比较:

(1)从图 6.17(a)(b)可以看出,当小均方根高度变化时,两种弹道下目标功率的变化比较小。布儒斯特弹道与传统弹道下的目标功率相差较小。这主要是因为两种弹道随小均根的变化不明显,即弹目仰角变化也不明显,目标功率的变化自然也不明显。

(2)从图 6.17(c)(d)中可以看出,当小均方根高度变化时,布儒斯特弹道的弹镜仰角在 20°附近,接近环境布儒斯特角,传统弹道则偏离该角度。

(3)从图 6.17(e)(f)(g)(h)中可以看出,当小均方根高度变化时,传统弹道的多径干扰较大,信干比整体比较小,镜像目标的影响变大,等效散射中心在目标与镜像目标两线上不断变化,这直接导致雷达导引头测得的目标俯仰差变大。而布儒斯特弹道的弹镜仰角接近布儒斯特角,这时的多径干扰较小,信干比整体比较大,这时雷达导引头测得的目标俯仰差变小。

(4)当小均方根高度 $h_x = 0.001$ m 时,布儒斯特弹道下导弹最终的脱靶量是 0.48 m,而传统弹道下导弹的脱靶量是 57 m;当 $h_x = 0.1$ m 时,布儒斯特弹道下导弹最终的脱靶量是 2.1 m,而传统弹道下导弹最终脱靶。这主要是因为小均方根高度决定着环境后向散射即布拉格散射的强度,小均方根高度越大,后向散射越强,即杂波变强,导弹俯仰差变大,直接导致导弹被强杂波拉偏。大均方根高度决定着环境前向散射的强度。本算例中的大均方根高度(即环境大轮廓)并未发生改变,即多径干扰的幅度并未发生改变。

综上所述,环境的大起伏均方根高度主要决定环境轮廓的粗糙度,直接影响着多径干扰的强度,大均方根高度越大,多径干扰越小;小起伏均方根高度主要决定环境后向散射强度及杂波干扰的强度,小均方根高度越大,杂波干扰越强。

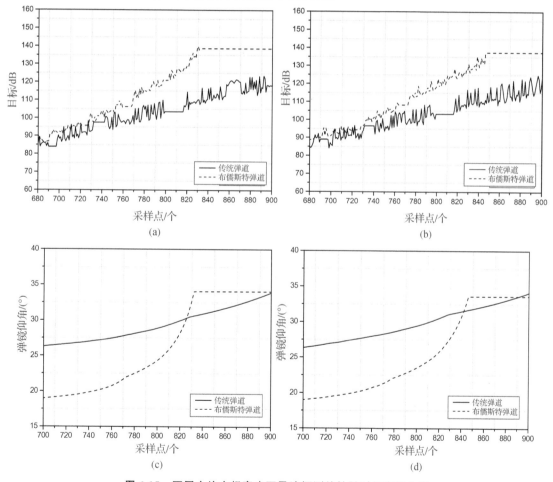

图 6.17　不同小均方根高度下雷达探测特性随时间变化曲线

(a)$h_x = 0.001$ m,目标;(b)$h_x = 0.1$ m,目标;

(c)$h_x = 0.001$ m,弹镜仰角;(d)$h_x = 0.1$ m,弹镜仰角

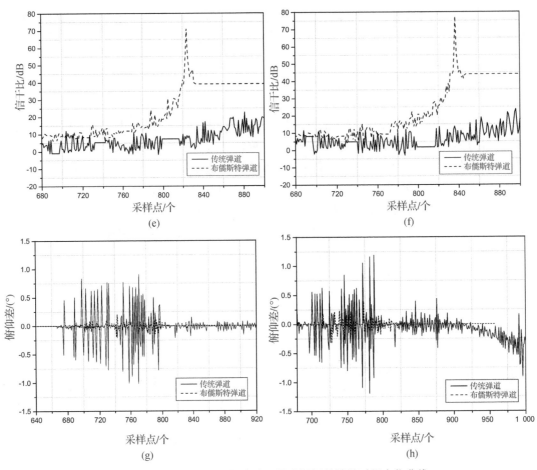

续图 6.17　不同小均方根高度下雷达探测特性随时间变化曲线

(e)$h_x=0.001$ m,信干比;(f)$h_x=0.1$ m,信干比;

(g)$h_x=0.001$ m,俯仰差;(h)$h_x=0.1$ m,俯仰差

# 6.3　本 章 小 结

本章通过典型算例,比较不同目标参数(包括目标速度、发射距离、目标高度、目标类型)、环境参数(包括环境介电常数、大起伏均方根高度、小起伏均方根高度),对布儒斯特弹道与传统弹道的导弹探测特性和脱靶量的影响。

# 参 考 文 献

[1] 杨亚波,陈欣.超低空突防对雷达的影响分析[J].机电信息,2010(12):47-46.

[2] 马井军.低空/超低空突防及其雷达对抗措施[J].国防科技,2011(3):25.

[3] 穆虹,甘伟佑.防空导弹雷达导引头设计[M].北京:宇航出版社,1995.

[4] 王博.防空作战雷达导引头性能仿真研究[D].长沙:国防科学技术大学,2013.

[5] 陈博韬,谢拥军,李晓峰.真实地形环境下低空雷达目标回波信号分析[J].西安交通大学学报,2010,44(4):103-106.

[6] 赵建宏.低空目标探测及宽带雷达信号检测研究[D].成都:电子科技大学,2008.

[7] STRATTON J A.Electromagnetic theory [M].New York:McGraw-Hill,1941.

[8] 金亚秋,刘鹏,叶红霞.随机粗糙面与目标复合散射数值模拟理论与方法[M].北京:科学出版社,2008.

[9] JIN J M.The finite element method in electromagnetics[M].New York:Wiley,1993.

[10]盛新庆.计算电磁学要论[M].合肥:中国科学技术大学出版社,2008.

[11]黄培康,殷红成,许小剑.雷达目标特性[M].北京:电子工业出版社,2005.

[12]TESSENDORF J.Simulating ocean water[J].Simulating Nature:Realistic and Interactive Techniques,2001,1(2):1-26.

[13]BECKMANN P,SPIZZICHINO A.The scattering of electromagnetic waves from rough surfaces [M].New York:Pergamon,1963.

[14]OGILVY J A.Theory of wave scattering from random rough surfaces [M].Bristol:Institute of Physics Publishing,1991.

[15]BASS F G,FUKS I M.Waves scattering from statistically rough surfaces [M].Oxford:Pergamon,1979.

[16]VORONOVICH A G.Waves scattering from rough surfaces [M].Berlin:Springer-Verlag,1993.

[17]聂丁.动态海面电磁散射与多普勒谱研究[D].西安:西安电子科技大学,2012.

[18]陈珲.动态海面及其上目标复合电磁散射与多普勒研究[D].西安:西安电子科技大学,2012.

[19]徐丰.全极化合成孔径雷达的正向与逆向遥感理论[D].上海:复旦大学,2006.

[20]李清亮,尹志盈,等.雷达地海杂波测量与建模 [M].北京:国防工业出版社,2016.

[21]DALEY J,RANSONE J,BURKETT J A.Radar sea return-JOSS I [R].Washington D.C.:Naval Research Lab,1971.

[22]BILLINGSLEY J B.Low-angle radar land clutter:measurements and empirical models [M].Norwich:William Andrew,2002.

[23]安红,杨莉.雷达电子战系统建模与仿真 [M].北京:国防工业出版社,2016.

[24]许小剑,李晓飞,刁桂杰,等.时变海面雷达目标散射现象学模型[M].北京:国防工业出版社,2013.

[25]郭立新.随机粗糙面散射的基本理论与方法[M].北京:科学出版社,2010.

[26]张民,郭立新,聂丁,等.海面目标雷达散射特性与电磁成像[M].北京:科学出版社,2015.

[27]许京伟.频率分集阵列雷达运动目标检测方法研究[D].西安:西安电子科技大学,2015.

[28]陈思佳.非均匀强杂波下的目标检测问题研究[D].成都:电子科技大学,2013.

[29]姜斌.地、海杂波建模及目标检测技术研究[D].长沙:国防科学技术大学,2005.

[30]杨俊岭.海杂波建模及雷达信号模拟系统关键技术研究[D].长沙:国防科学技术大学,2005.

[31]陈远征.末制导雷达扩展目标检测方法研究[D].长沙:国防科学技术大学,2009.

[32]杨勇.雷达导引头低空目标检测理论与方法研究[D].长沙:国防科学技术大学,2013.

[33]田静.雷达机动目标长时间积累信号处理算法研究[D].北京:北京理工大学,2013.

[34]汪茂光.几何绕射理论[M].2版.西安:西安电子科技大学出版社,1993.

[35]TSANG L,KONG J A,DING K H.Scattering of electromagnetic waves,theories and applications[M].New York:John Wiley & Sons,Inc,2000.

[36]李震.合成孔径雷达地表参数反演模型与方法[M].北京:科学出版社,2011.

[37]聂在平.目标与环境电磁散射特性建模:基础篇[M].北京:国防工业出版社,2009.

[38]朗.陆地和海面的雷达波散射特性[M].北京:科学出版社,1981.

[39]MORCHIN W C.Airborne early warning radar[M].Norwod:Artech House,1990.

[40]WARD K,TOUGH R,WATTS S.海杂波:散射、K分布和雷达性能[M].北京:电子工业出版社,2016.

[41]焦培南,张忠治.雷达环境与电波传播特性[M].北京:电子工业出版社,2006.

[42]ALABASTER C.脉冲多普勒雷达:原理、技术与应用[M].北京:电子工业出版社,2015.

[43]高烽.雷达导引头概论[M].北京:电子工业出版社,2010.

[44]葛致磊,王红梅,王佩,等.导弹导引系统原理[M].北京:国防工业出版社,2015.

[45]BROWN A D.Electronically scanned arrays[M].London:Taylor & Francis Group,2012.

[46]SCHLEHER D C.动目标显示与脉冲多普勒雷达[M].北京:国防工业出版社,2015.

[47]吴顺君,梅晓春.雷达信号处理和数据处理技术[M].北京:电子工业出版社,2008.

[48]张民,魏鹏博,江旺强,等.典型地面环境雷达散射特性与电磁成像[M].西安:西安电子科技大学出版社,2015.

[49]BARTON D K.雷达系统分析与建模[M].北京:电子工业出版社,2006.

[50]廖桂生.相控阵天线AEW雷达时空二维自适应处理[D].西安:西安电子科技大学,1992.

[51]杨俊岭.海杂波建模及雷达信号模拟系统关键技术研究[D].长沙:国防科技大学,2005.

[52]李新国,方群.有翼导弹飞行动力学[M].西安:西北工业大学出版社,2005.

[53]STRICKLAND J.导弹飞行仿真[M].北京:科学出版社,2018.

[54]钱杏芳,林瑞雄,赵亚男.导弹飞行力学[M].北京:北京理工大学出版社,2000.

[55]肖业伦.飞行器运动方程[M].北京:航空工业出版社,1987.

[56]袁子怀,钱杏芳.有控飞行力学与计算机仿真[M].北京:国防工业出版社,2001.

[57]刘万俊,魏贤智,张艺瀚,等.导弹飞行力学[M].西安:西安电子科技大学出版社,2014.

[58]束川良.适用于通用布儒斯特角的防空导弹超低空弹道设计[J].地面防空武器,2008,39(3):23-26.

[59]王国胜,李芸.一种满足布鲁斯特角约束的导引律研究[J].现代防御技术,2014,42(3):70-74.

[60]章惠君.抗地杂波干扰的最优导引律[J].航空兵器,2004(3):30-34.

[61]张弢,郑时镜,于本水.远程防空导弹弹道设计技术研究[J].系统工程与电子技术,2003,25(3):304-307.

[62]吴洪波.防空导弹导引方法研究综述[J].上海航天,2013,30(3):22-26.

[63]束川良.垂直冷发射防空导弹弹道设计中的参数优化[J].上海航天,2003,20(2):30-32.

[64]徐华舫.空气动力学基础[M].北京:国防工业出版社,1979.

[65]熊光楞,彭毅,等.先进仿真技术与仿真环境[M].北京:国防工业出版社,1997.

[66]关世义.计算飞行力学引论[J].战术导弹技术,1998(3):1-9.

[67]莫怀才,冯勤.虚拟战场视景仿真[J].测控技术,1999,18(6):9-11.

[68]胡骏.面向对象的仿真方法[J].系统仿真学报,1991(3):27-30.

[69]肖业伦.航空航天器运动的建模:飞行动力学的理论基础[M].北京:北京航空航天大学出版社,2003.

[70]韩慧君.系统仿真[M].北京:国防工业出版社,1985.

[71]陈佳实.导弹制导和控制系统的分析与设计[M].北京:宇航出版社,1989.

[72]王划一.自动控制原理[M].北京:国防工业出版社,2012.

[73]埃特金.大气飞行动力学[M].北京:科学出版社,1979.

[74]HAGER W W.Applied numerical linear algebra[M].Philadelphia:Society for Industrial and Applied Mathematics,1988.